# *Klassische* PIAGGIO AUTOMATIK-ROLLER

Alle Zwei- und Viertakt-Modelle der Baureihen
Sfera, SKR, Storm, NRG, Quartz, TPH, Zip,
Hexagon mit 50, 80, 125, 150 $cm^3$ seit 1990

TECHNIK, WARTUNG, REPARATUR

PIAGGIO

STX WARTUNGSPRAXIS

# *Klassische* PIAGGIO AUTOMATIK-ROLLER

## Sfera, SKR, Storm, NRG, Quartz, TPH, Zip, Hexagon

6. Auflage unseres Wartungsbuchs
Sfera, SKR, Quartz, NRG, Storm, TPH, Zip; jetzt auch mit Hexagon

TECHNIK, WARTUNG, REPARATUR

HANS J. SCHNEIDER

SCHNEIDER MEDIA

# IMPRESSUM

*Klassische* **PIAGGIO AUTOMATIK-ROLLER** beschreibt ausführlich alle Montage-, Reparatur- und Inspektionsarbeiten an den ab 1990 gebauten Piaggio-Motorrollern der ersten Generation mit Automatik-Antrieb. Alle Angaben in diesem Buch erfolgen nach bestem Wissen und dem Stand der Technik bei Redaktionsschluß. Das Nachvollziehen der beschriebenen Arbeiten geschieht auf eigene Gefahr. Beachten Sie dazu bitte auch unsere **Enthaftungserklärung** auf der nächsten Seite unten rechts.

**Dank**
Verlag und Autor danken Zweiradmechaniker-Meister Rainer Schulz, Kommern/Rheinland, für die freundliche Unterstützung dieses Buchprojekts und die kompetente Beratung.

**Bildnachweis:** Hans König (8), Piaggio (22), Hans J. Schneider (465, davon 103 für die 6. Auflage 2019; auch Cover), Archiv Hans J. Schneider (21), Schneider Media (87 Zeichnungen und Computer-Graphiken). Alle Zeichnungen, Schaltpläne und Schaltbilder wurden vom Verlag eigens für dieses Buch angefertigt; als Quelle dienten die bei den Montagearbeiten gemachten Erfahrungen, aber auch Unterlagen von Piaggio. Ähnlichkeiten sind zwangsläufig.



**Herstellung**
Layout: Hans J. Schneider
Scan, Bildbearbeitung, Produktion:
Valentin und Vincent Schneider
Graphik: Simon Schneider
Mitarbeit: Philipp, Simon, Valentin, Vincent Schneider, Johanna Schneider, Rainer Schulz
Schlußredaktion: Gabriele und Valentin Schneider
Druck, Verarbeitung:
Westermann Druck Zwickau GmbH

**Verlag**
SCHNEIDER MEDIA UK LTD.
E-Mail: info@schneider-media.eu.com
**Internet: www.schneider-media.eu**

**Vertrieb**
Delius Klasing Verlag GmbH
Siekerwall 21, D-33602 Bielefeld;
Tel.: 0521/5590, Fax: 0521/559115
E-Mail: info@delius-klasing.de

**ISBN D, A, CH:**
ISBN 978-3-667-11583-6

**Printed in Germany**

MIX
Papier aus verantwortungsvollen Quellen
FSC www.fsc.org
FSC® C110508

# INHALT

*Hinweis DM und Euro:*
*Auf den Seiten 6 bis 176 sind die Preise zeitauthentisch in DM angegeben, ab Seite 177 (ab der 3. Auflage 2005) in Euro; 1 Euro = 1,95583 DM*



**Enthaftungserklärung**
Unzureichende Sachkenntnis verpflichtet den Leser, die gezeigten Arbeiten nicht selbst in die Hand zu nehmen, sondern in einer Fachwerkstatt ausführen zu lassen, die über alle technischen Anleitungen sowie das nötige Spezialwerkzeug verfügt. Alle Informationen, technischen Angaben und Anleitungen in diesem Buch wurden vom Autor mit größter Sorgfalt zusammengetragen. Das Nachvollziehen der beschriebenen Arbeiten erfolgt jedoch in jedem Fall auf eigene Gefahr. Der Verlag kann weder Garantie noch juristische Verantwortung oder Haftung für Folgen, die auf fehlerhafte oder unvollständige Angaben oder falsche Interpretation der Hinweise oder fehlerhaftes Arbeiten zurückgehen, übernehmen. Haftungsansprüche gegen Autor oder Verlag sind ausgeschlossen.

## DIE SFERA-ERFOLGSGESCHICHTE: VOM KLEINEN ZWEITAKTMODELL ZUM 125er VIERTAKT-ROLLER

Es war ein Geniestreich: die Erfindung der Vespa. 1946 stellte die italienische Flugzeugfabrik Piaggio den ersten Prototyp vor und sorgte damit für eine Sensation. Denn anders als herkömmliche Motor-Zweiräder orientierte sich die neuartige Roller-Konstruktion mit ihrer selbstragenden Stahlblech-Karosserie, ihrem Komfort und dem praktischen Wetterschutz am Automobilbau. Der gebläsegekühlte Einzylinder-Zweitaktmotor, damals mit einem Hubraum von 98 cm$^3$ und gut für eine Spitze von 60 km/h, hat bis in unsere Zeit überlebt. Die Vespa wurde zur Legende und genießt auch heute noch Kultstatus.

Piaggio erkannte allerdings rechtzeitig, daß auf Dauer mit Klassikern allein nicht mehr genügend Geld verdient werden konnte. Mit modernen Produktionsmethoden ist die alte Vespa nicht rentabel herzustellen. Auch unter fahrtechnischen und ergonomischen Gesichtspunkten ist das sympathische Spaßmobil längst nicht mehr up-to-date.

Die Nachteile der Vespa sind hinlänglich bekannt: Hecklastigkeit, Seitenwindempfindlichkeit, hakelige Drehgriffschaltung, mäßige Bremsen. Schon in den 80er Jahren war klar, daß ein völlig neues Konzept hermußte. Es sollte deutlich mehr Bedienungskomfort, Stauraum und Sicherheit bieten, außerdem neue Maßstäbe setzen in puncto Design, Wartungsfreundlichkeit und Wirtschaftlichkeit.

### Premiere 1990: Sfera Basismodell

Die Antwort hieß Sfera. Die Premiere fand im Dezember 1990 in Monte Carlo statt, das Publikum sparte nicht mit Beifall für die "Kugel". Mit der klassischen Vespa hatte die

*Spaßmobil für junge und junggebliebene Leute: Die Sfera ist nicht zuletzt wegen ihrer Vielseitigkeit so beliebt. Das wartungsfreundliche Gesamtkonzept trägt dazu bei, die Betriebskosten niedrig zu halten. Auf dem Gebrauchtmarkt lassen sich gute Preise erzielen.*

Sfera nur noch das Grundprinzip gemein: freier Durchstieg hinter dem Frontschild, einseitig an einer gezogenen Schwinge aufgehängtes Vorderrad, kompakter Antriebsblock mit gebläsegekühltem Einzylinder-Zweitaktmotor. Alles andere hatten die Konstrukteure neu ersonnen. Dabei waren sie so gründlich vorgegangen, daß auch die Sfera wie seinerzeit die Vespa Produzenten aus aller Welt zur Nachahmung animierte. Heute funktionieren fast alle Scooter nach dem fortschrittlichen Sfera-Prinzip.

Und das stellt sich im wesentlichen folgendermaßen dar: Rückgrat der Konstruktion ist ein verwindungsfester Zentralrohrrahmen mit angeschweißten Profilblechen und stabilem Steuerrohr. Die Karosserie besteht aus Kunststoff-Elementen, die wie die Schichten einer Zwiebel um den Rahmen gruppiert sind und sich einzeln abnehmen lassen, ohne daß einem die Tränen kommen. Eigentlich könnte die Sfera auch „Cipolla" heißen. Während neue Bowdenzüge bei der aus Stahlblech gebauten Vespa nur mühsam eingefädelt werden können, sind die Innereien der Sfera nach Demontage der entsprechenden Verkleidungsteile problemlos zugänglich - ein Riesenfortschritt. Wie's geht, zeigen wir genau in diesem Buch.
Der zweite große Vorteil gegenüber dem alten Konzept ist die günstigere Schwerpunktlage: Der Motor liegt fast wie ein Mittelmotor weit vorn und zudem sehr tief. Ergebnis: Die

*Die Fahreigenschaften der Sfera sind trotz der kleinen 10-Zoll-Räder gut. Selbst bei voller Besetzung mit zwei Personen läßt der Geradeauslauf nichts zu wünschen übrig. Am meisten Spaß macht der Italo-Scooter auf schmalen Landstraßen und im Stadtverkehr. Ausgezeichnet: Sitzkomfort, Wetterschutz, Staumöglichkeiten. Allein von der ersten Sfera-Serie (1990 bis 1995) wurden über 250.000 Einheiten gebaut.*

Sfera steigt beim Anfahren nicht vorn hoch wie die Vespa, fährt besser geradeaus und ist deutlich kurvenwilliger. Die von der Vespa her bekannte Tendenz, in rutschigen Kurven über das Vorderrad wegzuschieben, fehlt bei der Sfera fast völlig.

Überhaupt das Fahren: Es ist einfach kinderleicht. Die Vollautomatik mit Variator und Fliehkraftkupplung macht das handgelenkmordende Schalten am Drehgriff vollkommen überflüssig, Fahrerin oder Fahrer können sich voll auf den Straßenverkehr konzentrieren. Gebremst wird mit zwei leichtgängigen Handhebeln, was selbst Anfängern die Koordinierung erleichtert und den rechten Fuß ebenso bequem ruhen läßt wie den linken. Daß die Trommelbremsen der Sfera zudem feiner ansprechen und besser ziehen (trotz extrem simpler Ausführung), ist ebenfalls erfreulich. Ganz nebenbei ist die Sfera bedeutend leiser und nervenschonender als die Vespa - sie flüstert nur noch.

Es hat also seine Gründe, daß sich das kugelige Mobil sofort durchsetzen und in wenigen Jahren zu einem der weltweit erfolgreichsten Roller entwickeln konnte. Von den Modellen der ersten Serie mit 50 und 80 $cm^3$ Hubraum wurden bis 1995 über 250.000 Exemplare gebaut. Vor allem in den überfüllten Cities ist man mit einem Scooter dieses Zuschnitts unschlagbar: Man kommt immer durch, kennt keine Parkprobleme und fährt zudem kostengünstig - auch wenn sich Wirtschaftlichkeit und Umweltverträglichkeit bei der Sfera gewiß noch weiter verbessern lassen.
Die Italiener haben inzwischen reagiert und im Sommer 1995 verbesserte Nachfolgemodelle präsentiert. So wird das neue Topmodell 125 von einem vorbildlich leisen und sparsamen, zudem recht abgasarmen Viertaktmotor angetrieben, der

*Zwölfjährige können nur träumen von der ersten Ausfahrt mit einem Mokick-Roller. Erst Fünfzehnjährige dürfen in Deutschland die entsprechende Fahrerlaubnis der Klasse 5 erwerben. In anderen EU-Ländern wie Frankreich sind 50er Roller und Mokicks führerschein- und zulassungsfrei, dürfen ab 14 im Straßenverkehr bewegt werden.*

mit seinen 12 PS (8,8 kW) Fahrleistungen jenseits von 100 km/h ermöglicht und damit auch auf Landstraßen Fahrspaß aufkommen läßt.

Gelobt werden müssen bei sämtlichen Sfera-Modellen die gute Verarbeitung, das hohe technische Niveau sowie die praxisgerechte Ausstattung mit Staufächern, Gepäckträger und Klapphaken. Die verschließbare Klappe am Frontschild nimmt kleinere Utensilien auf, das große Fach unter der Sitzbank bietet Platz für einen Integralhelm oder Dinge, die nach einem Einkauf transportiert werden müssen. Lästig ist nur, daß zum Öffnen des Sitzbankschlosses jedesmal der Lenker verriegelt werden muß.

## 1992: Sfera mit Hybrid-Antrieb

Seine Kompetenz als zukunftsorientierter Konzern stellte Piaggio abermals im September 1992 mit der Vorstellung eines Hybrid-Motorrollers unter Beweis. Das auf der Sfera basierende Fahrzeug konnte wahlweise mit herkömmlichem Verbrennungsmotor und Elektroantrieb betrieben werden. Auf Wunsch ließ sich mit einem einzigen Knopfdruck von Benzinverbrennung auf Elektromotor umgeschalten. Der Benzinmotor war mit einem ungeregelten Katalysator ausgerüstet. Piaggio wollte mit der Hybrid-Sfera einen Beitrag zur Reduzierung der Luftverschmutzung in den Städten leisten. In Serie ging das mutige Konzept Ende 1993. Leider war - bei einem Aufpreis von rund 1000 Mark - die Resonanz beim Publikum gleich null.

Technisch betrachtet handelte es sich bei dem Elektroantrieb um einen Polymotor mit Permanentmagnet von Wickers mit 25 Volt und 650 Watt. Die Energie lieferten zwei

*Das zeitlose, an der Kugelform orientierte Design macht die Sfera unabhängig von der jeweiligen Rollermode. Praktisch: Das abschließbare Staufach. Übersichtlich angeordnet sind Schalter und Instrumente wie Tachometer und Benzinuhr.*

*Die Ergonomie wurde allerdings beim neuen Modell merklich verbessert. Das große Fach unter der Sitzbank kann sogar einen Integralhelm aufnehmen.*

*Man sieht es der Sfera-Karosserie an, daß sie im Windkanal optimiert wurde. Antrieb und Auspuffanlage sind gut zugänglich, die Verkleidungselemente lassen sich in wenigen Minuten mit einfachem Werkzeug demontieren. Serienmäßig: die beiden Außenspiegel.*

wartungsfreie Blei-/Säure-Batterien, die Reichweite betrug 30 bis 40 km bzw. 50 Minuten. Aufladedauer an der normalen Steckdose: vier bis sechs Stunden.

## 1992: High Tech-Roller Quartz mit Flüssigkühlung

In weiten Teilen auf der Sfera basierte der Quartz, der im Mai 1992 in Deutschland zum Einführungspreis von 4.295 Mark in den Handel kam. Technisch war der neue Scooter jedoch deutlich anspruchsvoller. Den Antrieb besorgte nämlich - erstmals bei Piaggio - ein flüssigkeitsgekühlter Zweitaktmotor, der bei 50 $cm^3$ knapp fünf PS (3,4 kw) entwickelte und sich durch seine besondere Laufruhe auszeichnete. Die Kraft wurde durch die bekannte Variomatik übertragen, der Benzintank faßte 6,2 Liter. Elektro- und Kickstarter waren serienmäßig.

Besonders gut ausgestattet war das professionell aufgebaute Cockpit; es umfaßte neben Tachometer, Benzinuhr und gut erkennbaren Kontrolleuchten auch ein Kühlmittel-Thermometer. Während die übrige Serienausrüstung weitgehend auf Sfera-Niveau lag, wartete das Fahrwerk mit einer bedeutenden Neuerung auf: Das Vorderrad wurde von einer hydraulisch betätigten Scheibenbremse verzögert. Die Federbeine hatte man verstärkt und vorn in der Aufhängung modifiziert, breitere Reifen auf Leichtmetallrädern verbesserten die Straßenlage zusätzlich.

Anders als bei der Sfera war der Scheinwerfer samt einem kleinen Windabweiser in die Lenkerverkleidung integriert, was den Quartz erwachsener erscheinen ließ. Die Vorderradabdeckung zeigte ein aufwendigeres Design. Stilistisch dominant war der breite Grill zwischen den Blinkern, hinter dem sich der Kühler verbarg. Im großen und ganzen wurde das Quartz-Design später für den Skipper (in Deutschland als SKR 125/150 vermarktet) übernommen; mehr darüber an anderer Stelle.

### 1995: Sfera 125 mit Viertaktmotor

Im Hinblick auf die Verbesserung von Wirtschaftlichkeit und Umweltverträglichkeit im weltweit rapide wachsenden Markt der Scooter kam der Einführung des Viertakters zunächst beim Sfera, dann auch bei der 1997 vorgestellten Vespa ET 4 noch höhere Bedeutung als die Einführung des flüssigkeitsgekühlten Zweitakters beim Quartz. Während eine klassische Zweitakt-Vespa auf 100 Kilometer etwa fünf Liter Benzin verbrauchte (samt beigemischtem und qualmend ver-

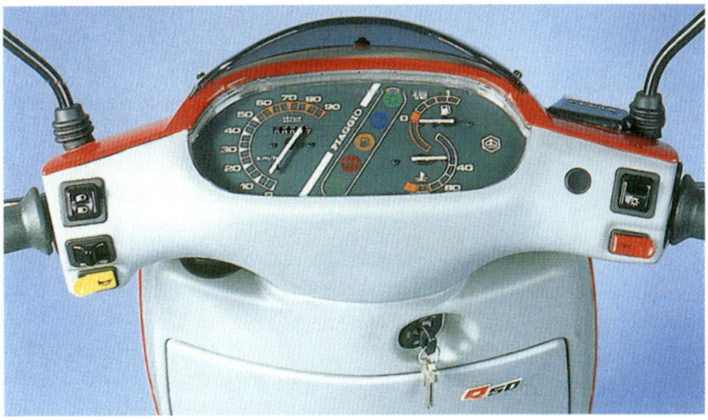


*Bild oben: das Hybrid-Modell von 1992 mit kombiniertem Elektro-/Benzinantrieb. Mitte und unten: Der Quartz erschien im gleichen Jahr. Er besaß einen flüssigkeitsgekühlten Zweitaktmotor, eine hochwertige Ausstattung und sehr gut ablesbare Instrumente.*

brennendem Schmieröl), begnügte sich der zeitgemäße Viertakter mit etwa drei Litern und schickte keine giftigen Ölwolken aus dem Auspuff. Es war vielleicht ein kleiner Schritt für Piaggio, aber ein großer Schritt für die Umwelt. Ende Juli 1995 kam die Sfera 125 zum scharf kalkulierten Preis von nur 4950 Mark auf den deutschen Markt, inklusive Mehrwertsteuer und Nebenkosten.

500.000 Testkilometer auch auf Alpenpässen und im australischen Outback soll das mit einer obenliegenden Nockenwelle und zwei Ventilen ausgerüstete Aggregat im Versuch absolviert haben. Im normalen Alltag fällt angenehm auf, daß der Motor extrem leise ist, obwohl nach Art des Hauses ein Gebläse für Luftkühlung sorgt. Im Leerlauf flüstert der Viertakter nur, um mit steigender Drehzahl (max. 7750/ $min^{-1}$) in ein feines Schnurren zu verfallen.

Zeitgemäß und ideal für Kurzstrecke wie Stadtverkehr ist auch die von der Standard-Sfera übernommene Art der Kraftübertragung: automatische Fliehkraftkupplung, stufenlose Getriebevariomatik.
Seit Sommer 1995 sind alle Sfera-Modelle vom 50er Zweitakt- bis zum 125er Viertaktmodell mit einer leistungsstarken, 200 mm großen und hydraulisch betätigten Scheibenbremse am Vorderrad ausgerüstet. Hinten bremst weiterhin die 110 mm große, in die Triebsatzschwinge integrierte Trommel.

In puncto Design blieb auch die neue Sfera der 1991 verkündeten Philosophie treu. Die „sphärisch“

*Stilistisch überarbeitet, technisch aufgewertet: die zweite Sfera-Generation ab Sommer 1995. Wichtigste Neuerung: die Scheibenbremse am Vorderrad. Die Bilder zeigen den Autor mit dem 125er Viertaktmodell bei Testfahrten in England.*

gekrümmten Linien setzten sich jetzt auch im Cockpitbereich und bei den Schaltern fort, das Styling wirkte moderner und gefälliger. Kaum förderlich wirkte sich dies leider auf die Funktionalität aus: Blinkerbetätigung und Blinkerrückstellung ließen an Präzision zu wünschen übrig, die Kontrollampen waren schlechter ablesbar als beim alten Modell. Zwei Außenspiegel, Gepäckträger, Benzinuhr, Ölstandskontrolleuchte und Vierfachblinkanlage gab es wieder serienmäßig.

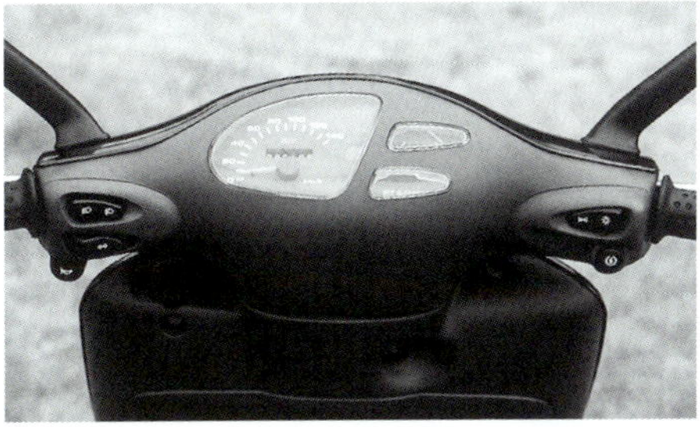

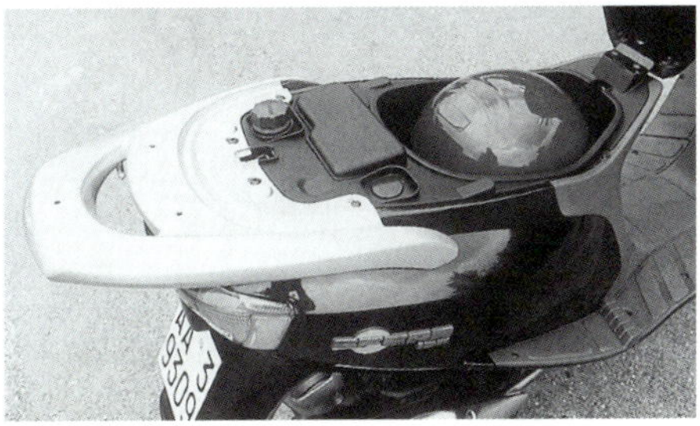

## Modellgepflegte Sfera 50 mit Scheibenbremse ab 1995

Modellpolitisch war interessant, daß mit Einführung der 125er Viertakt-Sfera das 80er Zweitakt-Modell wegfiel. Den Motor der verbliebenen Sfera 50 hatten die Piaggio-Ingenieure durch Modifizierung von Luftfilter, Schalldämpfer, Ölpumpe und Zündelektronik neu abgestimmt. Die Leistung war von 2,4 auf 2,8 kW (also von 3,3 auf 3,8 PS) bei nunmehr 6000 statt 6250/min$^{-1}$ angehoben worden, was weiterhin den Einsatz von Superbenzin bleifrei erforderte. Auf jeden Fall hatte das Triebwerk jetzt spürbar mehr Biß im oberen Drehzahlbereich und mehr Durchzugskraft beim Anfahren. Auf Wunsch gab es auch dieses Modell mit ungeregeltem Katalysator; der Ausstoß an unverbrannten Kohlenwasserstoffen ließ sich damit um bis zu 40 Prozent reduzieren. In der Schweiz bekommen Zweitaktroller nur mit Kat ihre Zulassung.

Positiv auf die Reichweite wirkte sich die Vergrößerung des Tankvolumens von 5,2 auf 7,5 Liter aus. Etwas breitere Reifen (100/80-10 vorn, 110/80-10 hinten) entsprachen dem allgemeinen Trend zu sportlicher Optik. Ein neuartiger Bezug machte die Sitzbank komfortabler. Die Klapp-Fußrasten für den Sozius waren Trittplatten gewichen, die man in die Karosserie eingearbeitet hatte. Insgesamt führten die Verbesserungsmaßnahmen zu einer leichten Erhöhung des Leergewichts von 82 auf 89 kg. Am zulässigen Gesamtgewicht von 270 kg änderte sich nichts.

*Zweite Serie ab 1995: neues Cockpit, andere Schalter, großes Helmfach, stabiler Heckträger. Der Zweitaktmotor der links gezeigten Sfera 50 leistete jetzt 3,8 PS und war auch mit Kat zu haben.*

*Maßstäbe in der 125er Klasse setzte der rund 14 PS starke Skipper oder SKR 125, wie er in Deutschland hieß. Kein anderer Roller war seinerzeit spurtstärker. Vom Design her war er weitgehend identisch mit dem Quartz. Funktional und ergonomisch: das Cockpit mit Windabweiser.*

## SKR 125 / 150: Spitzenleistung und Sprinterqualitäten

Nach dem großen Erfolg mit der Sfera in den Klassen 50 und 80 Kubik, präsentierte Piaggio 1993 ein ebenso konzipiertes Topmodell in der 125er Kategorie: den "Skipper" oder SKR 125, wie er in Deutschland aus markenrechtlichen Gründen heißen mußte. Technisch lehnte sich der neue Roller eng an die Sfera an, vom Design her entsprach er weitgehend dem Quartz. In Italien, Frankreich und Spanien - Ländern mit besonders 125erfreundlichen Gesetzen - war der sprintstarke und komfortable Skipper von Anfang an ein Renner.

In Deutschland stieg die Nachfrage nach Inkrafttreten der neuen Führerscheinregelung, nach der Autofahrer, die ihren Schein vor dem 1. April 1980 erworben haben, ohne Zusatzprüfung auch 125er fahren dürfen. Als der SKR 125 im Sommer 1993 auf den deutschen Markt kam, kostete er 4.495 Mark inklusive Mehrwertsteuer und Nebenkosten. Das waren nur 100 Mark mehr als bei der klassischen, technisch aber veralteten Vespa Cosa 125 FL.

Den Antrieb besorgte ein 124 $cm^3$ großer, gebläsegekühlter Einzylinder-Zweitaktmotor, der genauso konstruiert war wie das Sfera-Triebwerk. Das Gemisch wurde von einem Dell'Orto-Vergaser aufbereitet, der Benzintank faßte 7,5 Liter. Das vollsynthetische Zweitaktöl wurde wieder von dem bekannten 1,5-Liter-Öltank in Reserve gehalten. Bei normaler Fahrweise und Geschwindigkeiten zwischen 60 und 90 km/h verbrauchte der Motor 4,2 Liter Super bleifrei auf 100 km. Im Kurzstreckenverkehr stieg der Verbrauch auf über fünf Liter. Zusätzlich verbrannte der Motor auf 100 Kilometer rund 100 $cm^3$ Schmierstoff. Eine Warnlampe machte auf drohenden Ölmangel aufmerksam. Gegen Aufpreis gab es einen ungeregelten Katalysator.

Über mangelnde Leistung mußten sich SKR-Piloten nicht beklagen: Das membrangesteuerte Triebwerk entwickelte bei 7250/$min^{-1}$ stolze 13,6 PS (10 PS) und drehte unglaublich schnell hoch. Bei einer von uns im Test ermittelten Spitze von 107 km/h war der SKR 125 schneller als die Cosa 200. Für die Kraftübertragung war wieder die bewährte Keilriemenautomatik zuständig. Elektro- und Kickstarter sowie Benzinuhr gehörten wie bei der Sfera zur Grundausstattung.

Zum Stillstand gebracht wurde der SKR mit einer hydraulischen Scheibenbremse vorn und einer über Handhebel und Seilzug bedienten Trommelbremse hinten. Das 105 kg schwere Fahrzeug rollte auf Rädern der Größe 100/80-10 und besaß vorn wie hinten solide Federbeine. Die Zuladung war mit 185 kg recht hoch. Doch weil man die Federung entsprechend hart abgestimmt hatte, ließ der Fahrkomfort trotz der komfortablen Doppelsitzbank etwas zu wünschen übrig.

Die Unterbringungsmöglichkeiten für Gepäck waren wieder vorbildlich: abschließbares Helmfach unter der Sitzbank, stabiler Gepäckträger mit Haltegriff, große Klappe in der Frontverkleidung. Der breite Scheinwerfer leuchtete mit Halogenlicht, vier Blinker waren wieder Serie.

Nur mit Motorradführerschein bewegt werden durfte das Modell SKR 150, das wenig später auf den Markt kam und bis auf Hubraum und Leistung identisch mit dem 125er Modell war. Die Höchstleistung betrug 14,3 PS (10,5 kW) bei 7500/min$^{-1}$, das maximale Drehmoment belief sich auf 14 Nm bei 7000/min$^{-1}$. Im Wartungsteil dieses Buches gehen wir auf alle SKR-Details ein, die deutliche Unterschiede zur Sfera-Konstruktion aufweisen.

*Topmodell war der SKR 150, der allerdings nur mit Motorradführerschein gefahren werden durfte. Für den SKR 125 werden auf dem Gebrauchtmarkt gute Preise gezahlt - auch wegen der guten Langzeitqualität.*

# SFERA 50, 80 AB 1990, SFERA-BAUREIHE ALLGEMEIN: KAROSSERIE, KAR.-ELEKTRIK, INSTRUMENTE ETC.

*Nach Abnahme der aus Kunststoff bestehenden Karosserie-Elemente ist die Sfera-Technik frei zugänglich. Anders als bei der klassischen Vespa mit ihrer selbsttragenden Stahlblech-Karosserie lassen sich selbst Öl- und Benzintank leicht ausbauen.*

*Auf den folgenden 72 Seiten zeigen wir am Beispiel einer Sfera 50 aus der ersten Serie mit Trommelbremsen, wie Roller der Sfera-Baureihe bis hin zu Quartz, SKR und den Sfera-Typen der zweiten Generation fachgerecht in Grund-Komponenten und Einzelteile zerlegt werden. Modellspezifische Abweichungen bei Quartz, SKR und Sfera 2 einschließlich 125 Viertakt werden in Spezial-Kapiteln ab Seite 88 beschrieben. Was Karosserie und Fahrwerk betrifft, sind die Unterschiede zwischen Sfera Serie 1 und den neuen Typen nur gering.*
*Völlig verschieden hingegen ist die Bremstechnik. Denn Sfera 2, SKR und Quartz sind vorn mit hydraulisch betätigten Scheibenbremsen ausgerüstet. Die entsprechenden Tips finden Sie auf den Seiten 95 bis 102. Im Anschluß daran - Seiten 103 bis 134 - erklären wir genau die Technik des flüssigkeitsgekühlten Quartz-Zweitaktmotors und des 1995 eingeführten 125er Viertaktmotors - einschließlich aller Nebenaggregate.*

*Während die Vespa-PK- und PX-Modelle eine selbsttragende Stahlblechkarosserie besitzen, die den Zugang zu den Innereien teilweise erheblich erschwert, sind die Typen der Sfera-Baureihe deutlich wartungsfreundlicher konstruiert: Sie verfügen über einen Zentralrohrrahmen aus Stahl mit stabilen Seitenträgern und eine Kunststoffkarosserie, die aus meh-*

1

*reren leicht abnehmbaren Einzelelementen besteht.*
*Im einzelnen sind das: zweiteilige Lenkerverkleidung, Frontverkleidung, Mittelabdeckung, zwei Seitenverkleidungen, Innenabdeckung mit Staufach, Trittbrett, Heckabdeckung und Bodenverkleidung. Angeschraubt sind ferner Sitzbank und Helmfach. Für die meisten Reparatur- oder Austauscharbeiten müssen Teile der Verkleidung demontiert werden. Die normale Betriebsanleitung gibt nur unzureichende Hinweise. Wir zeigen, wie's wirklich geht. Dabei sind zahlreiche Tricks und Kniffe zu beachten, denn der Teufel steckt hier wirklich im Detail.*

*Zur Systematik: Wir zerlegen die Sfera-Karosserie, indem wir wie bei einer Zwiebel von der Schale zum Kern vordringen und mit den Elementen beginnen, die am leichtesten zugänglich sind. Wartungsarbeiten, die erst nach Demontage des einen oder anderen Verkleidungselements möglich sind, werden - wenn es sich thematisch problemlos abtrennen läßt - gesondert in den entsprechenden Motor-, Elektrik- oder Fahrwerkskapiteln beschrieben (Abb. 1).*

**Sitzbank:** Schloß öffnen, dann die beiden Kreuzschlitzschrauben vorn am Scharnier ausdrehen und Sitzbank komplett abnehmen. Der Kunstlederbezug läßt sich nach Entfernen der Klammern abziehen und erneuern (Klebetechnik, Sattlerarbeit; Abb. 2).

*Abb. 2*
*Das Sitzbankscharnier ist mit zwei Kreuzschlitzschrauben befestigt.*

*Abb. 3*
*Zum Lösen der Spiegelverschraubung muß die Gummiabdeckung hochgeschoben werden.*

*Abb. 4, 5*
*Die vordere Lenkerverkleidung wird von drei Kreuzschlitzschrauben gehalten. Anschließend die Plastik-Klipse mit einem schmalen Schraubendreher aushebeln.*

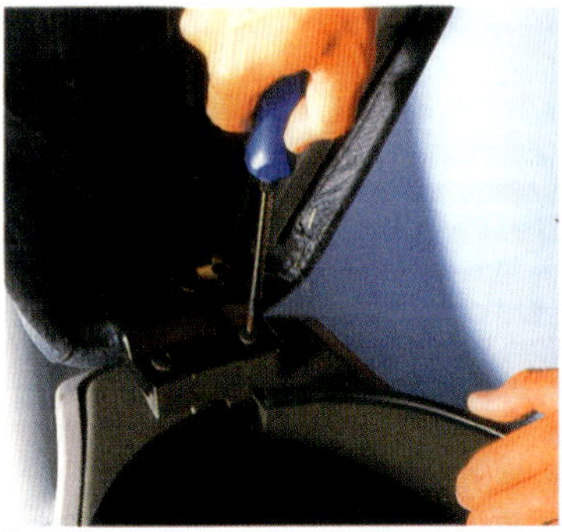
2

3

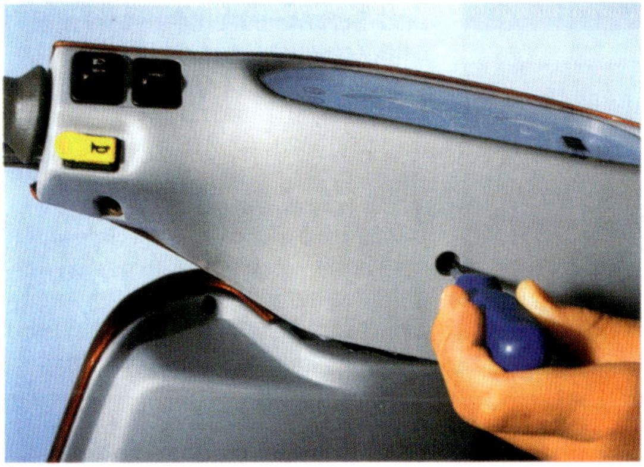
4

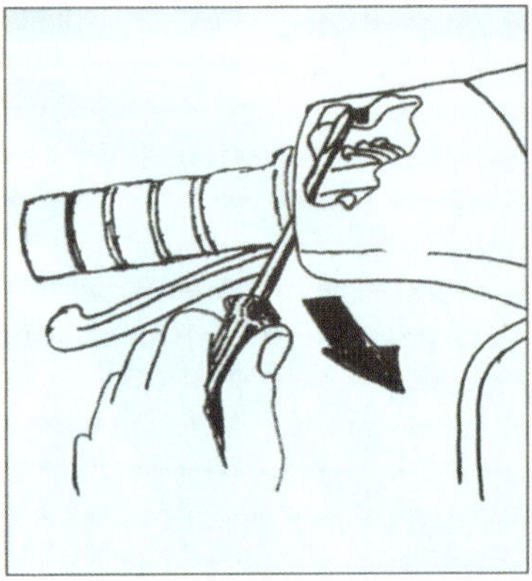
5

*Abb. 6*
*Nach Entfernen der vorderen Lenkerverkleidung läßt sich das rückwärtige Teil abschrauben.*

*Abb. 7, 8*
*Die Schalter werden mit einem Schraubendreher aus der Verkleidung gehebelt. Danach Kabelstecker abziehen.*

*6*

*7*

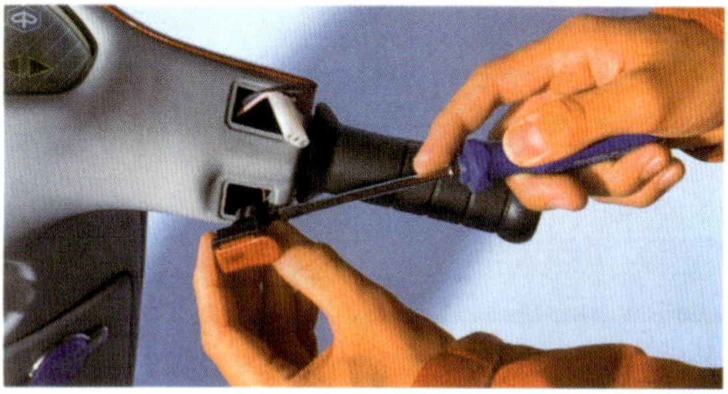

*8*

*9*

**Schloß Sitzbank:** Mit Spitzzange die Klemmhülse entfernen und Schloß komplett herausnehmen.

**Rückspiegel:** Gummidichtung so weit wie möglich hochschieben (Kraft erforderlich!); mit Gabelschlüssel SW 17 die Verschraubungen lösen, Spiegel nach Bedarf einstellen oder komplett ausdrehen. Beim Wiedereinsetzen Gummidichtung kräftig hochdrücken und mit starkem Klebeband fixieren; anderenfalls macht das Einschrauben Schwierigkeiten (Abb. 3). Bei manchen Modellen läßt sich das Rückspiegelglas separat einstellen; dazu die Kreuzschlitzschraube an der Spiegelfassung lösen und Spiegel einstellen; Schraube wieder festziehen.

**Vordere Lenkerverkleidung:**
Das in Fahrzeugfarbe lackierte Teil wird von drei Kreuzschlitzschrauben gehalten, die von der rückwärtigen Lenkerverkleidung aus gelöst werden (links, Mitte, rechts); dann mit einem schmalen Schraubendreher vorsichtig die Klipse aushebeln, die das Vorderteil mit dem grauen Rückteil verbinden (Abb. 4, 5). Jetzt zugänglich: Bowdenzüge, Instrumente, Lenkerelektrik.

**Rückwärtige Lenkerverkleidung und Schalter:** rechts und links je eine Kreuzschlitzschraube vom Lenker abschrauben, dann eine in der Mitte, ebenfalls von vorn erreichbar (Abb. 6); Nun die Schalter für Abblend-/Fernlicht, Licht, Hupe (links) sowie Blinker und Starter (rechts) mit einem kleinen Schraubendreher vorsichtig aus der Verkleidung hebeln und so weit herausziehen, daß sich die Verkabelungen samt Steckern abziehen lassen (Abb. 7, 8). Die Kabelfarben: violett, rot, braun für Abblend-/Fernlicht; rot, gelb/ schwarz, grau für Licht;

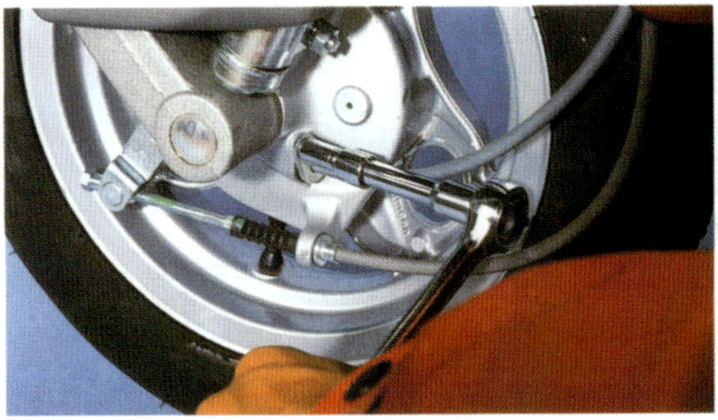

10

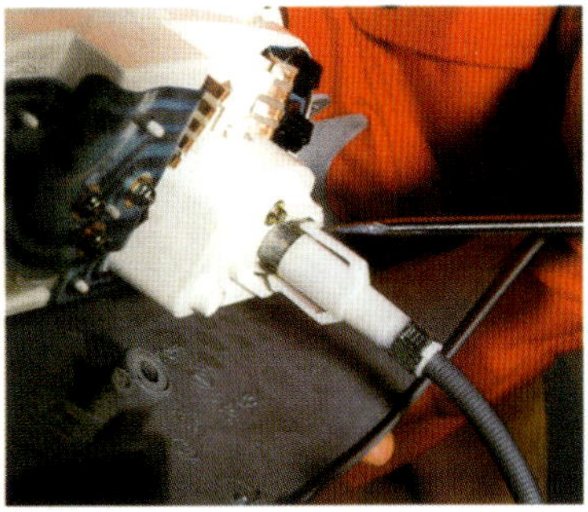

11

gelb, weiß/grau/schwarz für Hupe; rosa, blau/ grau, weiß/ blau für Blinker; grauer Doppelstecker für Starter. Einbau: Stecker fest aufdrücken, Schalter in der Verkleidung einrasten lassen. Jetzt demontierbar: Tachowelle, Kabelstrang, Instrumente. Erst danach läßt sich die rückwärtige Lenkerverkleidung abnehmen (Abb. 9).

**Tachometerwelle:** zuerst Wellenhalterung links unten am Vorderrad lösen; dazu mit Stecknuß und Verlängerung Schraube SW 8 ausdrehen, Halteplättchen lösen und Wellenende ganz abziehen (Abb. 10); jetzt Lenkerabdeckung mit Instrumenteneinheit etwas nach oben ziehen; dann mit Hilfe eines Schraubendrehers die beiden Plastikfedern zusammendrücken, die das obere Wellenende festhalten; Wellenende aus dem Tachometer ziehen, Welle

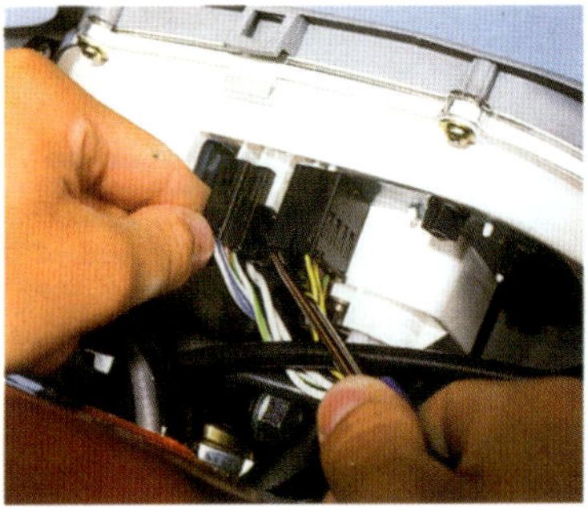

12

bei Bedarf ganz herausziehen (Abb. 11). Tachowellenantrieb alle 4000 km nachfetten.

**Instrumente, Kontrollampen, Uhr, Uhrbatterie:** Die Kontrollampen lassen sich ohne Ausbau der Einheit auswechseln - um 90 Grad nach links drehen und abnehmen. Nun die beiden Kabelstränge mit den Sammelsteckern

*Abb. 9*
*Nach Lösen der Tachowelle die Lenkerverkleidung mit der Instrumenteneinheit abnehmen (S 14).*

*Abb. 10*
*Klemmhalter der Tachowelle am Vorderrad lösen.*

*Abb. 11*
*Die Plastikzungen am Tacho zusammendrücken.*

*Abb. 12*
*Zum Abziehen der Kabelstecker die Clipse nach innen drücken.*

*Abb. 13, 14*
*Vier Schrauben halten die Instrumenteneinheit. Öffnen: Hochdrücken der beiden Clipse.*

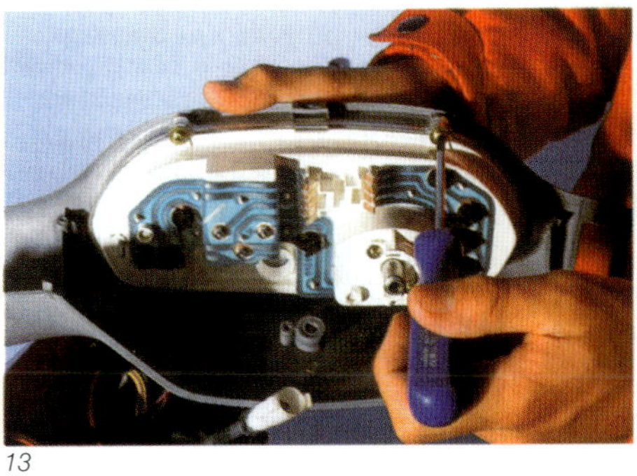

13

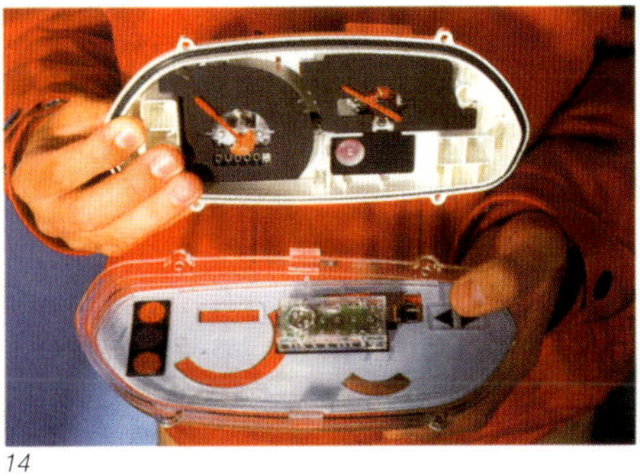

14

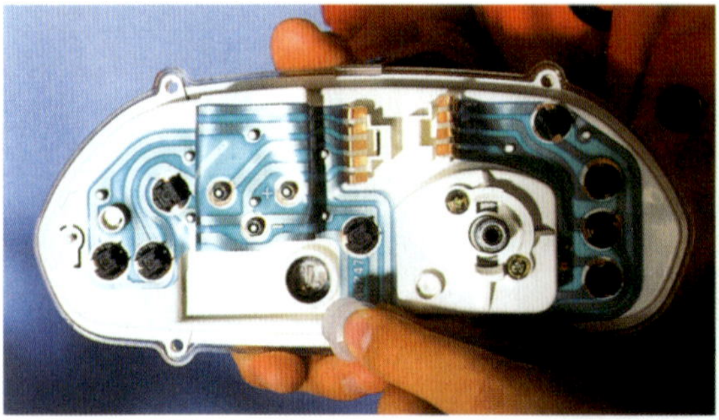

15

*Abb. 15*
*Für den Ausbau der Batterie für die Uhr ist viel Vorarbeit nötig. Ein Plastikstöpsel verhindert das Eindringen von Wasser.*

abnehmen; dazu mit einem Schraubendreher die Halteklipse nach innen drücken (Abb. 12). Achtung beim Einbau: Flachkabelstrang so einlegen, daß Kontakt zu den stromführenden Zungen besteht.
Die Instrumenteneinheit ist mit vier Kreuzschlitzschrauben an der Lenkerverkleidung befestigt (Abb. 13). Nach Ausbau kann sie zerlegt werden: Scheibe nach Hochdrücken der beiden Klipse abnehmen (Abb. 14), Gummidichtung falls nötig erneuern; Digitaluhr mit Schalter abnehmen; die Knopfzellen-Batterie auf der Rückseite kann nach Abnahme des Plastikstöpsels ausgetauscht werden (Abb. 15). Die Benzinuhr wird von drei Schrauben SW 5,5 gehalten, der Tacho von zwei Kreuzschlitzschrauben (Abb. 16).

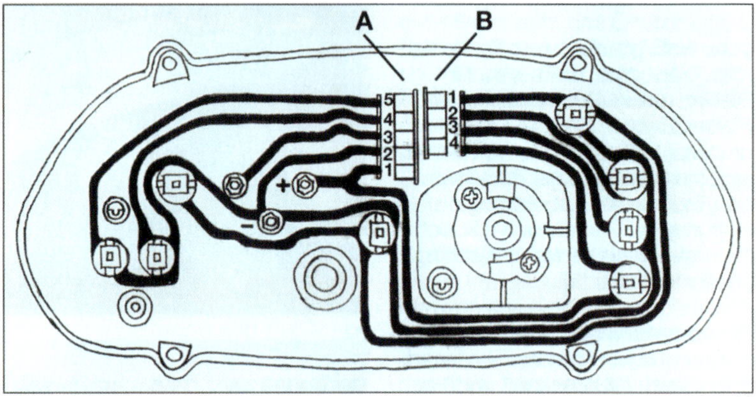


16

*Abb. 16*
*Schaltbild der Instrumenteneinheit. Stecker A besitzt fünf Kontakte: 1 Stromzufuhr (+), 2 Masseanschluß. (-), 3 Lampe für Benzinstandsanzeiger, 4 Blinkeranzeige links., 5 Blinkeranzeige rechts.; Stecker B hat vier Kontakte: 1 Instrumentenbeleuchtung, 2 Kontrolle für Ölstand, 3 Kontrolle für Fernlicht, 4 Lampe für Benzinreserveanzeige*

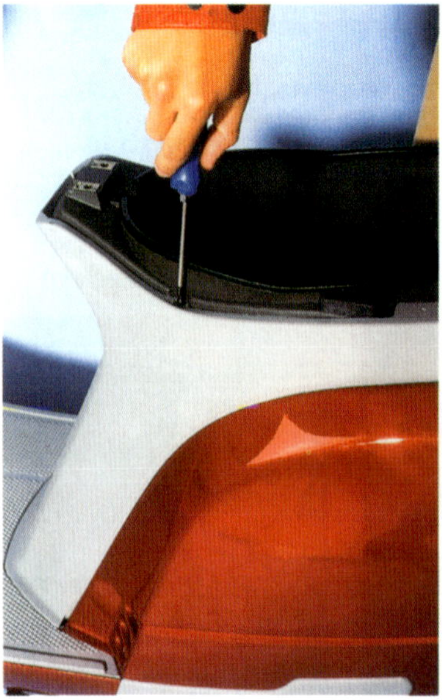

17

*Abb. 17*
*Zum Abnehmen der Mittelabdeckung zunächst die zwei Schrauben rechts und links ausdrehen.*

**Mittelabdeckung:** Sitzbank hochklappen und die beiden Blechschrauben oben rechts und links ausdrehen (Abb. 17), mit Stecknuß SW 10 vom Helmfach aus die Mittelschraube lösen (Abb. 18); dann die Abdeckung vorn vom Trittbrett wegziehen, etwas anheben und die beiden Zapfen rechts und

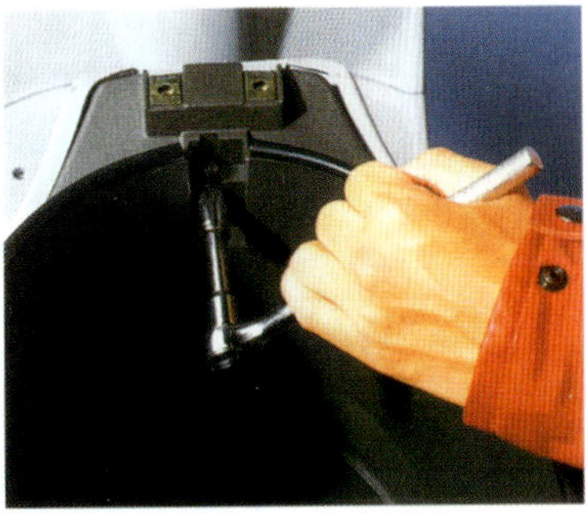

18

19

*Abb. 18, 19*
*Nach Ausdrehen der Zentral-Halteschraube und Loshebeln der Ankerstifte die Mittelabdeckung abnehmen.*

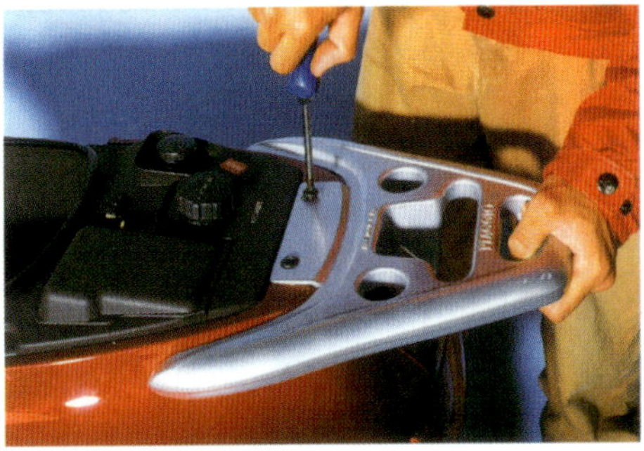

20

21

links aus der Verankerung ziehen; Abdeckung abnehmen (Abb. 19). Jetzt frei zugänglich: Zündkerze mit Kabel, Auspuffkrümmer mit Verschraubung. Beim Wiedereinbau alle Zapfen an Trittbrett und Seitenverkleidungen sorgfältig ausrichten und in die Führungen drücken; sie müssen hundertprozentig einrasten; erst danach die Schrauben anziehen.

**Heckgepäckträger und Heckblende:** Ausbau nötig, bevor Seitenverkleidungen abgenommen werden können. Gepäckträger und Heckblende werden gemeinsam von zwei Kreuzschlitzschrauben und einer zentralen Innensechskantschraube SW 6 mit Distanzhülse gehalten; Schrauben lösen und Hülse abnehmen (Abb. 20, 21). Dann die Heckblende abnehmen, indem die beiden Zapfen rechts und links ausgehängt werden. Jetzt sind alle Verschraubungen der Seitenverkleidungen zugänglich.

**Seitenverkleidungen:**
Sie sind jeweils mit drei Kreuzschlitzschrauben SW 10 und einer Blechschraube befestigt: vorne oben und unten, Mitte unten, hinten oben (Abb. 22, 23, 24, 25). Nach Lösen der Schrauben die

*Abb. 20, 21*
*Vor dem Ausbau der Seitenverkleidungen Gepäckträger abmontieren zwei Schrauben oben, Bolzen.*

*Abb. 22*
*So werden die unteren Befestigungen der Seitenverkleidungen gelöst.*

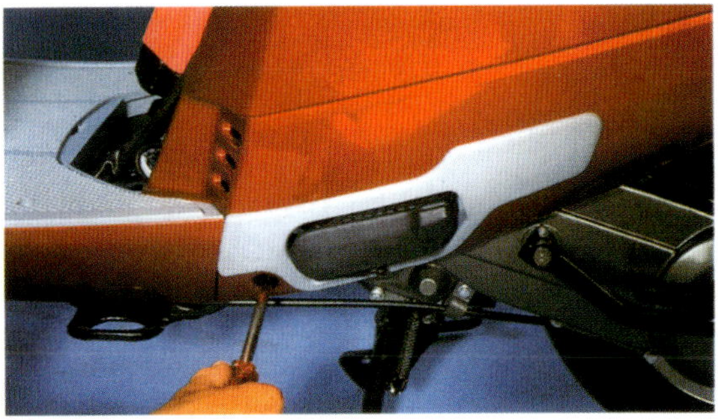

22

*Abb. 23, 24*
*Nach Abbau von Mittelabdeckung, Gepäckträger und Heckblende liegen die oberen Befestigungen der Seitenteile frei.*

*Abb. 25*
*Hinten fixieren einfache Blechschrauben die Seitenteile.*

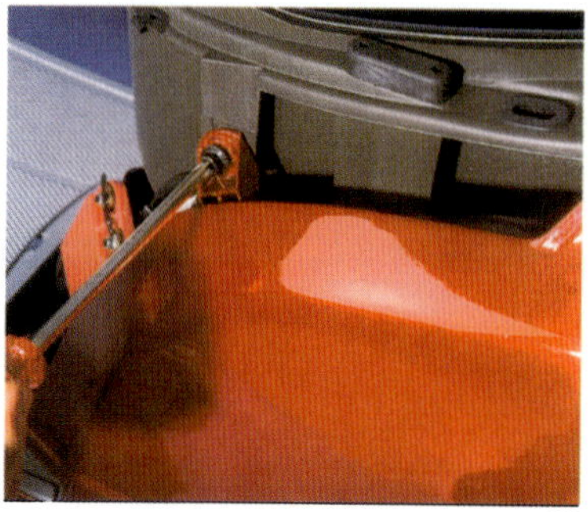

23

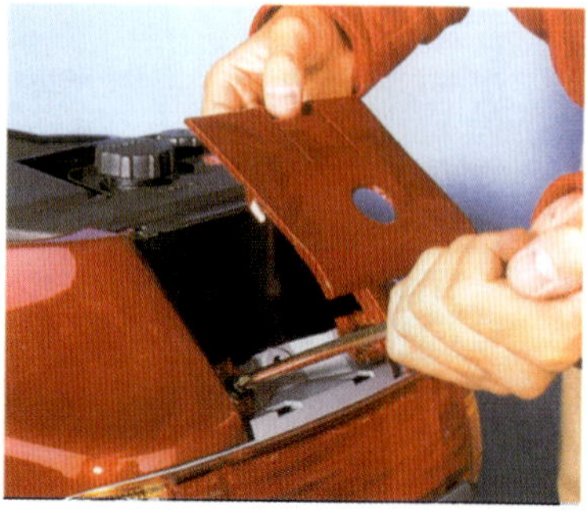

24

25

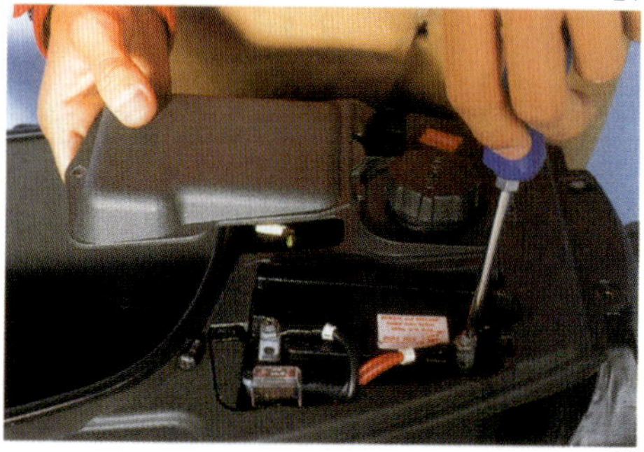

26

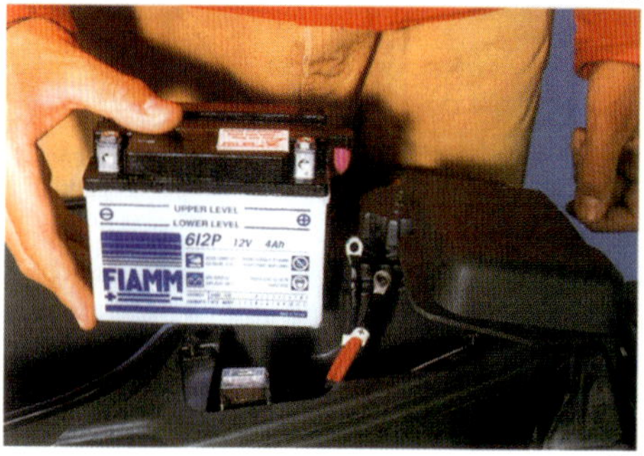


27

28

*Abb. 26, 27*
*Zum Batterieausbau zuerst Kabel vom Minus-, dann vom Pluspol abschrauben, Entlüftungsschlauch abziehen, im Fahrzeug lassen und Batterie herausheben.*

Soziusfußrasten herunterklappen und Seitenverkleidungen abnehmen. Beim Zusammenbau zuerst Plastikzungen oberhalb der Rückleuchte einhängen. Frei zugänglich nach Ausbau: Motor, Luftfilter, Antrieb, Nebenaggregate.

**Batterie:** muß vor Helmfachdemontage ausgebaut werden; **Achtung: Fahrzeug nie mit eingebauter Batterie auf die Seite legen, die Säure könnte auslaufen und schwere Schäden hervorrufen; Batterie immer zuerst ausbauen!** Pflegehinweise im Kapitel Elektrik. Zum Ausbau zunächst Kreuzschlitzschraube lösen, mit dem die Plastikabdeckung befestigt ist. Um unbeabsichtigtes Kurzschließen zu vermeiden, zuerst den Minuspol, dann den Pluspol abklemmen (Muttern SW 8). Entlüftungsschlauch abziehen; er ist zwischen dem Benzintank und dem Rahmenheck durchgeführt und muß später auch wieder genau dorthin (Abb. 26, 27); das Ende unbedingt ins Freie ragen lassen, sonst Korrosionsgefahr.

**Helmfach mit Grundplatte:**
Für Einstellarbeiten am Vergaser lediglich nach Lösen einer Kreuzschlitzschraube die kleine Abdeckung am Boden des Helmfachs abnehmen. Befestigung des Helmfachs: zwei Schrauben SW 10 vorn am Boden sowie eine große Kreuzschlitzschraube hinten neben der Sitzbankverankerung (Abb. 28, 29). Schrauben lösen, Deckel von Benzin- und Öltank sowie den Dichtring des Öltanks abnehmen, Sicherungsträger abziehen und Helmfacheinheit komplett abheben (Abb. 30). Frei zugänglich: Benzintank, Öltank, Vergaser, Radaufhängung.

**Scheinwerfer-/Blinkereinheit:**
Die Scheinwerfereinheit muß in zwei Fällen komplett ausgebaut werden: wenn eine Lampe defekt ist oder wenn das vordere Verkleidungsdetail demontiert werden soll. Die Arbeit ist einfach: Gepäckfach öffnen und mit einem Kreuzschlitzschraubendreher oder einer Stecknuß SW 10 die beiden Halteschrauben unten an der Stirnwand des Fachs ausdrehen (Abb. 31). Scheinwerfereinheit vorziehen und Hauptkabelstecker abziehen (Abb. 32). Zum Austausch der Scheinwerferlampe den Dichtgummi zurückziehen, den Federbügel lösen (falls vorhanden), erst Lampenfassung, dann Lampe nach links drehen und herausnehmen. Neue Lampe nicht mit bloßen Händen anfassen; der sich bildende Film schädigt den Reflektor (Abb. 33).

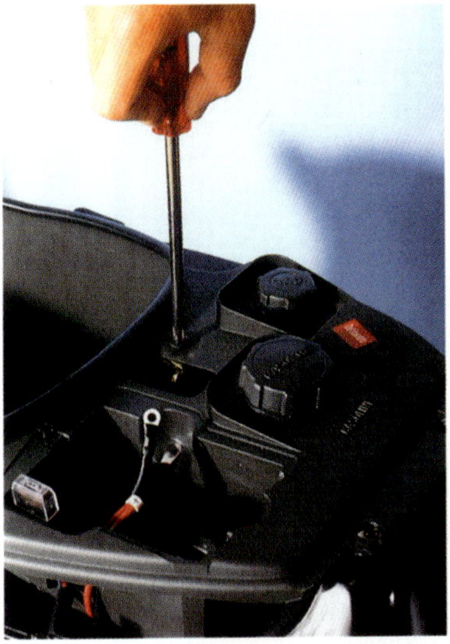

29

*Abb. 28*
*Lösen der Schrauben, die das Helmfach mit dem Rahmen verbinden (S. 18).*

*Abb. 29, 30*
*Hintere Verschraubung lösen, beide Tankdeckel abziehen und Helmfach mit Grundplatte vom Fahrzeug abheben.*

*Abb. 31*
*Zwei vom Gepäckfach zugängliche Schrauben halten die Scheinwerfereinheit fest.*

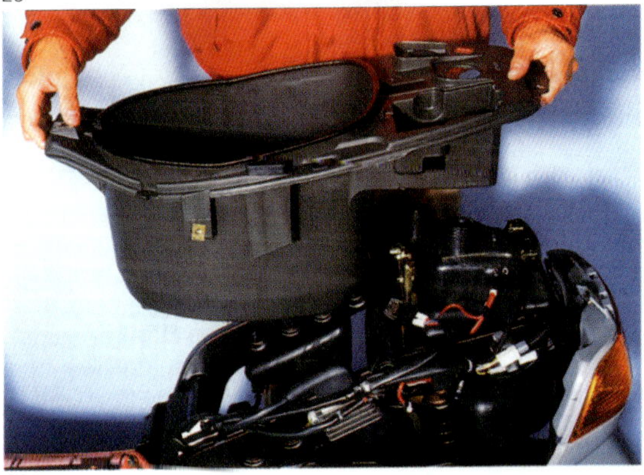

30

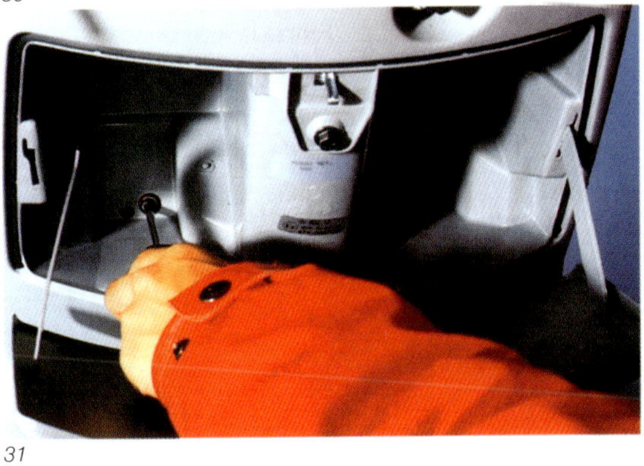

31

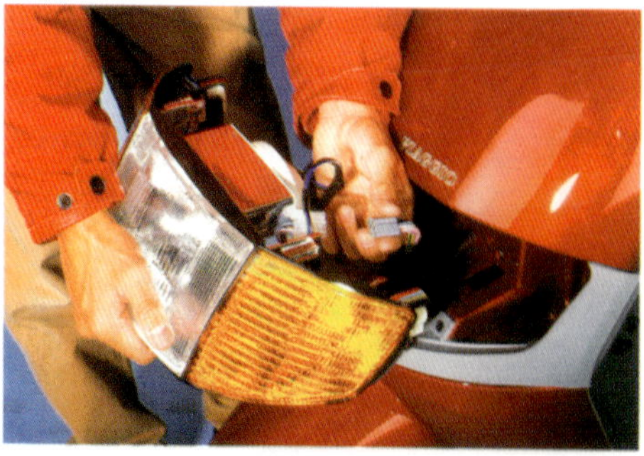

32

33

34

35

*Abb. 32, 33 Scheinwerfer vorziehen und Kabelstecker abnehmen; Lampenverglasung nicht mit bloßen Händen anfassen.*

*Abb 34, 35 Auswechseln der Blinkerlampen, Trennen des Blinkers vom Scheinwerfer.*

*Abb. 36 Scheinwerfereinstellung: Die Obergrenze des Abblendlicht-Kegels darf nicht höher liegen als 60 cm, wenn das Fahrzeug 10 Meter vor der Wand steht.*

Die **Blinkerlampen** lassen sich ähnlich einfach auswechseln: erst komplette Fassung, dann Lampe nach links drehen, Lampe herausziehen (Abb. 34). Die **Blinker** selbst werden von federnden Plastikzungen am Scheinwerfergehäuse fixiert; Klips zur Seite drücken und Blinker abziehen (Abb. 35). Dies ist auch ohne Scheinwerferausbau vom Gepäckfach aus möglich: Mit einem Schraubendreher durch die

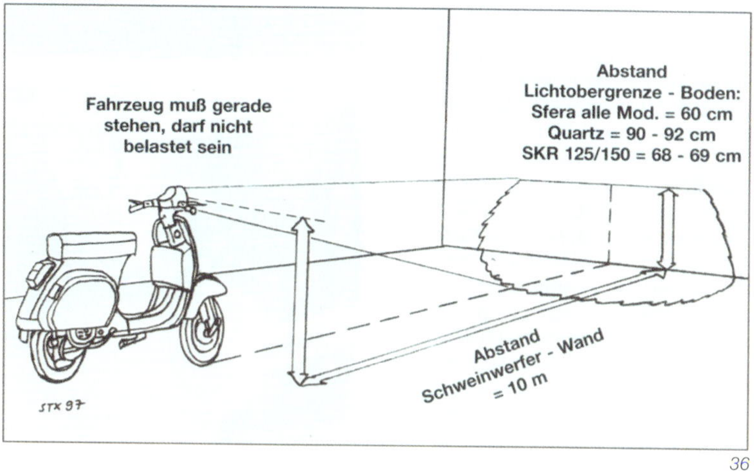


36

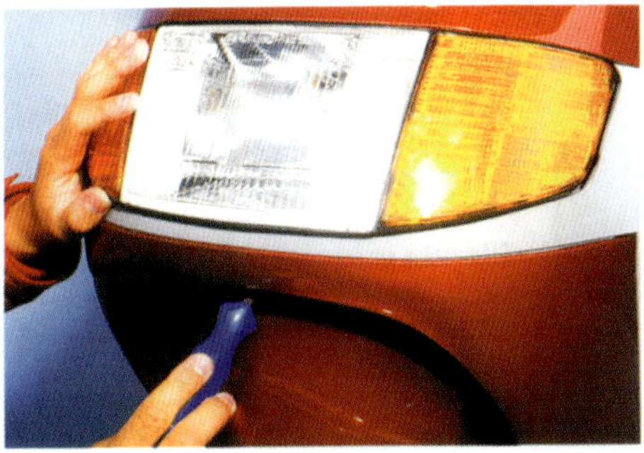

37

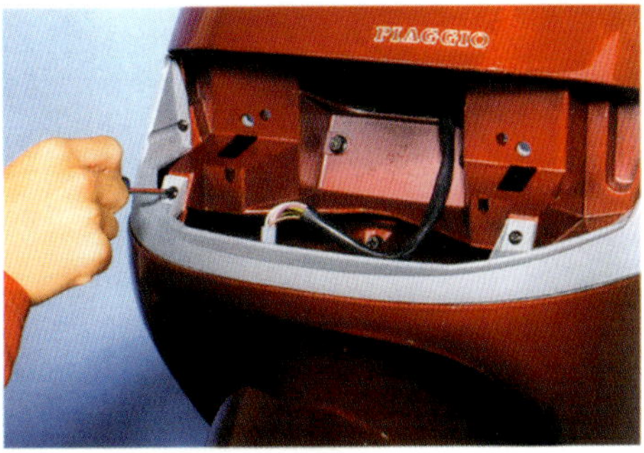


38

Bohrungen neben den Schrauben die Klips aufdrücken und Blinker herausnehmen. **Beim Zusammenbau die Plastikführungen zuerst vorsichtig positionieren,** dann erst zusammendrücken - Bruchgefahr.

**Vor dem Wiedereinbau der Scheinwerfereinheit alle Kabelstecker auf festen Sitz und Korrosion überprüfen.** Farben der Kabelverbindungen zu den Blinkern: Fahrtrichtung rechts rosa, schwarz; links blau/weiß, schwarz. Jetzt demontierbar: Scheinwerferabdeckung, Frontschild.

**Scheinwerfer einstellen:** Wo wir gerade dabei sind - die Scheinwerfereinstellung sollte von Zeit zu Zeit, mindestens aber einmal im Jahr überprüft werden. Dazu das unbelastete Fahrzeug auf eine ebene Fläche zehn Meter und im rechten Winkel vor eine möglichst im Halbschatten liegende Wand stellen; der Reifenluftdruck muß korrekt sein (s. techn. Daten). Auf der Wand in einer Höhe von 58 bis 60 cm eine horizontale Linie zeichnen. Dann den Motor anlassen, im Leerlauf halten und das Abblendlicht einschalten. Die Hell-Dunkelgrenze des Lichtkegels darf nicht über der Linie auf der Wand liegen (Abb. 36).

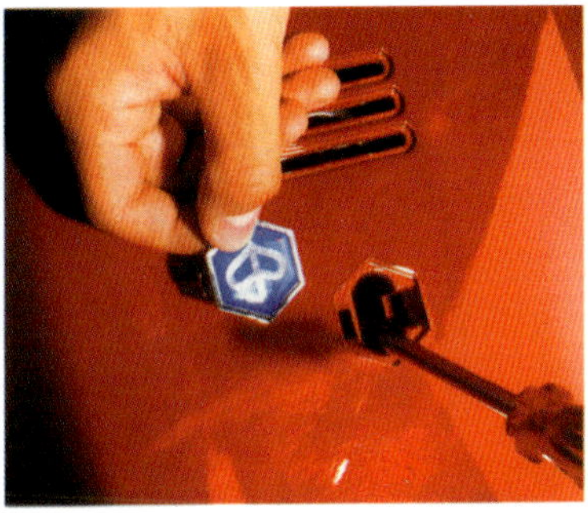

39

*Abb. 37*
*So wird die Scheinwerfereinstellung korrigiert.*

*Abb. 38*
*Vier Schrauben halten die Blende unterhalb des Scheinwerfers.*

*Abb. 39*
*Zur Demontage des Frontschilds zunächst Emblem abhebeln, dann darunterliegende Schraube lösen.*

*Abb. 40, 41*
*Lösen der Frontschild-Verschraubung: zwei Schrauben im Scheinwerferschacht, zwei im Handschuhfach (nicht abgebildet), zwei unterhalb des Lenkers.*

40

41

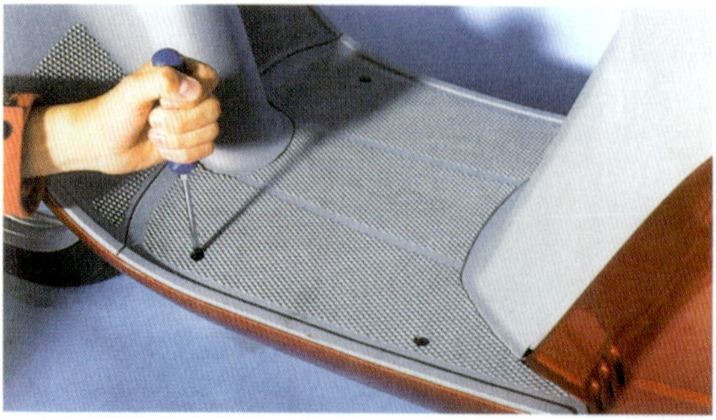

42

*Abb. 42*
*Das Trittbrett ist mit vier Schrauben befestigt; anschließend mit Schraubendreher von der Seite her unter den vorderen Rand fahren und die verdeckten Laschen von der Bodenverkleidung abhebeln.*

43

*Abb. 43*
*Abziehen des Federbügels, der das Zündschloß am Steuerrohr fixiert.*

44

*Abb. 44*
*So wird der Sperrstift des Lenkschlosses nach oben gedrückt - hier gezeigt in bereits ausgebautem Zustand.*

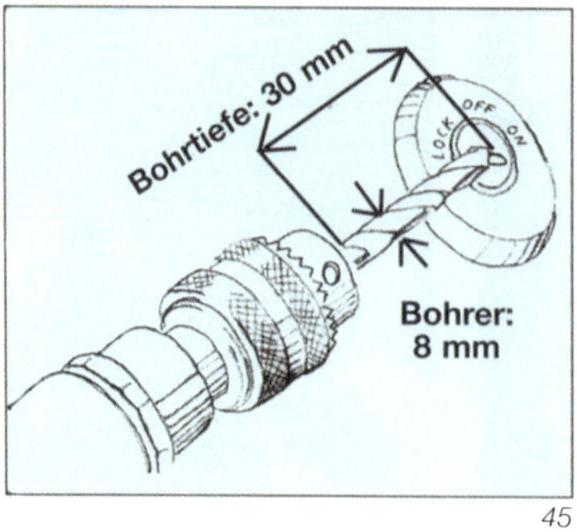


45

*Abb. 45*
*Bei gesperrtem Schloß und verlorenem Schlüssel hilft nur Ausbohren des Schlosses mit einem 8-mm-Qualitätsbohrer.*

Zur Korrektur einfach mit einem Kreuzschlitzschraubendreher die unterhalb des Scheinwerfers in die Verkleidung eingelassene Schraube drehen (Abb. 37).

**Blende unterhalb Scheinwerfer:** nach Scheinwerferausbau leicht erreichbar, wird von vier Kreuzschlitzschrauben gehalten (Abb. 38). **Achtung: Diese vier Schrauben dienen gleichzeitig der Verkleidungsbefestigung.** Schrauben ausdrehen und die seitlich sowie unten angebrachten Zungen aus den Halteschlitzen ziehen, Blende abnehmen.

**Frontschild:** Wird im wesentlichen vorne von drei Schrauben SW 10 mit Kreuzschlitz gehalten, ist aber mit dem Innenschild verschraubt, sodaß auch diese Schrauben gelöst werden müssen. Zuerst das Piaggio-Emblem vorsichtig mit einem feinen Schraubendreher abhebeln. Dann die darunterliegende Schraube ausdrehen (Abb. 39). Anschließend die beiden Schrauben in der Vertiefung für den Scheinwerfer lösen (Abb. 40). Jetzt die vier kleinen Blechschrauben ausdrehen, mit denen das Innenschild am Frontschild befestigt ist: zwei an der Oberkante hinter dem Lenker (Abb. 41), zwei oben rechts und links im Handschuhfach. Frontschild abnehmen. Jetzt zugänglich: Lenk-/Zündschloß, Hupe, Kabelbaum, Steuerrohr.

**Trittbrett:** Ausbau erst nach Demontage der Mittelabdeckung möglich; nötig vor Ausbau des Innenschildes. Vier Schrauben SW 10 mit Kreuzschlitz ausdrehen, Trittbrett hinten hochklappen und die die beiden verdeckten Laschen von der Bodenverkleidung mit einem kräftigem Schraubendreher abhebeln (Abb. 42).

46

**Zündschloß:** Demontage vor Ausbau des Innenschildes nötig. Bei **intaktem Schloß** zunächst Dichtung zurückschieben und den Federbügel abziehen, mit dem das Zündschloß im Stahlrohr fixiert wird (Abb. 43). Wichtig: Den Schlüssel auf OFF stellen. Jetzt wird's knifflig: Von unten muß mit einem Innensechskantschlüssel SW 2,3 oder 3,0 eine winzige Sperrklinke hochgedrückt werden; das schafft man aber nur, wenn man sie auch sehen kann. Dazu wiederum braucht man einen kleinen Spiegel und eine Taschenlampe. Inbusschlüssel in Position bringen und Klinke hochdrücken (Abb. 44). Schlüssel gedrückt lassen und Lenkschloß nach hinten herausziehen. Die Lenkerverriegelung läßt sich nur zusammen mit dem Steuerrohr herausnehmen, s. entspr. Abschnitt.
Zweite Möglichkeit: **Schloß befindet sich in LOCK-Stellung** und muß ausgebaut werden, weil der Schlüssel verloren wurde oder abgebrochen ist. Das Schloß muß dann mit einem HSS-Spiralbohrer Größe 8 mm ausgebohrt werden; der Bohrer muß 30 mm aus dem Futter ragen. Ausgebohrtes Schloß entfernen (Abb. 45).
Einbau generell: Schloßzylinder in der ersten Stufe komplett mit Schlüssel bis zur Hälfte in das Gehäuse einführen; dabei muß die

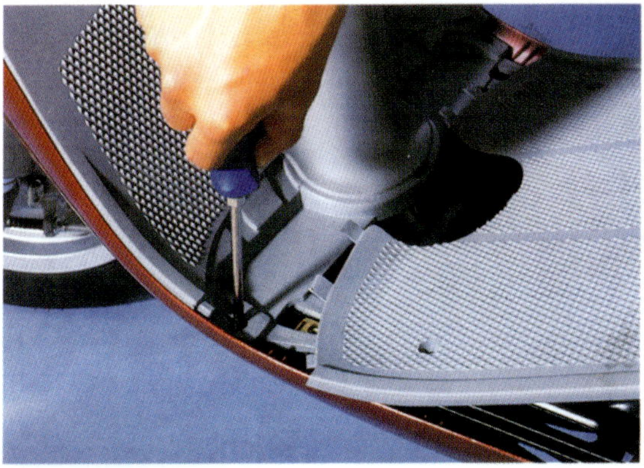

47

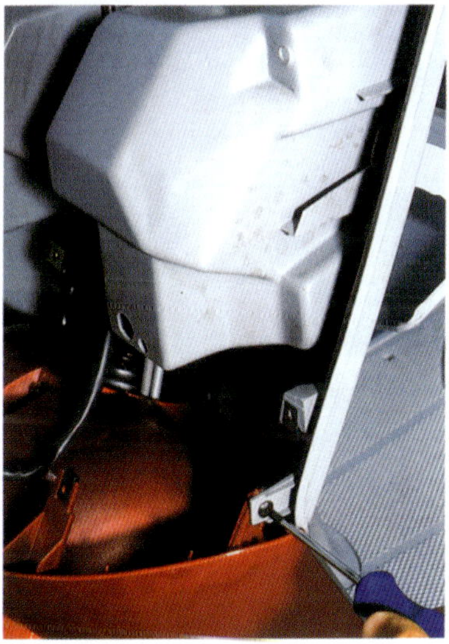

48

*Abb. 46*
*Lösen der Hupenhalterung mit einer Stecknuß SW 8.*

*Abb. 47 - 49*
*Ausbau des Innenschildes nach erfolgtem Abbau des Frontschildes: Lösen von zwei Blechschrauben unten, zwei weiteren in halber Höhe rechts und links sowie einer zentralen Schraube am Steuerrohr.*

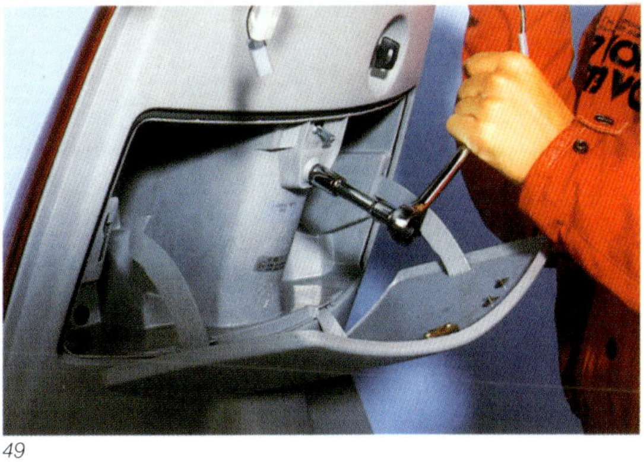

49

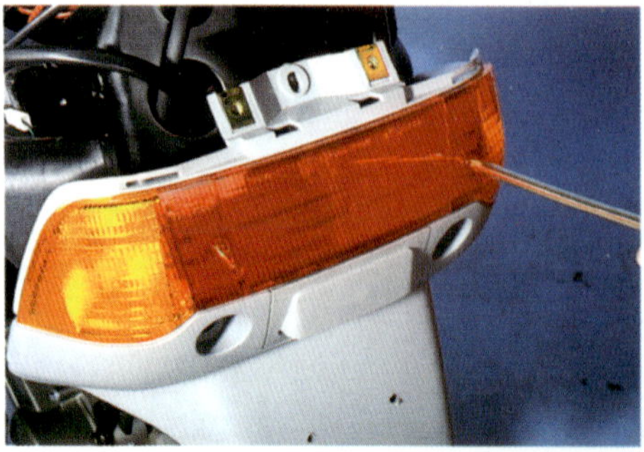

50

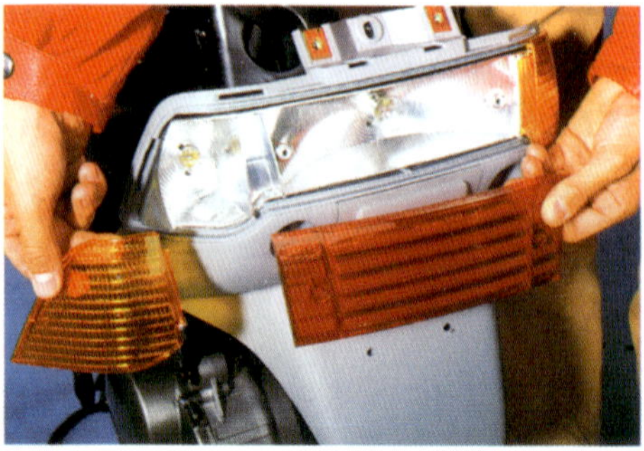

51

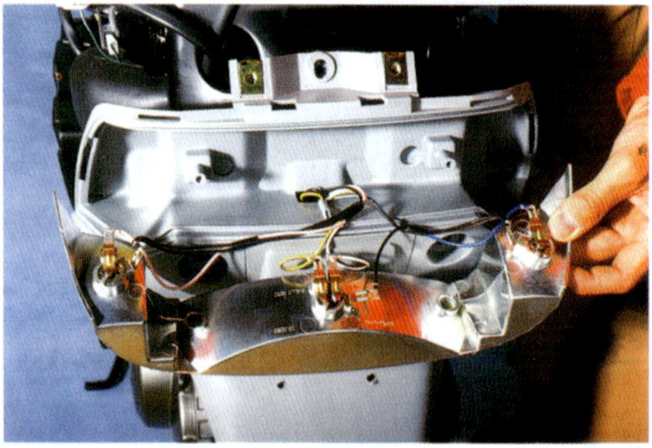

52

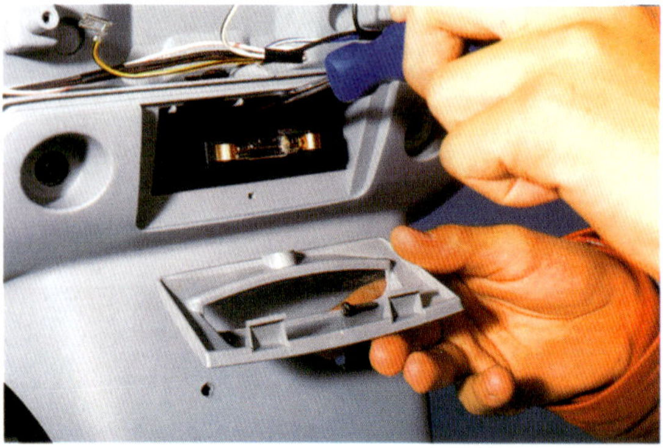

53

*Abb. 50 - 52 Nach Lösen von zwei Schrauben Gläser der Heckleuchte abnehmen. Dabei auf die Kabelfarben achten.*

Klinke nach unten zeigen, der Schlüssel **muß unbedingt auf ON stehen;** sonst läßt sich der Zylinder nicht ins Gehäuse einführen. Zweite Stufe: Schlüssel nach links auf OFF drehen und den Zylinder bis zum Anschlag durchschieben.

Zündschloß aufsetzen, mit Federbügel sichern, Gummidichtung überstülpen.

**Hupe:** Nach Abbau des Frontschildes gut zugänglich. Hupenhalter ist mit einer Schraube SW 8 am Steuerrohr befestigt. Die Hupe selbst wird von einer Mutter SW 8 gehalten. Kabelfarben: oben zweimal schwarz, unten schwarz/grau (Abb. 46).

**Innenschild:** Wird zusammen mit dem Gepäckfach ausgebaut, vorher Demontage des Zündschlosses erforderlich. Die vier Blechschrauben, mit denen das Innenschild am Frontschild befestigt ist, wurden bereits erwähnt. Zwei weitere Schrauben an den unteren Ecken werden nach Abnahme des Trittbrettes sichtbar (Abb. 47). Außerdem ist das Schild mit je einer Schraube rechts und links am lackierten Bodenschild befestigt (Abb. 48). Nach Lösen der acht Blechschrauben muß noch die Schraube SW 10 ausgedreht werden, die sich am Steuerrohrschacht unter der Gepäckklappe befindet (Abb. 49). Die Klappe selbst ist an jedem Scharnier mit je zwei Schrauben befestigt.

**Heckleuchte mit Blinkern:** Gläser und Reflektoren sind zusammen mit

zwei Kunststoffschrauben befestigt; Schrauben mit einem genau passenden Kreuzschlitzschraubendreher lösen (sonst Bruchgefahr!) und die drei farbigen Streuscheiben abnehmen - Rücklicht, zwei Blinkergläser. Defekte Lampen durch Drehen nach links abnehmen und auswechseln (Abb. 50, 51).
Die Reflektoreinheit läßt sich jetzt komplett nach hinten klappen und gegebenenfalls auswechseln (Abb. 52). Auf defekte Dichtungen und Korrosion achten! Wasser und Schmutz beeinträchtigen die Leuchtwirkung stark. Beim Zusammenbau das rote Heckleuchtenglas zusammen mit den Blinkergläsern einsetzen, Plastikschrauben mit Gefühl festziehen.
Beim Abziehen und Aufstecken der Kabel die Farben nicht verwechseln: Blinker links (in Fahrtrichtung) schwarz/schwarz und rosa; Blinker rechts schwarz/schwarz und blau/weiß; Rückleuchte gelb, weiß und schwarz (alle Angaben jeweils von links nach rechts). Nach Abziehen der Stecker kann der Kabelbaum komplett herausgezogen werden; beim Wiedereinbau den Strang von innen durch das große runde Loch des Hilfsrahmens fädeln.

**Kennzeichenleuchte:** Deckel und Lampenträger sind mit je einer Kreuzschlitzschraube befestigt. Federhalter der Lampe zur Seite drücken und Lampe auswechseln. Kabelfarben: gelb und schwarz (Abb. 53).

**Heckleuchtenträger:**
Das graue Plastikteil wird von zwei Kreuzschlitzschrauben gehalten und läßt sich nach Demontage aller Heckleuchtenelemente abnehmen. Beim Wiedereinbau zuerst alle Kabelstränge einfädeln; gelb/schwarz für die Kennzeichenleuchte unten (Abb. 54).

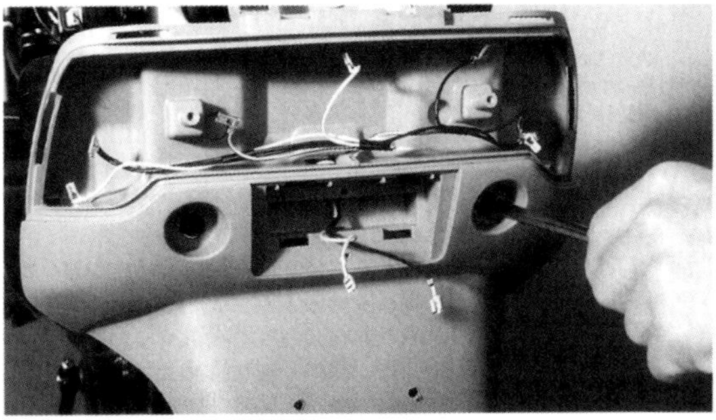

54

55

**Sitzbankverriegelung:** Sie ist mit zwei Schrauben SW 13 befestigt und läßt sich leicht auswechseln. Bei Schwergängigkeit des Schnappmechanismus wirken einige Tropfen Öl Wunder (Abb. 55).

*Abb. 53*
*Ausbau der Kennzeichenleuchte (Deckel und Lampenträger S. 28).*

*Abb. 54*
*Der Heckleuchtenträger ist mit zwei Schrauben am Rahmen befestigt.*

*Abb. 55*
*Die Sitzbankverriegelung ist dankbar für eine gelegentliche Schmierung mit etwas Öl.*

# SFERA 50, 80 AB 1990, SFERA-BAUREIHE ALLGEMEIN: VORDERRADFÜHR., TROMMELBREMSEN, LENKUNG

*Abb. 56 - 60 Vorderradausbau Sfera mit Trommelbremse: Abhebeln der Schutzkappe, Aufbiegen und Entfernen des Splints, Abnehmen der Sicherungskappe, Lösen der Zentralmutter mit einer Stecknuß SW 22. Dann die Druckscheibe abhebeln und Vorderrad komplett mit Bremstrommel abnehmen (s.a. Seite 32). Wiedereinbau in umgekehrter Reihenfolge; Anziehen der Mutter mit Drehmoment 45 Nm.*

*Die Arbeiten auf diesen Seiten zeigen Zerlegung und Wartung der Vorderradführung bei Trommelbremsmodellen. In vielen Details lassen sich die Tips auch auf die neueren Modelle der Sfera-Baureihe übertragen. Beachten Sie dazu auch die Rückverweise in den Spezialkapiteln.*

56

**Vorderrad mit Bremstrommel - Ausbau:** Die älteren Sfera-Modelle haben einteilige Räder aus Leichtmetallguß, die je mit einer Zentralmutter am Achszapfen gesichert sind. Zuerst Staubschutzkappe abhebeln. Dann Splint aufbiegen und mit Seitenschneider oder Kombizange abziehen; Sicherungskappe abnehmen (Abb. 56, 57, 58). Jetzt muß ein Helfer die Bremse betätigen, um das Vorderrad zu blockieren. Mit einer Stecknuß SW 22 die Zentralmutter lösen (Abb. 59), die darunterliegende Druckscheibe abhebeln. Dann Rad komplett mit integrierter Bremstrommel und Radlagern abnehmen (Abb. 60). Wiedereinbau in umgekehrter Reihenfolge; Mutter mit Drehmoment 45 Nm anziehen, möglichst neuen Splint verwenden und sorgfältig umbiegen. **Achtung:** Die Splintenden müssen so gebogen werden, daß kein Spiel zwischen Sicherungskappe und Radachse bleibt (Abb. 61).

**Reifenwechsel:** Alle Sfera-Typen sind mit schlauchlosen Niederquerschnittsreifen ausgerüstet, die zwar für optimale Fahrsicherheit sorgen, sich aber - anders als bei der klassischen Vespa - in Eigenregie nicht abziehen und austauschen lassen.

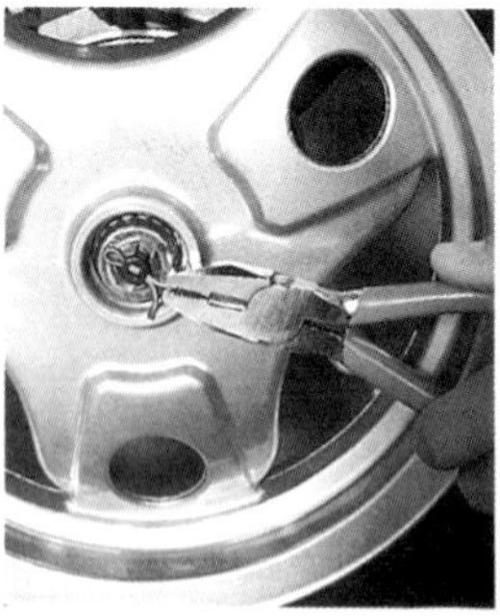

57

58

59

60

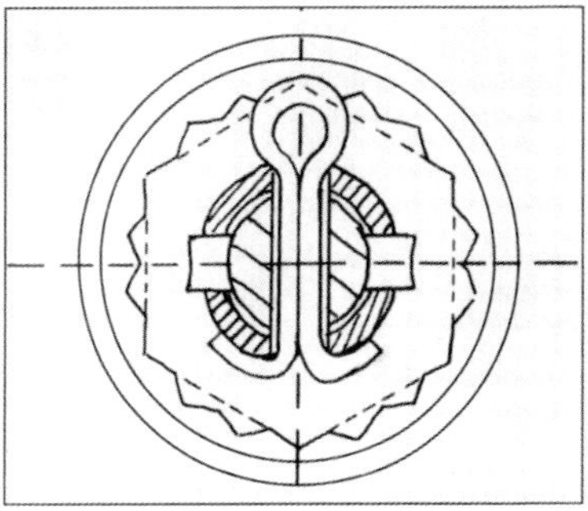

61

Abb. 61
So und nicht anders muß der Splint für die Radsicherung umgebogen werden; die Sicherungskappe darf kein Spiel haben. Möglichst neuen Splint verwenden.

Grund: Sie haben kein Tiefbett. **Achtung: Wer versucht, mit handelsüblichen Montierhebeln den Reifen abzuziehen, beschädigt unweigerlich die Felgenhörner. Es erlischt dann auch die Garantie von Fahrzeug- und Reifenhersteller.** Erforderlich ist eine 1000 Mark teure Spezialmaschine, wie sie nur gut ausgerüstete Werkstätten besitzen (Preis pro Wechsel ca. 30 Mark). Ärgerlich auch, daß sich die Rollerreifen nicht reparieren lassen, die übliche Vulkanisation ist nicht möglich.

**Radlager:** Die beiden Kugellager sind in das Rad eingepreßt. Auch hier ist für beschädigungsfreien Aus- und Einbau Werkstatthilfe erforderlich; nur die Piaggio-Werkstatt verfügt über die entsprechenden Spezialabzieher bzw. Einschlagdorne - Eigenherstellung der Werkzeuge ist zu aufwendig und lohnt daher nicht. Die Zeichnungen aber sollen zumindest verdeutlichen, wie Ein- und Ausbau fachgerecht durchgeführt werden (Abb. 62, 63). Vor dem Wiedereinbau den Raum zwischen den Kugellagern mit Fett füllen (z.B. Esso Beacon 3). Beschreibung der Überholung von Vorderradaufhängung und Radnabe am Ende dieses Kapitels.

**Radlager - Spiel prüfen:** Roller aufbocken, das Vorderrad frei drehen lassen. Von der rechten Fahrzeugseite aus Rad ergreifen, eine Hand oben, eine unten; dann versuchen, das Rad quer zur Vertikalen hin- und herzukippen. Dabei darf sich kein Spiel zeigen (Abb. 64).

**Bremsen - allgemeine Hinweise:** Im Gegensatz zur traditionellen Vespa-Bremse ist die Sfera-Bremsanlage äußerst wartungsarm. Trotzdem muß ein Minimum an Kontrolle und Pflege sein. Wie bei

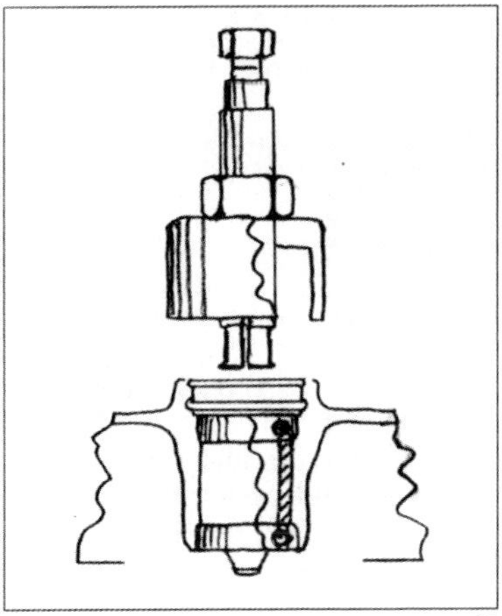

62

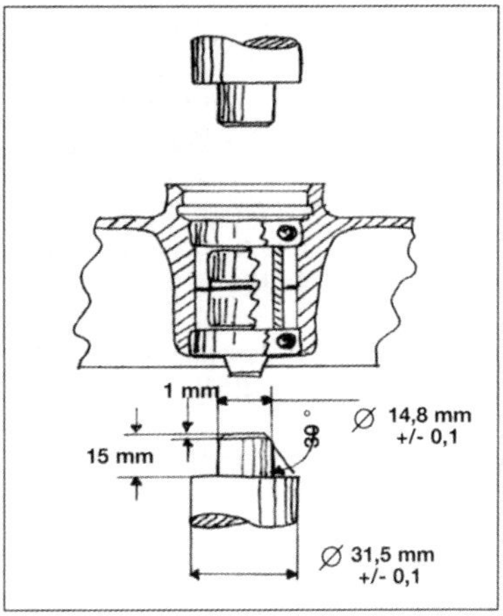


63

Abb. 62, 63
So werden die Radlager fachgerecht herausgezogen (links) und wieder eingebaut (rechts); dazu sind spezielle Auszieher (Abb. 62) und Einschlagdorne (Abb. 63) erforderlich, die nur die Werkstatt hat.

64

65

*Abb. 64 Prüfen des Radlagerspiels: Rad von oben und unten ergreifen und versuchen, es auf der Achse hin- und herzubewegen; dabei darf sich kein Spiel zeigen.*

*Abb. 65 Nach Ausbaudes Vorderrades liegt die Trommelbremse frei. Die Trommel darf keine Riefen haben - Fingerprobe; Rückstände und Staub mit Spiritus entfernen.*

allen Motorzweirädern werden auch bei der Sfera bis zu 70 Prozent der Bremskräfte vom Vorderrad aufgenommen, entsprechend groß ist der Verschleiß. Schon nach 10.000 km können die vorderen Bremsbeläge verschlissen sein, während sie hinten bis zum Dreifachen halten. Beläge, die bis auf eine Stärke von 1,5 mm abgenützt sind (gemessen ohne Backen), müssen sofort ausgetauscht werden. Kontroll-Sichtfenster oder Verschleißanzeiger fehlen leider. **Wegen der nahezu identischen Bauart werden Vorder- und Hinterradbremse in den folgenden Abschnitten gemeinsam behandelt.**

**Bremstrommeln prüfen:** Zunächst kontrollieren wir den Zustand der ins Rad integrierten Bremstrommeln. Falls sich starke Riefen, Rillen oder andersartige Beschädigungen zeigen, müssen die Trommeln in einem Fachbetrieb nachgedreht oder komplett ersetzt werden. Das gilt auch für Trommeln, die sich verzogen haben und daher unrund sind; Anzeichen dafür ist ein schlagendes, ungleichmäßiges Ansprechen oder ein starkes Rubbeln. Das höchstzulässige Übermaß der Trommeln beträgt 0,4 mm (Abb. 65).

**Bremsbeläge prüfen, ausbauen:** Die Beläge sind auf die Bremsbacken aufgeklebt. Die Backen sind komplett auszutauschen, wenn die Mindestbelagstärke von 1,5 mm erreicht ist oder falls sich starke Riefen oder Beschädigungen zeigen. Die Rückholfedern dürfen keine Verformungen aufweisen.
Ausgebaut werden die Bremsbacken, indem man sie einfach zusammen mit den Federn über Nocken und Widerlager nach außen klappt. Notfalls einen Schraubendreher zu Hilfe nehmen, der zur Schonung der Belagkanten mit einem Lappen umwickelt wird (Abb. 66, 67).
Verölte Beläge sind in der Regel nur am Hinterrad anzutreffen; vorn könnte nur Radlagerfett in die Trommel gelangen, was aber so gut wie nie der Fall ist. Hinten kann Getriebeöl über undichte Wellendichtringe in die Bremstrommel sickern. In solchen Fällen unbedingt der Ursache des Übels auf den Grund gehen und Schaden an der Quelle beseitigen, sonst macht der Belagwechsel keinen Sinn. Verölte Beläge auf jeden Fall ersetzen, Reinigen mit Lösungsmittel hilft nicht, weil Öl tief in die Belagstruktur eindringt. Vor dem Auflegen neuer Bremsbacken alle Elemente reinigen: Ankerplatte, Nocken, Widerlager. Korrosionsspuren mit feinem Schmirgelleinen entfernen. Nocken und Widerlager nicht einfet-

66

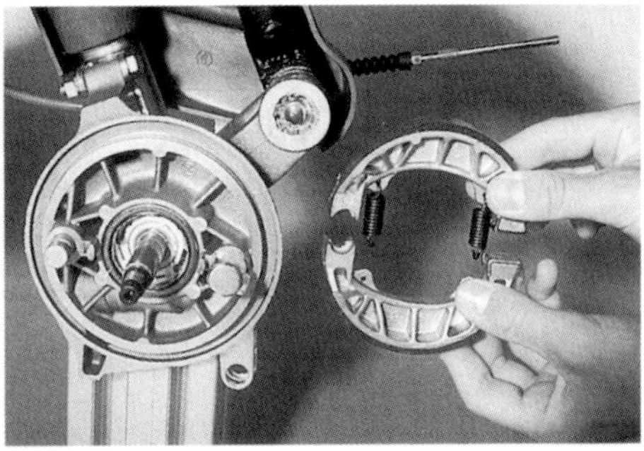

67

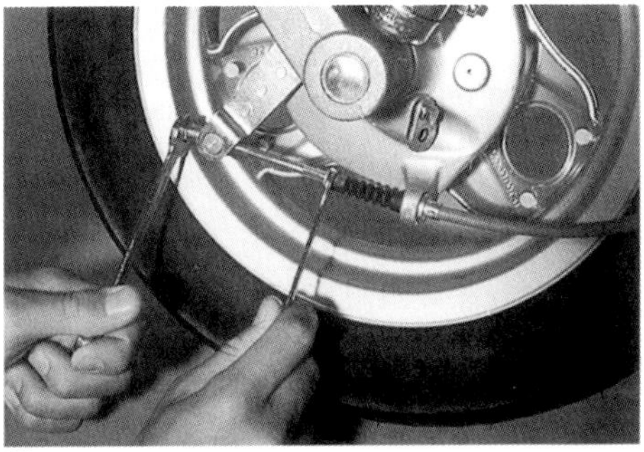

68

ten, die Teile gleiten aufgrund der Materialbeschaffenheit ohne Reibungsverlust.

**Bremsen einstellen:** Im Rahmen der regelmäßigen Wartung und immer dann, wenn neue Bremsbacken aufgelegt wurden, müssen Vorderrad- bzw. Hinterradbremse neu eingestellt werden. Auch dies ist bei der Sfera denkbar einfach: Es genügt, die Einstellmuttern an den jeweiligen Bremshebeln im Uhrzeigersinn zu drehen, falls das Spiel verringert werden soll (gegen den Uhrzeigersinn zur Vergrößerung des Spiels). Am Vorderrad kann mit einem Gabelschlüssel SW 10 gearbeitet werden, notfalls den Seilzug mit einem Schlüssel SW 8 gegenhalten (Abb. 68). Am Hinterrad befindet sich ebenfalls eine Mutter SW 10, die sich meist aber auch von Hand drehen läßt (Abb. 69). Die Einstellung ist dann korrekt, wenn sich - bei aufgebocktem Fahrzeug - die Räder bei nicht betätigten Bremsen vollkommen frei drehen, beim Ziehen der Bremshebel aber sofort abgebremst werden. Erfahrungsgemäß ist ein Spiel von 4 bis 5 mm zwischen Bremshebelwurzel und Bremshebelaufnahme optimal (gut kontrollierbar nur bei abgenommener Lenkerverkleidung). Weitere Hinweise in den folgenden Abschnitten.

**Vorderradbremszug ausbauen:** erforderliche Vorarbeiten: Ausbau von Lenkerverkleidung und Frontschild (s. weiter vorn). Zuerst den Einsteller am Vorderrad mit einem Gabelschlüssel SW 10 ausdrehen, notfalls Sechskant SW 8 am Seilzug gegenhalten, Paßstück und unteres Seilzugende abziehen (Abb. 70). Dann die Gummitülle am rechten

*Abb. 66*
*Mit zwei starken Schraubendrehern lassen sich die Bremsbacken abhebeln; Vorsicht: Beläge dabei nicht beschädigen!*

*Abb. 67*
*Nach Aushängen der Federn lassen sich die Backen komplett mit den aufgeklebten Belägen auswechseln.*

*Abb. 68*
*Vorderradbremszug einstellen: Seilzughülle mit einem Schlüssel SW 8 festhalten und Einsteller mit einem Schlüssel SW 10 drehen.*

*Abb. 69 Hinterradbremszug einstellen: am Einsteller drehen oder Gabelschlüssel SW 10 benutzen.*

*Abb. 70, 71 Vorderradbremszug ausbauen: Einsteller ganz herausdrehen, Seilzug vom unteren Bremshebel abziehen. Dann - bei abgenommener Lenkerverkleidung - Seilzug vom oberen Bremshebel abhängen.*

*Abb. 72 Der Hinterradbremszug wird von einem Halteblech am Antriebsgehäuse entlanggeführt.*

Bremshebel zurückschieben, Seilzugnippel um 90 Grad drehen und nach unten drücken (Abb. 71); Seilzug aus der Durchführung am Vorderradkotflügel ziehen und abnehmen.

**Hinterradbremszug ausbauen:** erforderliche Vorarbeiten: Ausbau von Lenkerverkleidung, Frontschild, Innenschild, Trittbrett und Mittelabdeckung (s. weiter vorn). Dann den Einsteller am Hinterrad ausdrehen und samt Paßstück abnehmen. Den Seilzughalter an der Triebsatzschwinge mit einem Steckschlüssel SW 8 abschrauben (Abb. 72). Linke Gummitülle am Lenker zurückschieben, Seilzugnippel um 90 Grad drehen und nach unten drücken; Seilzug vom Fahrzeug abnehmen (Abb. 73). Beim Wiedereinbau den Seilzug von vorn in das Widerlager am Antriebsgehäuse stecken, nicht die dort angebrachte Schraube lösen.

**Bremshebel am Hinterrad ausbauen:** Zuvor müssen Schalldämpfer, Hinterrad und Bremsbacken ausgebaut werden wie beschrieben. Dann die Schraube SW 8 lösen, die den Hebel auf der Bremsnockenwelle fixiert. Hebelstellung markieren und Hebel abnehmen. Jetzt läßt sich auch der Bremsnocken abziehen und überprüfen; er darf keine groben Riefen oder Kerben zeigen und kein übermäßiges Verschleißbild haben.

**Bremsseilzüge warten und pflegen:** Sämtliche Motor- und Fahrwerkselemente werden bei der Sfera über Bowdenzüge bedient und gesteuert. Von der einwandfreien Funktion hängen Betriebs- und Fahrsicherheit ab. **Achtung: bei beschädigten Bremsseilzügen Unfallgefahr!** Zu den häufigsten Mängeln gehören mangelhafte Schmierung und daraus resultier-

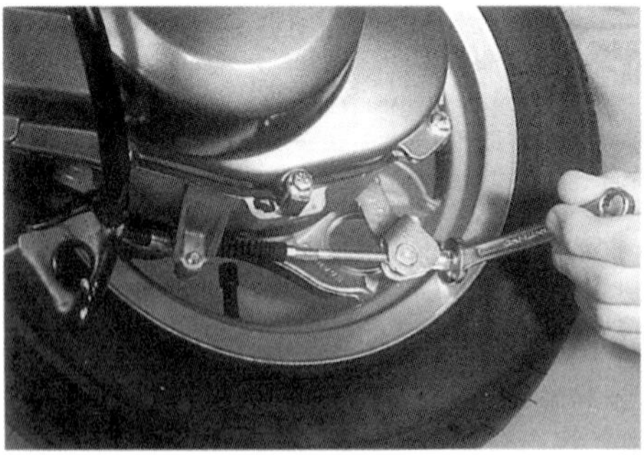

69

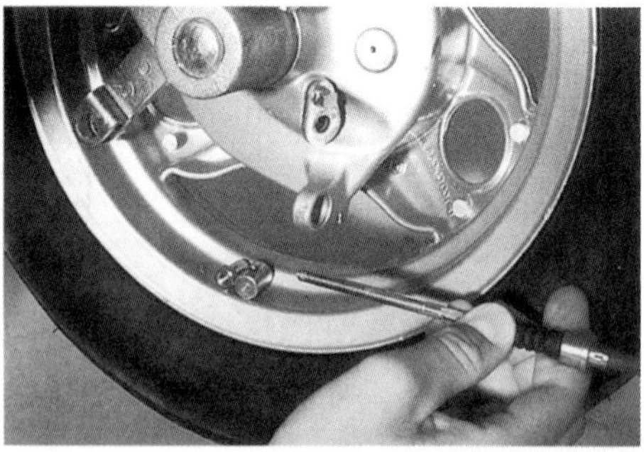

70

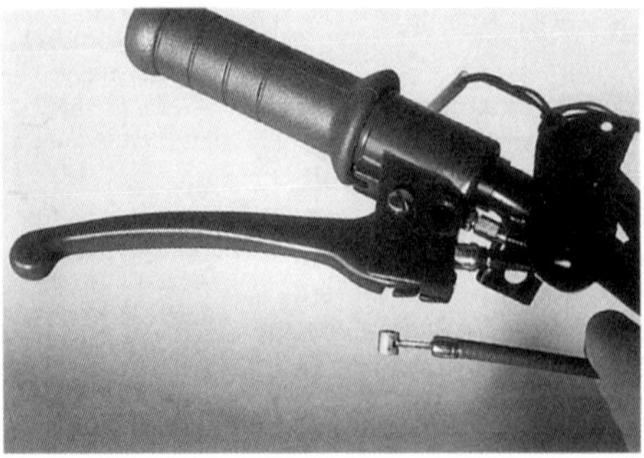

71

72

ende Schwergängigkeit, Knick- und Bruchstellen an den Seilzughüllen, durchgescheuerte Einzeldrähte. Bowdenzüge mit geknickten Hüllen oder beschädigten Drahtzügen müssen sofort ausgewechselt werden. Da Vorbeugen besser ist als Heilen, empfiehlt es sich, die Bowdenzüge bei jeder Inspektion zu ölen. Dazu Lenkerverkleidung abbauen, Einsteller an den Radbremshebeln lösen und Seilzüge zuerst an den Rädern, dann am Lenker aushängen wie beschrieben. Obere Seilzugenden senkrecht halten und mit Ölkännchen oder Sprühdose einige Tropfen Motoröl 15 W 30 oder 40 zwischen Seil und Hülle träufeln. Zweckmäßig sind auch professionelle Seilzugöler, wie sie für relativ wenig Geld vom Zubehörhandel angeboten werden (Hein Gericke z.B.) - eine lohnende Anschaffung vor allem für Vielfahrer (Abb. 74).

**Bremshebel:** Schon bei einem leichten Umfaller können die Bremshebel beschädigt werden. Zum Austausch Lenkerverkleidung abnehmen und betreffenden Seilzug aushängen wie beschrieben. Haltebolzen von oben mit einem Schraubendreher festhalten (Abb. 75), von unten mit einem Ringschlüssel SW 10 die Muttor lösen; beim Abziehen des Bolzens auf die Feder achten - sie darf nicht verlorengehen. Bremshebelgelenke alle 4000 km nachfetten.

**Bremslichtschalter:** Jeder der beiden Bremshebelsockel ist mit einem Bremslichtschalter mit Messinggehäuse und Kontaktstift ausgerüstet. Die jeweils zwei Kabel werden einfach abgezogen und können später beliebig wieder aufgesteckt werden. Die Schalter lassen sich leicht von Hand ausdrehen und auswechseln (Abb. 76).

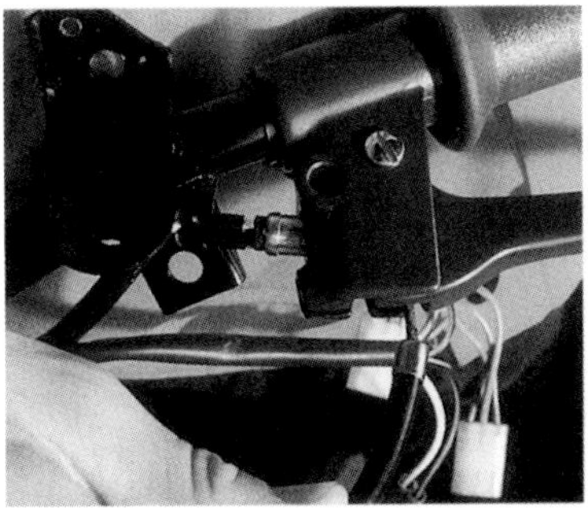

73

*Abb. 73 Hinterradbremszug vom Lenker abnehmen; dazu Seilzugende um 90 Grad nach vorn drehen.*

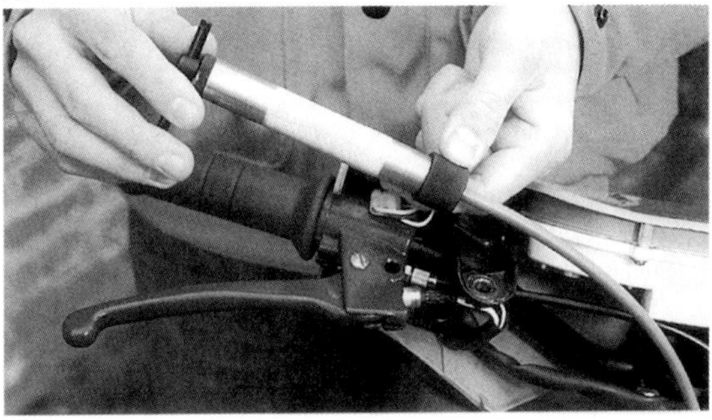

74

*Abb. 74 Mit handelsüblichen Seilzugölern (hier von HG) lassen sich die Bowdenzüge bequem warten.*

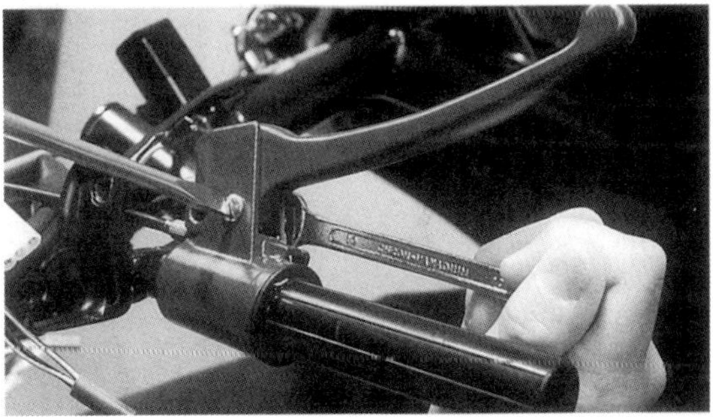

75

*Abb. 75 Demontage eines Bremshebels: Schraube festhalten, Mutter lösen; auf Feder achten.*

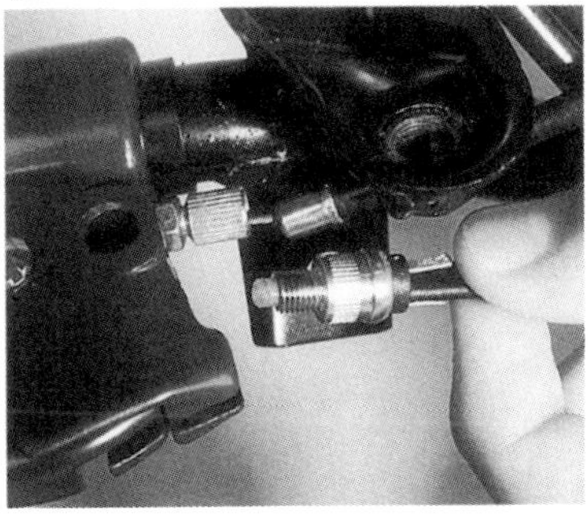

76

*Abb. 76 Ausbau eines Bremslichtschalters: die beiden Kabel abziehen und Schalter mit der Hand ausdrehen.*

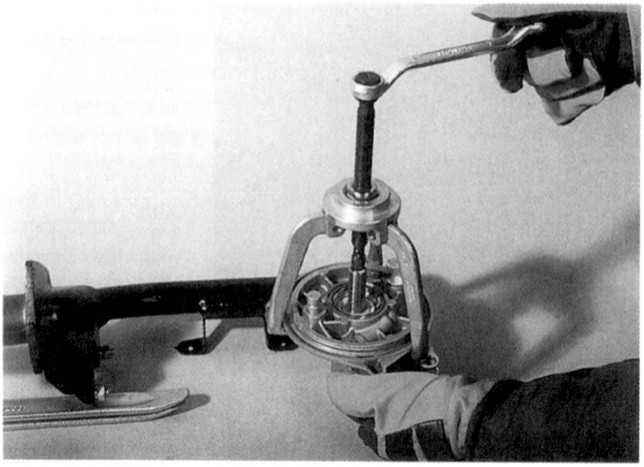

77

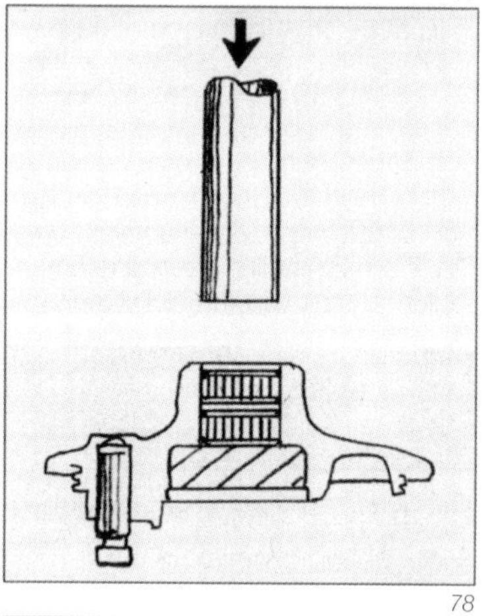

78

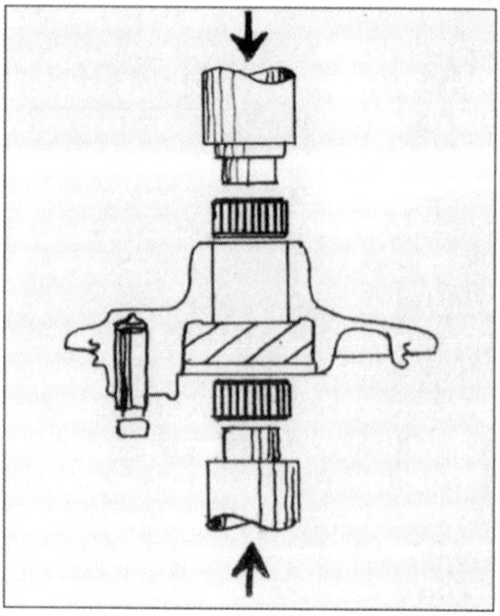

79

*Abb. 77*
*Mit einem normalen Dreiklauen-Abzieher läßt sich die Bremsankerplatte leicht von der Radachse abziehen.*

*Abb. 78, 79*
*Zum Ausbau (Abb. 78) und Einbau (Abb. 79) der in die Bremsankerplatte eingesetzten Nadelkäfige sind paßgenaue Schlagdorne erforderlich, die man sich in der Piaggio-Werkstatt ausleihen muß. Besser noch: die Werkstatt mit dieser Arbeit beauftragen.*

**Bremsankerplatte:** Arbeiten an der Bremsankerplatte sind in erster Linie Werkstattsache; der Freizeitschrauber kann sich hier nur selbst helfen, wenn er über das nötige Spezialwerkzeug verfügt. Die Ankerplatte läßt sich mit einem handelsüblichen Dreiklauenabzieher (60 bis 70 Mark) vom Achszapfen abziehen (Abb. 77). Für Aus- und Einbau der eingepreßten Nadelkäfige jedoch braucht man unterschiedliche Dorne, wie sie von Piaggio nur an den Fachhandel geliefert werden. Wer eine Drehbank hat, kann sich die Dorne auch selbst herstellen. Ob Arbeitsaufwand, Zeit und Kosten dabei im richtigen Verhältnis zueinander stehen, muß jeder für sich entscheiden. Die Zeichnungen zeigen auf jeden Fall, wie's richtig gemacht wird: Die beiden Nadelkäfige werden von oben mit einem passenden Schlagdorn ausgetrieben (Abb. 78). Eingebaut werden die beiden Lager von oben und unten mit unterschiedlichen Schlagbolzen (Abb. 79).

**Griffgummis und Bremshebelsockel:** Es hat keinen Sinn, die Griffgummis mit Gewalt abziehen zu wollen; auch das Aufschneiden kann man sich sparen. Einfach und gut geht's nur mit einer Druckluftpistole: Mit der Spitze zwischen Gummi-Innenrand und Lenker zielen und den Gummi mit der Druckluft praktisch aufblasen. In Sekundenschnelle trennt er sich vom Lenker (Abb. 80). Zum leichten Wiedereinbau - falls nötig - ein wenig Seife auf die Lenkerenden auftragen. Die Bremshebelsockel sind mit Inbusschrauben SW 5 befestigt (Abb. 81).

**Gaszug - Trennen vom Gasgriff:** Während der Ausbau noch relativ problemlos zu machen ist, gibt's beim Einbau konstruktionsbedingte

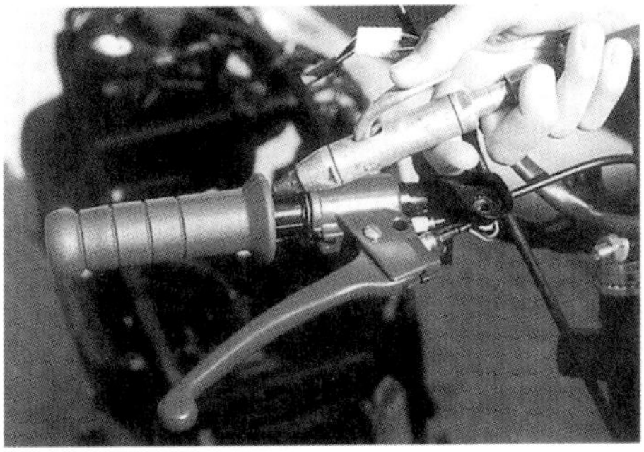
80

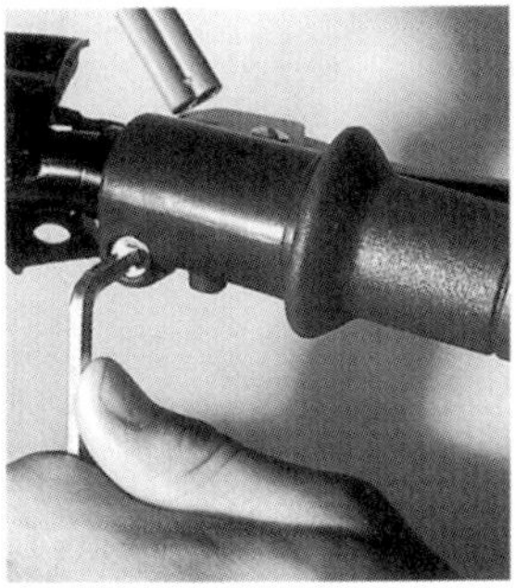
81

*Abb. 80*
*Nur mit Druckluft lassen sich die Griffgummis abnehmen.*

*Abb. 81*
*Die Bremshebelsockel sind mit Imbusschrauben befestigt.*

*Abb. 82*
*Eine Madenschraube fixiert den Gaszug im Gleitstein des Gasgriffs.*

*Abb. 83*
*Gaszugausbau: Einsteller hineindrehen, dazu Mutter SW 7 lösen.*

*Abb. 84*
*Trennen des Gaszugs vom Vergaser: zuerst Verschraubung des Gasschieber-Deckels lösen.*

Schwierigkeiten. Auch die Vorarbeiten sind lästig - Demontage von Lenkerverkleidung, Griffgummi, Frontschild, Innenschild, Trittbrett, Mittelabdeckung.
Zunächst zum Ausbau: Nach Abschluß der Vorarbeiten liegt der Gaszug frei. Er ist mehrteilig. Der vordere Zug führt zu einer Verteilerdose unter dem Trittbrett. Von da laufen zwei weitere Züge zum Vergaser und zur Ölpumpe. Der Innenzug ist am Gleitstein des Gasgriffs mit einer Madenschraube fixiert; sie wird von unten mit einem feinen Schraubendreher gelockert, bis sich der Innenzug abziehen läßt (Abb. 82). Jetzt den Bremslichtschalter wie beschrieben ausbauen - er stört. Dann die Feststellmutter SW 7 am Einsteller lösen und Einsteller so weit wie möglich hinein-

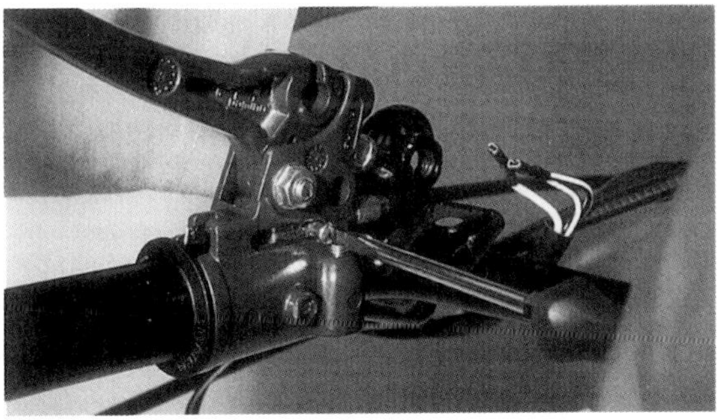
82

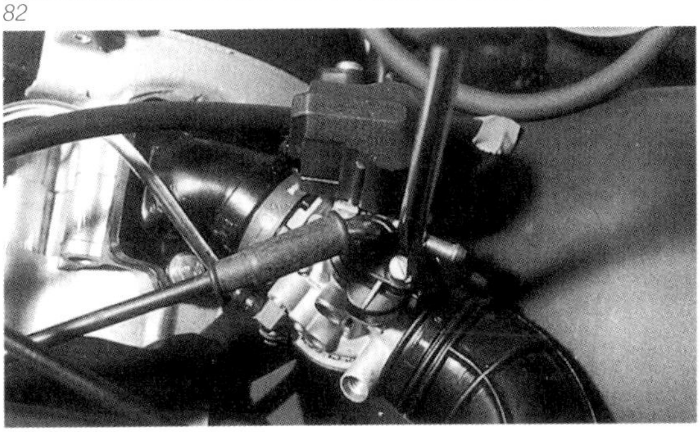
84

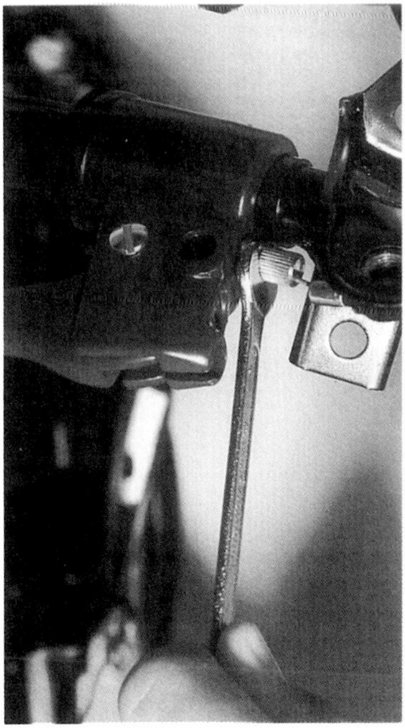
83

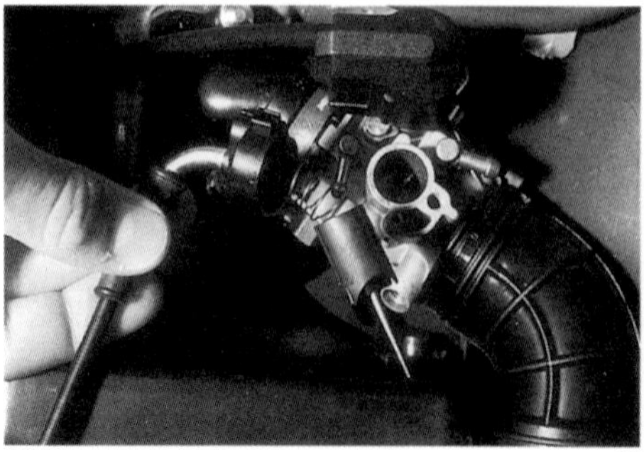

85

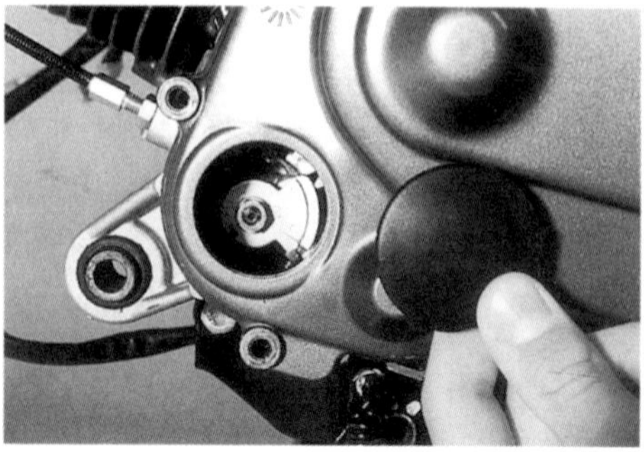

86

*Abb. 85 Gasschieber mit Düsennadel herausziehen, Feder zusammendrücken, Gaszug aushängen.*

*Abb. 86 Ein Teilsegment des Gaszugs führt zur Ölpumpe; Gummikappe vorn am Antrieb abnehmen, Pumpensteuerung nach vorn drücken, Zug aushängen.*

*Abb. 87 Verteilerdose für die Gaszug-Segmente offen: links Hauptzug vom Gasgriff, rechts die Züge zum Vergaser u. Ölpumpe.*

drehen (Abb. 83); dies ist nötig für den Wiedereinbau.

**Gaszug - Trennen von Vergaser und Ölpumpe:** Nach dem Abnehmen vom Gasgriff am besten zuerst den Gaszug vom Vergaser abnehmen; dazu die Schlitzschraube ausdrehen, mit denen Gasschieber, Düsennadel, Rückholfeder und Seilzug zusammen am Vergasergehäuse befestigt sind (Abb. 84). Teile abnehmen und durch Zusammendrücken der Feder trennen, Seilzug aushängen (Abb. 85). Beim Zusammenbau darauf achten, daß die Gasschiebernut richtig ins Gehäuse geführt wird. Feder zusammendrücken und Deckel befestigen.
Zum Abnehmen des Zugs von der Ölpumpe den Gummistopfen vorn an der Triebsatzschwinge entfernen,

87

Pumpensteuerung nach vorn drücken und Zugende aushängen (Abb. 86).

**Gaszug - Demontage Verteilerdose:** Jetzt die Verteilerdose von der unteren Fahrzeugverkleidung abschrauben und öffnen: alle drei Gummitüllen abstülpen, Verschlußstopfen in der Mitte abdrücken, Deckel abnehmen (Abb. 87). Vorsicht: Merken Sie sich jetzt genau die Position der drei Gaszugenden, sonst wird der Zusammenbau knifflig. Der nach vorn führende Zug greift nach rechts weit um den Drehschieber herum und ist mittig eingehakt; die beiden nach hinten laufenden Züge rasten mit den Nippeln oberhalb und unterhalb ein: oben der für die Ölpumpe, unten der für den Vergaser. Fettfüllung kontrollieren und nötigenfalls erneuern. Die beiden rückwärtigen Züge sind zusätzlich mit einer Klemme am Fahrzeugrahmen befestigt.

**Gaszug - Montage Verteilerdose:** Bei den beiden rückwärtigen Zügen gibt es keine Probleme, wenn die richtige Führung in die Verteilerdose beachtet wird; Tüllen zunächst weit zurückschieben und Zugenden mit Umhüllung in die Dose schieben; Nippel auf dem Drehschieber oben und unten so einhängen, daß sich die Zugkraft vom vorderen Zug aus reibungslos übertragen kann. Nach Montage auch des dritten, nach vorn führenden Seilzugendes Deckel und Stopfen aufsetzen; Gummitüllen so vorschieben, daß sich eine perfekte Abdichtung ergibt; Dose an der Verkleidung festschrauben. Achtung: Züge dürfen nicht geknickt werden, dürfen nicht scheuern. Rückwärtige Enden müssen sauber in den Einstellschrauben an Vergaser bzw. Schwinge sitzen. Nähere Angaben zum Einstellen später.

**Gaszug - Montage am Gasgriff:** Das Einsetzen des vorderen Seilzugendes am Gasgriff erfordert Fingerspitzengefühl und Geduld. Grundvoraussetzung ist, daß der Innenzug erstens lang genug aus der Hülle vorschaut, zweitens völlig glatt ist; er darf nicht geknickt sein, einzelne Drähte dürfen nicht abstehen. Notfalls den ganzen Zug um fünf bis zehn Millimeter kürzen:
1. Hülle vorziehen, Schutzkappe abnehmen, Hülle mit Seitenschneider oder scharfer Zange kürzen, Kappe wieder aufstecken.
2. Innenzug so weit möglich vorziehen und mit Seitenschneider o.ä. um das gleiche Maß kürzen.
Jetzt muß man sich mit Spiegel und Taschenlampe einen freien Blick von unten auf den Gleitstein verschaffen - anders geht's nicht! Läßt sich der Zug nicht in die beiden hintereinander liegenden (!) Bohrungen des Gleitsteins fädeln, muß die Verteilerdose geöffnet werden; Zug unten aushängen und so weit vordrücken, bis das Einfädeln klappt (s.a. Abb. 82). Zuletzt Madenschraube anziehen und Gaszug einstellen; drei Möglichkeiten: Rändelschraube am Griff, Einsteller mit Kontermutter SW 6 an Vergaser und Einsteller an der Ölpumpe; **Achtung: Bei falsch eingestellter oder nicht entlüfteter Ölpumpe droht ein Motorschaden!** Details dazu im Wartungs-Kapitel.

**Gasgriff:** Gaszug wie beschrieben vom Gleitstein abnehmen und Schlitzschraube lösen, die den Griff am Lenker hält. Griff zusammen mit Feder und Gleitstein abnehmen. Vor Wiedereinbau bewegliche Teile leicht einfetten; Feder korrekt einhängen (Abb. 88,89).

**Federbein vorn:** Federbeine mit undichten oder ausgeschlagenen Stoßdämpfern sollten komplett ausgetauscht werden, denn die Reparatur ist für den Laien nicht möglich und lohnt sich auch ansonsten nicht. Wie die Vespa verfügt die Sfera über eine gezogene Kurzschwinge, die sich über ein links angeschlagenes Federbein am Steuerrohr abstützt. Vorarbeit: Vorderrad abnehmen. Dann die graue Kunststoffverkleidung abnehmen: eine Kreuzschlitzschraube und - von hinten mit einem Steckschlüssel nur bei abgenommenem Rad erreichbar - eine Schraube SW 10 (Abb. 90). Oben ist das Federbein mit zwei Muttern SW 13 (Abb. 91), unten mit zwei Bolzen und Muttern SW 13 befestigt (Abb. 92). Bolzen gegenhalten und Muttern lösen, Federbein nach unten wegziehen (Abb. 93). **Achtung: Wiederbefestigung der Abdeckung nur möglich bei abgenommenem Vorderrad.**

**Lenker, Lenkkopflager, Steuerrohr - Allgemeines:** erforderliche Vorarbeiten: Demontage Lenkerverkleidung, Instrumente, Griffe, Hebel, Bowdenzüge (obere Enden nur bei Komplettaustausch Lenker); bei Arbeiten am oberen Lenkkopflager genügt es, den Lenker mit den Bowdenzügen nach vorn zu klappen, dabei Züge nicht beschädigen!); ferner demontieren:

*Zu den Abbildungen auf Seite 36:*

*Abb. 88, 89*
*Nach Abnahme des Gaszugs kann der Gasgriff ausgebaut werden; dazu Schitzschraube lösen.*

*Abb. 90*
*Vordere Radführungsabdeckung abbauen: Vorderrad abnehmen, von hinten Schraube SW 10, von vorn Kreuzschlitzschraube lösen.*

88

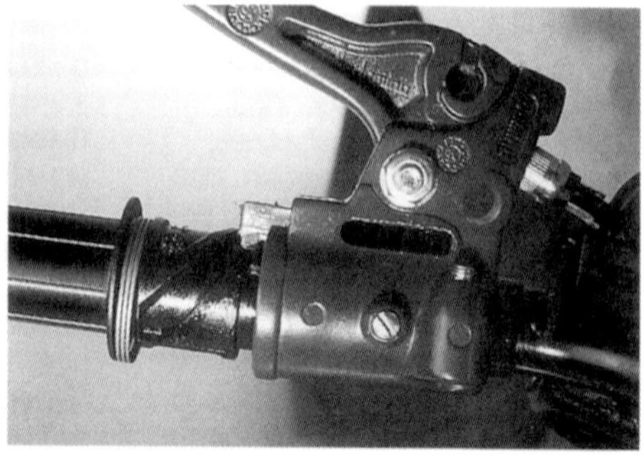

89

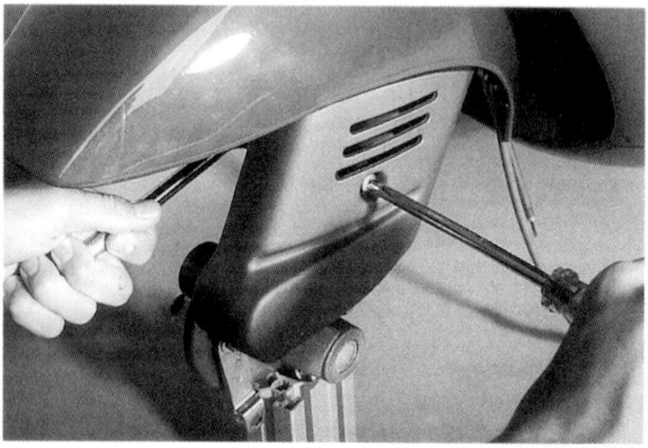

90

92

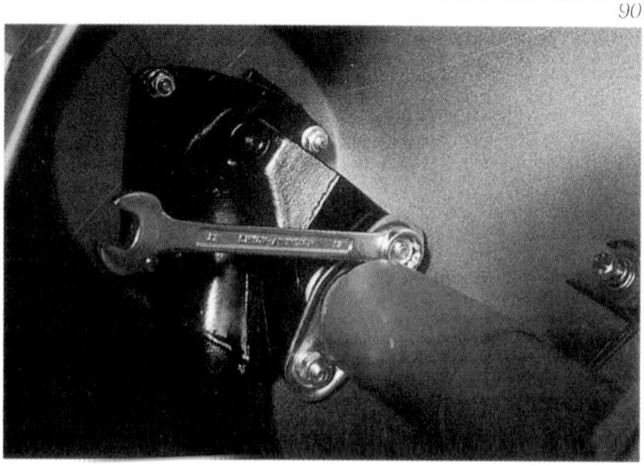

91

*Abb. 91, 92 Ausbau vorderes Federbein; es ist oben mit zwei Muttern SW 13, unten mit zwei Bolzen u. Muttern SW 13 befestigt.*

Frontschild, Innenschild, am besten auch Vorderrad. Zuerst die Kabelbinder durchtrennen, mit denen Kabelbaum und Seilzüge am Rahmen befestigt sind, später durch neue ersetzen. Dann alle Kabel und Züge vorsichtig zur Seite biegen, auf keinen Fall knicken; am besten mit Schnur locker an den Rahmen binden. Die Abb. 94 bis 97 zeigen, wie Seilzüge und Kabel korrekt verlaufen müssen.

**Lenker:** Vor dem Lockern der Lenkerbefestigung die Position des Lenkers auf dem Steuerrohr mit einer Reißnadel, einem anderen scharfen Metallgegenstand oder einem wischfesten Stift markieren. Dann Lenkerverschraubung lösen: Mutter SW 17 sitzt auf Bolzen SW 13; am besten Ringschlüssel oder

Stecknüsse verwenden (Abb. 98). Achtung beim Wiedereinbau: Lenker genau mittig ausrichten (erfordert Augenmaß, weil keine Verzahnung existiert; Markierung als Orientierungshilfe). Der Bolzen muß - in Fahrtrichtung gesehen - von links eingeführt werden; von rechts werden aufgesetzt: Messing-Druckscheibe, Zahnscheibe, Mutter SW 17; vorgeschriebenes Anzugs-Drehmoment: 45 - 50 Nm.

**Lenkkopflager - Prüfung:** Wie bei allen Zweirädern hat auch bei der Sfera das Lenkkopflager entscheidenden Einfluß auf Sicherheit und Fahrverhalten. Unzulässiges Spiel, Verschleiß oder Korrosion im oberen und/oder unteren Lager können zu gefährlichen Pendelerscheinungen führen, Geradeauslauf und Spurtreue werden negativ beeinflußt. Deshalb müssen die Lenkkopflager in regelmäßigen Abständen, mindestens aber einmal im Jahr überprüft und nötigenfalls neu eingestellt werden. Zur Überprüfung Fahrzeug aufbocken, das Vorderrad darf keinen Bodenkontakt haben. Nun mit der linken Hand das Rad, mit der rechten Hand die Kurzschwinge ergreifen und versuchen, das Steuerrohr durch ruckartiges Ziehen und Drücken längs zur Fahrtrichtung hin- und herzubewegen; dabei darf sich keinerlei Spiel zeigen (Abb. 99). Dann die Lenkung prüfen: Der Lenker muß widerstandsfrei vom rechten zum linken Anschlag fallen;

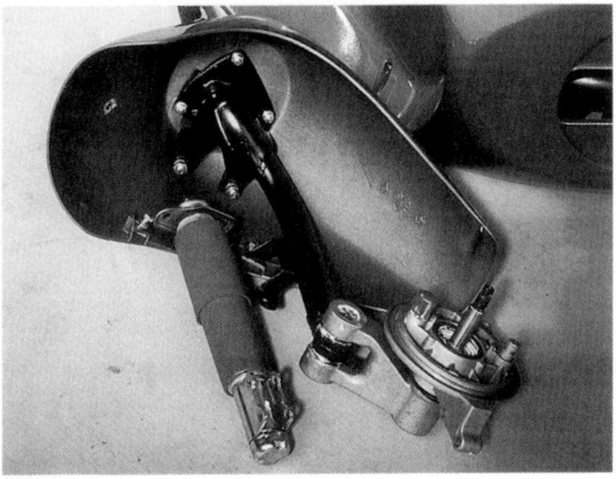

93

*Abb. 93 Vorderradaufhängung mit ausgebautem Federbein.*

*Abb. 94 Montagehilfe: So sind Bowdenzüge und Kabel im Lenkunsgbereich korrekt verlegt.*

94

*Abb. 95 - 97*
*Kabel und Züge im Detail: So müssen dic einzelnen Elemente beim Wiedereinbau geführt werden.*

*Abb. 98*
*Der Lenker wird mit Bolzen SW 13 (in Fahrtrichtung links) und Mutter SW 17 am Steuerrohr festgeklemmt; schlecht: es gibt keine Kerbverzahnung.*

95

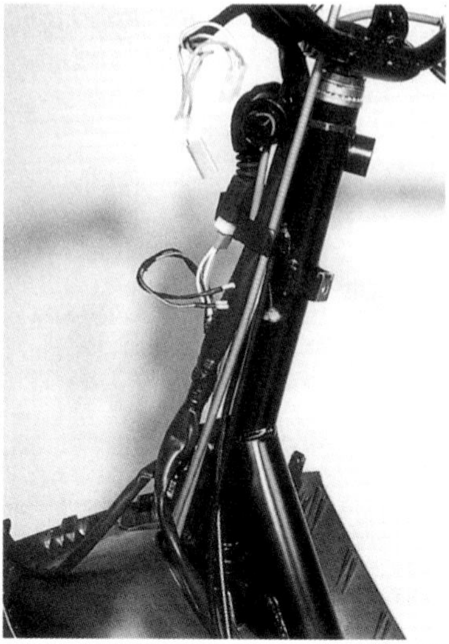

96

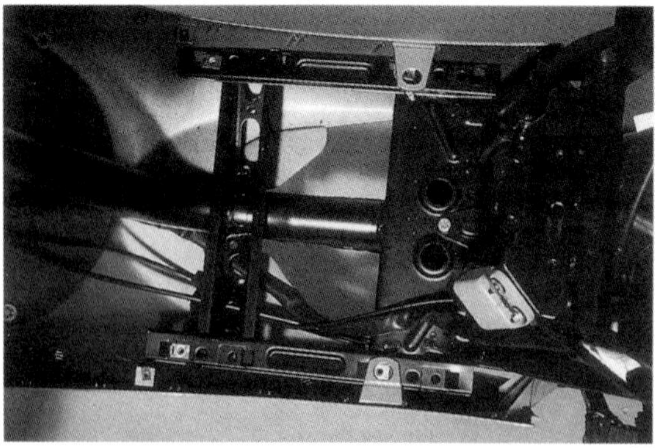

97

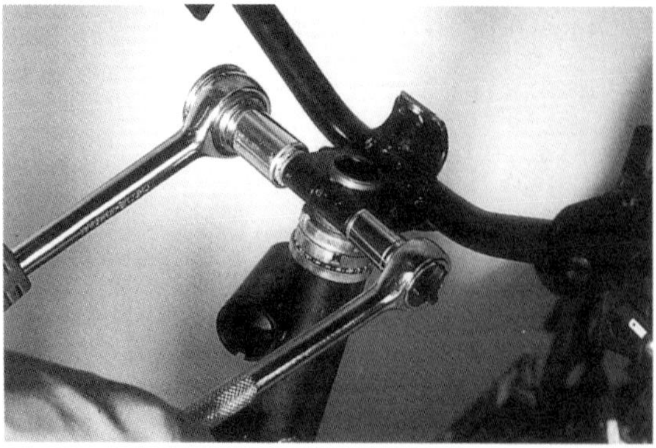

98

zeigt sich dabei ein Festhaken oder gar Klemmen, sind die Lager zu stramm angezogen oder beschädigt. Zunächst versuchen, den Schaden durch korrektes Einstellen zu beheben, notfalls beide Lenkkopflager austauschen.

**Lenkkopflager - Aus- und Einbau, Einstellung:** Beides ist erst nach Abnahme des Lenkers möglich (Abb. 100). Zuerst den oberen Nutenring abschrauben; die Werkstatt besitzt einen Spezialschlüssel dafür. Es geht auch mit einem Hakenschlüssel (Abb. 101); nur im Notfall Schraubendreher und Hammer verwenden und dann mit viel Gefühl, um den Ring nicht zu beschädigen. Der darunterliegende Druckring läßt sich problemlos abnehmen. Es folgt die obere Lagerschale; sie läßt sich meist von Hand drehen, ansonsten so verfahren wie beim Nutenring (Abb. 102). Den Kugelkäfig mit einem feinen Schraubendreher aushebeln (Abb. 103, 104). Die untere Lagerschale sitzt fest auf dem Rahmenrohr und

99

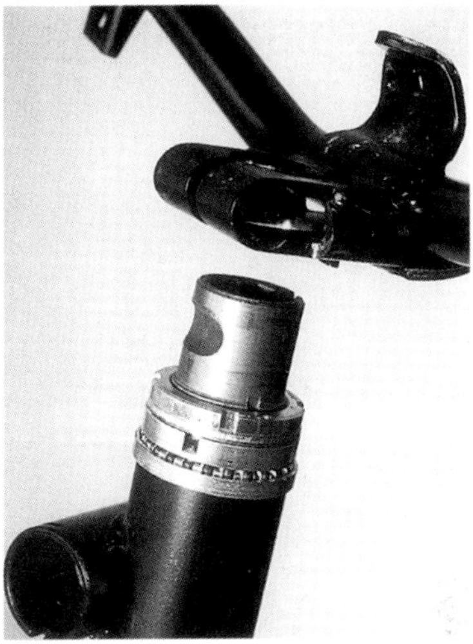

100

Abb. 99
*Prüfung des Lenkkopflagers: Versuchen, das Steuerrohr durch ruckartiges Ziehen und Drücken längs zur Fahrtrichtung hin- und herzubewegen. Dabei darf sich kein Spiel zeigen.*

Abb. 100
*Lenkkopflager mit allen Details in montiertem Zustand und bei abgenommenem Lenker.*

läßt sich nur bei komplett ausgebautem Rohr abnehmen: Sie wird von unten mit einem ausreichend langen Dorn ausgetrieben (Abb. 105).

**Typische Lagerdefekte:** Riefen in den Lagerschalen, defekte Kugelkäfige, herausgefallene Kugeln, Korrosion (Rost) durch eingetretenes Wasser, allgemeiner Verschleiß durch Staub, eingedrungenen Sand, verbrauchtes Fett.
Der Einbau erfolgt in umgekehrter Reihenfolge. Kugelkäfig und Lagerschalen mit Spezialfett (Esso Beacon 3 oder Shell Retinax A) einfetten. Beim Anziehen des Lagers austretendes Fett sorgfältig abwischen. Die Nutmutter des oberen Lenklagers mit 50 - 60 Nm, die Gegennutmutter mit 30 - 40 Nm anziehen. **Das untere Steuerrohrlager wird dabei automatisch mitangezogen**. Lenkung auf Freigängigkeit und Spiel prüfen; bei Schwergängigkeit oder zuviel Spiel nochmals eine Korrektur durchführen.

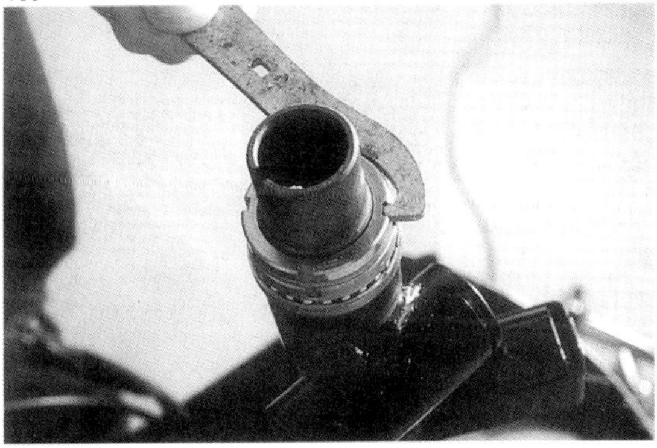

101

Abb. 101
*Mit einem Spezial- oder Hakenschlüssel wird zuerst der obere Nutring abgeschraubt.*

**Steuerrohr und unteres Lager - Ausbau:** Falls keine Montagebühne vorhanden ist, Fahrzeug vorsichtig auf die rechte Seite legen, Decke o.ä. unterlegen, um Lackbeschädigungen zu vermeiden **(Achtung: vorher Tank leeren und Batterie ausbauen)**. Jetzt Bowdenzughalter vom Kotfügel abschrauben (SW 10; Abb. 106), Kreuzschlitzschraube zur Befestigung des Seilzugverteilers von der Bodenverkleidung lösen (Abb. 107). Tachowelle unten am Rad lösen (s.a. Abb. 10 weiter vorn) und nach oben rausziehen;

102

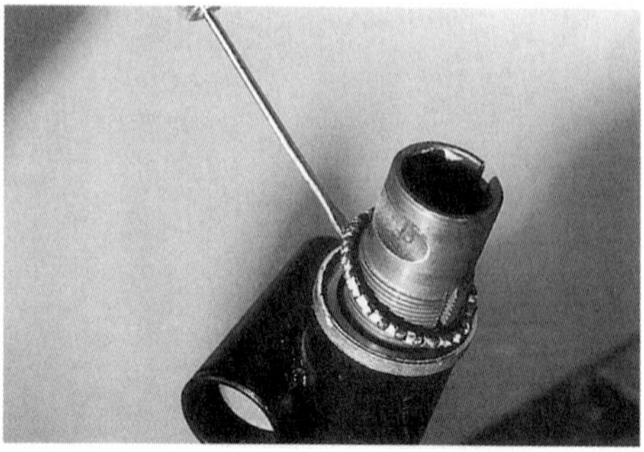

103

104

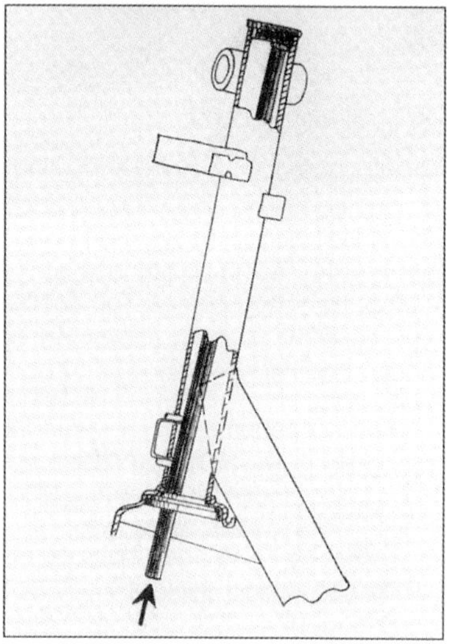

105

*Abb. 102 Ausbau Lenkkopflager: oberer Nutring und Druckring abgenommen, Lösen der oberen Lagerschale mit Hakenschlüssel.*

*Abb. 103 Kugellager mit einem Schraubendreher abheben.*

*Abb. 104 Einzelteile des oberen Lenkkopflagers von links: Kugelkäfig, obere Lagerschale, Druckring, Nutring. Die untere Lagerschale befindet sich noch im Steuerrohr.*

*Abb. 105 Sfera-Steuerrohr mit den im Rohr verbliebenen Laufringen des oberen und unteren Lagers; diese Laufringe werden vom jeweils gegenüberliegenden Rohrende mit langen Schlagdornen ausgetrieben und mit einem Kunststoffhammer (besser mit Spezialwerkzeugen s. Abb. 111) wieder eingesetzt.*

Bremsseilzug nach unten aus der Verkleidung ziehen. Jetzt Steuerrohr komplett mit Radaufhängung, Kotflügel und unterem Lager aus dem Rahmenkopf ziehen (Abb. 108). **Achtung: Jetzt kann der Sperriegel des Lenkschlosses samt der Scheibe aus dem Rahmenkopf genommen werden** (Abb. 109). Der untere Laufring des unteren Lagers wird samt Kugelkäfig mit einem Schraubendreher abgehoben. Die oben und unten im Rahmenkopf verbliebenen Laufringe der beiden Lager werden von der jeweils passenden Seite mit einem Dorn ausgetrieben; Dorn dabei am Laufring ansetzen und mit leichten Hammerschlägen arbeiten (Abb. 110). Abb. 105 zeigt den schematischen Aufbau von Steuerrohr und Lagern. Lagerkontrolle wie oben beschrieben (s. typische Defekte); beschädigtes Lager komplett austauschen, auf richtiges Einfetten achten. **Achtung: Steuerrohrausbau zwingend erforderlich, falls der vordere Kotflügel, der Sperrriegel des Lenkschlosses oder die Bodenverkleidung abgenommen werden sollen.** Wie neue Lagerschalen in den Steuerkopf am Rahmen eingebaut werden, zeigt Abb. 111. Die Lagerschalen können auch von Hand eingesetzt und mit einem Kunststoff- oder Holzhammer fest in ihre Sitze getrieben werden.

**Vordere Radaufhängung - Überholung:** Die Arbeiten sind aufwen-

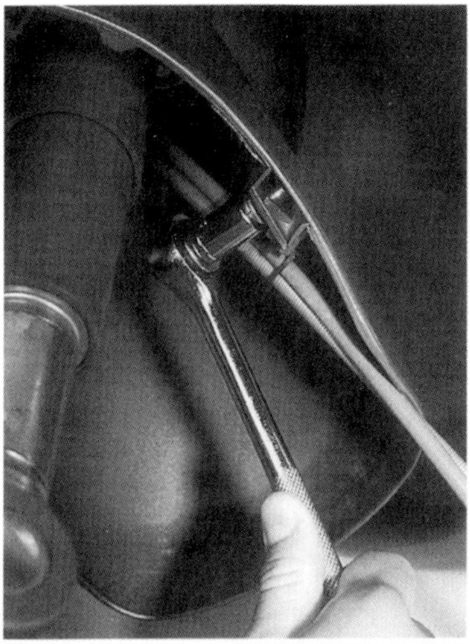

106

107

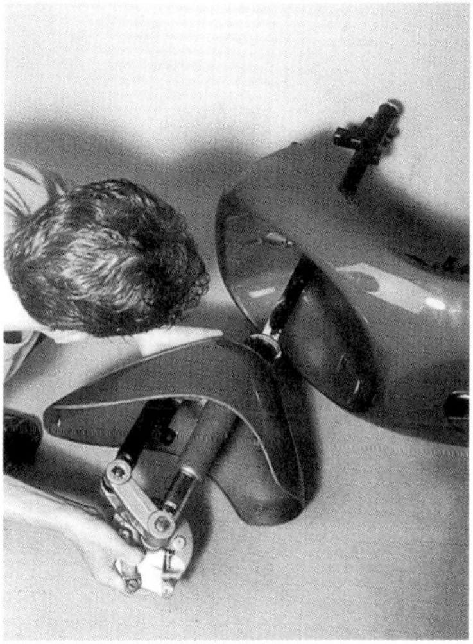

108

Abb. 106 Steuerrohr- und Kotflügelausbau: zuerst den Bowdenzughalter vom Kotflügel abschrauben.

Abb. 107 Schraube zur Befestigung des Gaszugverteilers von der Bodenverkleidung lösen.

Abb. 108 Steuerrohr komplett mit Kotflügel und unterem Lager aus dem auf die Seite gelegten Roller ziehen (vorher Tanks entleeren oder abdichten, Batterie ausbauen!).

Abb. 109 Sperriegel des Lenkschlosses aus dem Rahmenkopf ziehen.

Abb. 110 Kommt beim Ausbau des Steuerrohrs frei: das untere Lenkkopflager.

dig und nur mit passendem Spezialwerkzeug durchführbar. Sinn macht der Aufwand nur dann, wenn Lenkrohr und Schwingnabe noch in gutem Zustand sind, also nicht etwa bei einem Unfall beschädigt wurden (Abb. 112). Zum **Ausbau der Schwingenlagerung** zunächst das Sicherungsblech mit einem Schlagdorn zerdrücken und einem spitzen Stift entfernen. Dann das zweite Sicherungsblech auf der anderen Seite ausbauen (Abb. 113). Der Bolzen und die beiden Nadellager werden mit einer speziellen Preßvorrichtung ausgedrückt. Es muß so lange am Griff gedreht werden, bis Bolzen und Lager vollständig ausgestoßen sind. Ausdrückvorrichtung auf der gegenüberliegenden Seite ansetzen und zweites Nadel-

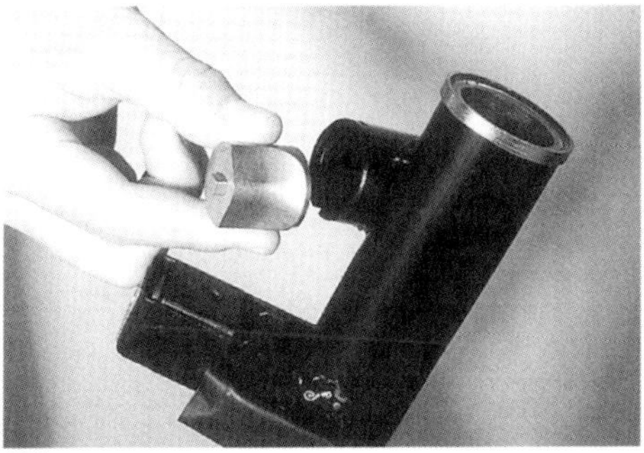

109

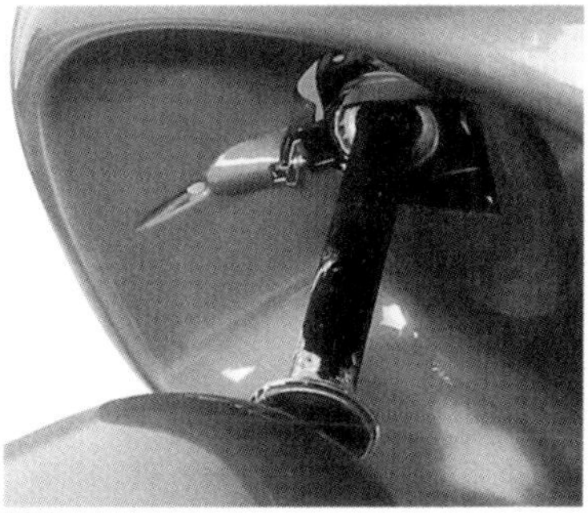

110

*Abb. 111 Fachgerechter Einbau neuer Laufringe in das Steuerrohr mittels Einpreßvorrichtung.*

*Abb. 112 Vorderradaufhängung mit Steuerrohr in ausgebautem Zustand; das Rohr darf keinerlei (evtl. unfallbedingte) Verformungen aufweisen.*

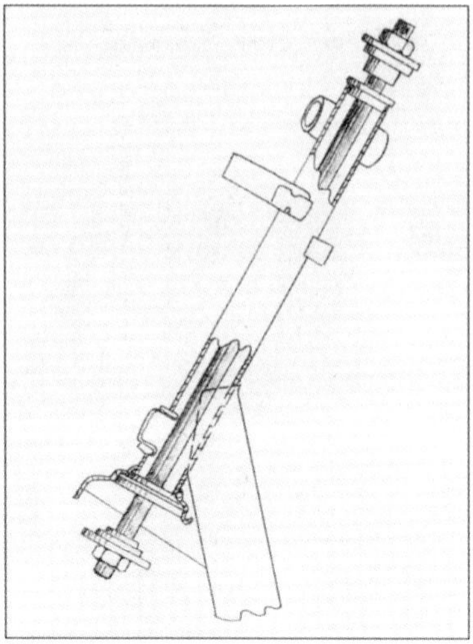

*111*

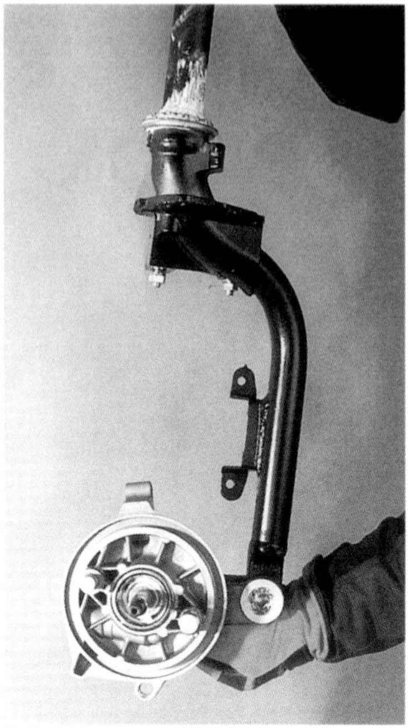

*112*

lager auspressen (Abb. 114).
Der **Zusammenbau** hat's besonders in sich (Abb. 115). **Dabei beachten: nur neue Nadellager, Bolzen, Dichtringe und Staubschutzringe verwenden.** Zuerst die beiden Staubschutzringe „C" einsetzen. Dann Schwingnabe mit einem Führungsstift (Teil 5 in der Abb.) am Steuerrohr fixieren. Spezialwerkzeug mit Teil 3 am Druckstift und Teil 4 am Boden der Vorrichtung anbringen. Den **Bolzen** mit Molykote-Pulver bestreichen, in die Schwingnabe einsetzen und durch Drehen des Spezialwerkzeug-Griffes so tief einpressen, bis Teil 3 auf dem Steuerrohr aufsitzt. Danach die beiden Distanzstücke 17 (s. Abb. 116) mit dem Hammer eintreiben.
Jetzt die Dichtringe mit Mineralöl benetzen und die Nadellager halb mit Fett (ESSO Beacon 3) füllen. **Dichtring zusammen mit Nadellager und Sicherungsblech auf Bolzen** aufschieben. Führungsteil (Teil 5) des Spezialwerkzeugs abnehmen, Teil 4 an Ort und Stelle lassen. Am Druckstift Teil 3 durch Teil 16 ersetzen. Durch Drehen des Griffs die Einheit Sicherungsblech/Nadellager/Dichtring so weit einpressen, bis Teil 16 auf der Schwingnabe aufsitzt (Abb. 116). Zum Eintreiben der zweiten Einheit aus Nadellager, Sicherungsblech und Dichtring das Ganze auf der anderen Seite wiederholen, dabei das Spezialwerkzeug mit Teil 16 verwenden und Teil 4 durch Teil 22 ersetzen.
Nun müssen die **Nadellager noch exakt auf dem Bolzen positioniert** werden. Dazu das Spezialwerkzeug mit Teil 20 am Druckstift und Teil 21 von unten verwenden (Abb. 117). So lange am Griff drehen, bis die Enden der Nadellager auf den Bolzenenden aufliegen. Abschließend die **Sicherungskränze verkeilen**; dazu das Werkzeug mit den Teilen 3 und 4 wie bei der Bolzenmontage verwenden und durch Drehen des Griffs die

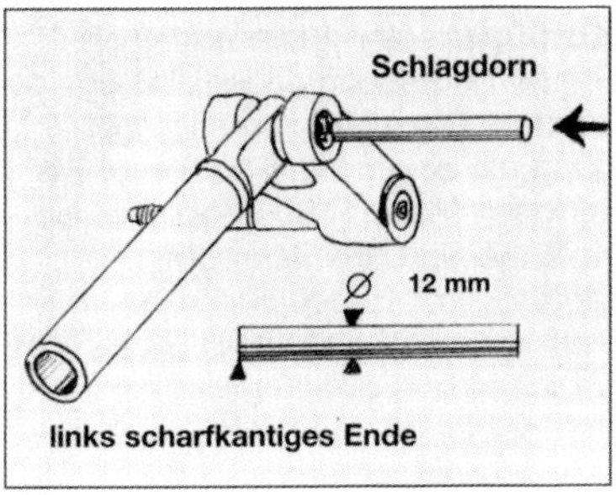


113

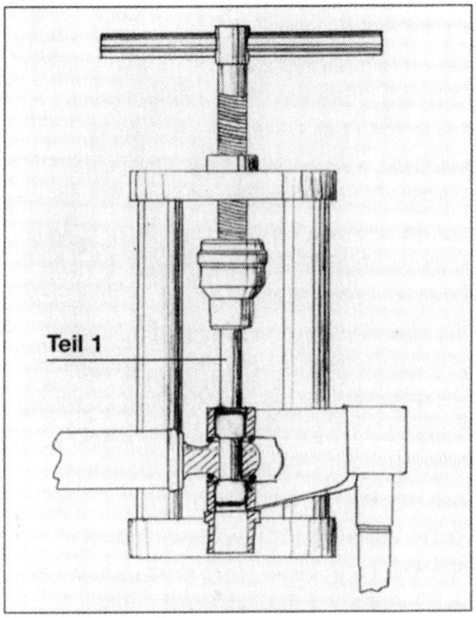


114

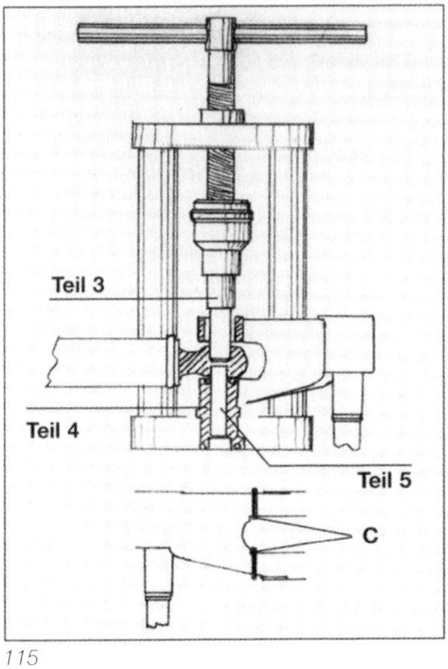


115

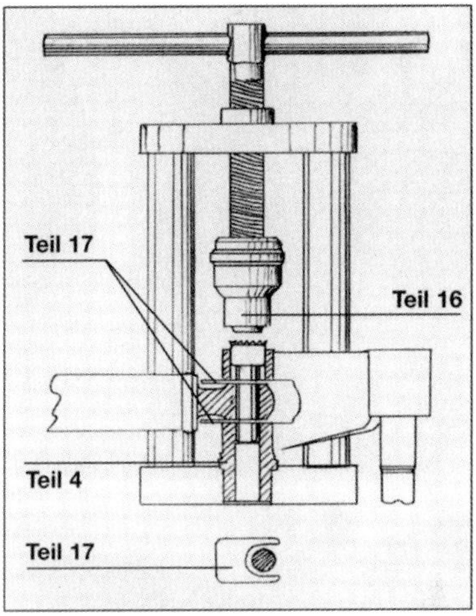


116

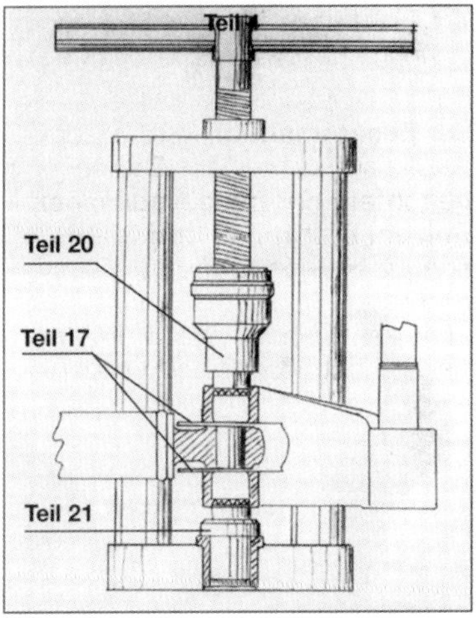


117

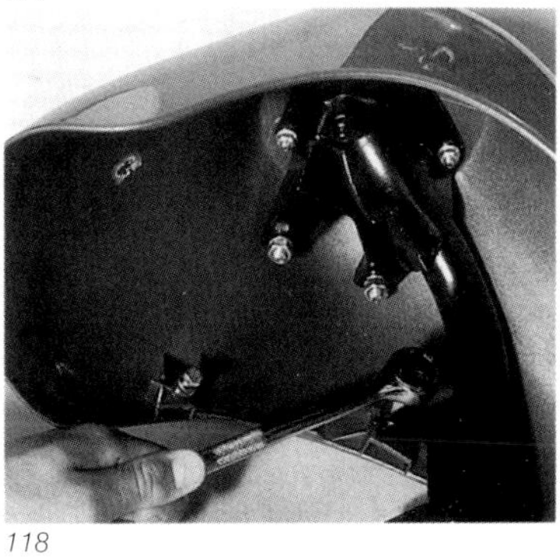

118

*Abb. 113*
*Zerlegung der vorderen Schwingenlagerung: zuerst Sicherungsbleche mit einem Schlagstempel zerdrücken und entfernen.*

*Abb. 114*
*Der Bolzen und die beiden Nadelkäfige werden mit einer speziellen Ausdrückvorrichtung ausgepreßt, die nur die Piaggio-Werkstatt besitzt.*

*Abb. 115*
*Einbau eines neuen Bolzens in die Schwinge; nähere Erläuterungen im Text.*

*Abb. 116*
*Einbau neuer Nadellager, Dichtringe und Sicherungsbleche in die Schwinge; Montage des zweiten Lagers von der gegenüberliegenden Seite.*

*Abb. 117*
*Ausrichtung der Nadellager auf dem Bolzen mit Piaggio- Spezialwerkzeug; zuletzt Sicherungskränze verkeilen.*

*Abb. 118*
*Zum Ausbau des vorderen Kotflügels zunächst die untere Befestigung lösen.*

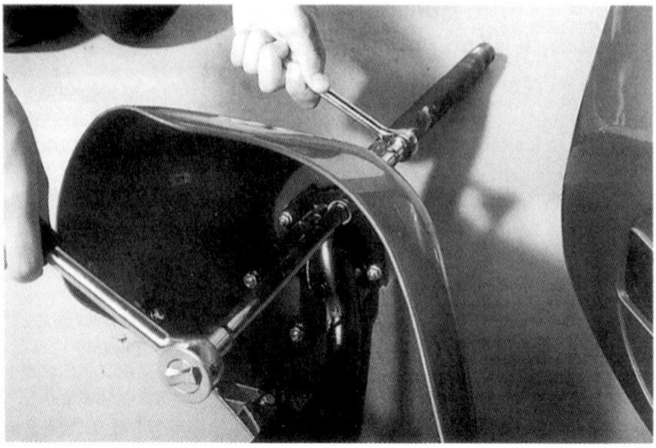

119

*Abb. 119*
*Oben ist der Kotflügel mit drei Schrauben und Muttern befestigt.*

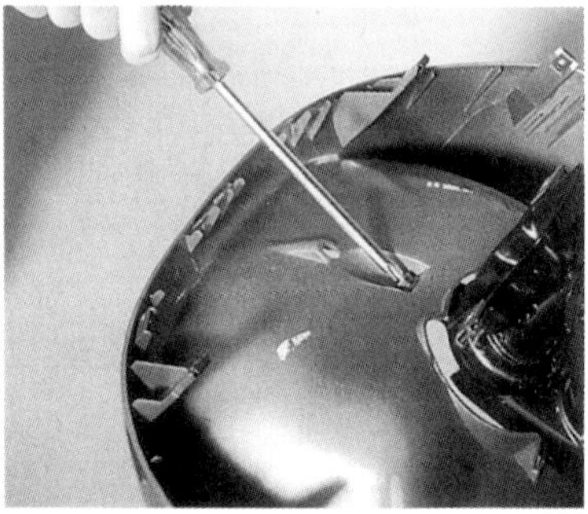

120

*Abb. 120, 121*
*Die Bodenverkleidung kann erst nach Demontage von Karosserie, Lenkung und Steuerrohr abgenommen werden.*

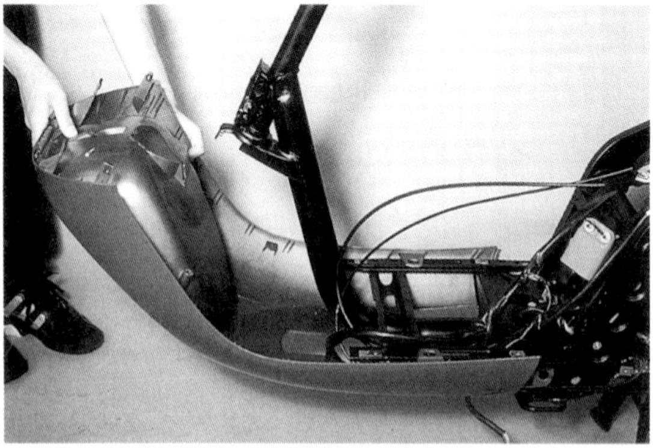

121

*Zentralmutter vorn lösen und Teil komplett abnehmen.*

Sicherungskränze auf der Schwungnabe verkeilen. Distanzstücke 17 entfernen, den Raum zwischen Lenkrohr und Schwingnabe mit Fett ESSO Beacon 3 füllen und die Staubschutzringe einsetzen.

**Kotflügel:** kann leider erst nach Steuerrohrausbau abgenommen werden. Dazu die untere Befestigung mit einem Steckschlüssel SW 10 lösen (Abb. 118). Oben wird der Kotflügel von drei Schrauben mit Muttern SW 10 gehalten (Abb. 119). Kotflügel nach oben vom Steuerrohr abziehen und dabei darauf achten, daß der Lack nicht beschädigt wird.

**Bodenverkleidung:** läßt sich erst abnehmen, wenn vorher alle anderen Verkleidungsteile (s. Karosserie-Kapitel), Steuerrohr und Verteilerdose für den Gaszug demontiert wurden; die Schrauben zur Trittbrettbefestigung fixieren auch die Bodenverkleidung. Zuletzt muß nur eine zentrale Schraube SW 10 mit Kreuzschlitz gelöst werden, mit der die Verkleidung vorn am Rahmenrohr befestigt ist (Abb. 120). Beim Abnehmen Lack nicht beschädigen (Abb. 121). Achtung: **Vor dem Einbau der Bodenverkleidung alle Kabel und Züge unter der Rahmen-Quertraverse durchführen** (s.a. Abb. 97) und zunächst sanft nach hinten biegen. Erst dann mit dem weiteren Zusammenbau der Karosserie fortfahren; Einzelheiten dazu im Karosserie-Kapitel.

## SFERA 50, 80 AB 1990, SFERA-BAUREIHE ALLGEMEIN: HINTERRADFÜHRUNG, AUSPUFF, BENZIN-, ÖLTANK

**Hinterrad - allgemein:** Der Ausbau ist nötig zum Reifenwechsel, für Arbeiten an der Trommelbremsanlage (Details s. Kapitel Vorderradführung), zum Wechsel des Getriebeöls, für die Demontage des hinteren Kotflügels. Leider nicht sehr wartungsfreundlich: Das Rad läßt sich nur abnehmen, wenn vorher der Auspuff demontiert wurde.

**Auspuff - Aus-/ Einbau:** Die Sfera-Auspuffanlage besteht aus zwei Hauptelementen - Krümmer und Schalldämpfer. Zuerst muß der Dämpfer abgenommen werden. Er ist an seinem vorderen Rand mit zwei langen Zylinderkopfschrauben befestigt, die mit einem Innensechskantschlüssel SW 6 ausgedreht werden (Abb. 122).
Anschließend werden die beiden Schrauben SW 10 mit den beiden Sprengringen vom Flansch abge-

122

123

*Abb. 122 - 124 Ausbau des Schalldämpfers: Zuerst mit Inbusschlüssel SW 6 die beiden Zylinderkopfschrauben, dann mit Gabelschlüssel SW 10 die beiden Schrauben am Flansch lösen. Dämpfer abnehmen; bei Wiedereinbau neue Flanschdichtung verwenden.*

124

125

126

127

schraubt (Abb. 123). Dann nehmen wir den Schalldämpfer und die Flanschdichtung ab (Abb. 124). Durchgerostete Dämpfer ersetzen - das dient dem Lärmschutz und erhält die Motorleistung. Verbrennungsrückstände in Eingangs- und Auslaßöffnung abkratzen. Vom Ausbrennen des Dämpfers, wie es auch von vielen Werkstätten praktiziert wird, raten wir aus Umweltgründen ab; es entstehen giftige Dämpfe und

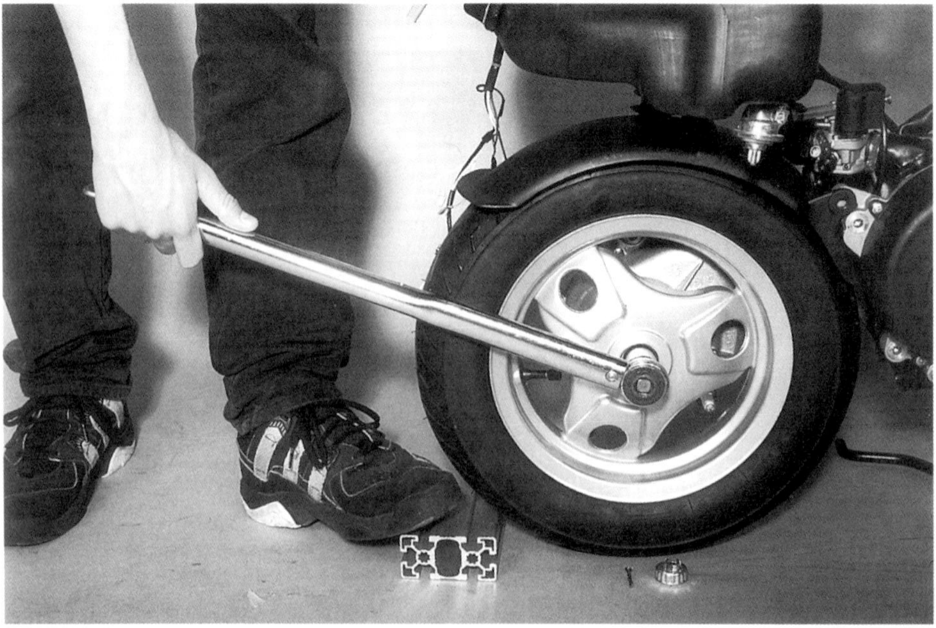

128

129

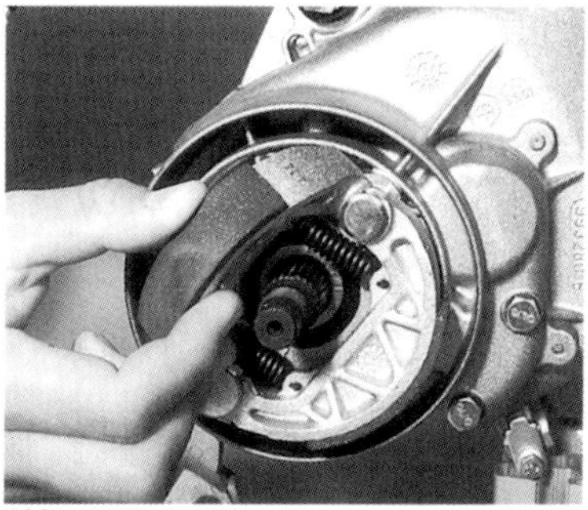

130

131

Rauchschwaden. **Achtung: Bei Montage eines neuen Schalldämpfers nur Originalteile oder Zubehörteile mit ABE (Allgemeiner Betriebserlaubnis) verwenden. Beim Einbau von Auspuffanlagen ohne TüV-Siegel und ABE erlischt die Betriebserlaubnis für das Fahrzeug!** Der Auspuffkrümmer ist mit zwei Muttern SW 10 am Zylinder befestigt und läßt sich bei eingebautem Motor leicht abnehmen (Abb. 125). Rückstände mechanisch entfernen. Beim **Einbau** erst sämtliche Teile der Auspuffanlage lose vormontieren, immer neue Flanschdichtung zwischen Dämpfer und Krümmer verwenden. Schrauben bzw. Muttern nur in folgender Reihenfolge anziehen und dabei die erforderlichen Drehmomente nicht überschreiten (Werte in Klammern):
1. Schrauben SW 10 Dämpfer an Krümmer (Nm 12 - 13);
2. Muttern SW 10 an Zylinder (Nm 12 - 13); 3. Zylinderkopfschrauben Inbus SW 6 an Triebsatzschwinge (Nm 22 - 24).

**Hinterrad - Aus- und Einbau:** Im Prinzip wird das Hinterrad genauso ausgebaut wie das Vorderrad. Also erst die Schutzkappe abhebeln (falls vorhanden). Dann mit einem Seitenschneider oder einer Zange den Splint aufbiegen und herausziehen (Abb. 126); Sicherungskrone abnehmen; Mutter mit einem Steckschlüssel SW 24 und einer ausreichenden Verlängerung abschrauben (normales Rechtsgewinde, also zum Lösen nach links drehen). Dabei muß ein Helfer das Hinterrad durch Ziehen des Bremshebels blockieren (Abb. 127, 128). Druckscheibe abziehen. **Einbau:** Teilemontage in umgekehrter Reihenfolge, neuen Splint verwenden und Mutter mit einem Drehmoment von Nm 100 anziehen; dabei Hinterrad mit Bremse oder geeignetem Hebel blockieren.

**Hinterrad - Spiel des Achsantriebs prüfen:** Das Sfera-Hinterrad hat keine eigenen Lager, sondern sitzt auf der im Getriebe gelagerten Antriebsachse. Zur Prüfung des radialen Spiels Fahrzeug aufbocken und Heck so abstützen, daß sich

*Abb. 125*
*Der Auspuffkrümmer ist mit zwei Muttern SW 10 am Zylinder befestigt; eine Dichtung ist nicht vorhanden.*

*Abb. 126 - 128*
*Ausbau Hinterrad: Splint aufbiegen, Sicherungskrone abnehmen und mit einer Stecknuß SW 24 die Mutter abschrauben; dabei Hinterrad blockieren. Druckscheibe und Rad samt Bremstrommel abnehmen. Bei Wiedereinbau Mutter mit Drehmoment Nm 100 anziehen (Abb. 128).*

*Abb. 129*
*Spiel des Achsantriebs prüfen; dabei versuchen, das Hinterrad quer zur Achse hin- und herzubewegen.*

*Abb. 130*
*Nach Ausbau des Hinterrades sind alle Elemente der Trommelbremse zugänglich; die Backen werden zum Wechsel einfach nach vorn geklappt. Die Beläge sind aufgeklebt, niemals versuchen, sie abzulösen; nur zusammen mit den Backen tauschen.*

*Abb. 131*
*Schwingenlagerung prüfen: beim Versuch, Schwinge quer zur Lagerung hin- und herzubewegen, darf kein Spiel feststellbar sein.*

*Abb. 132, 133 Ausbau des hinteren Federbeins: Den Bolzen an der Schwinge mit einem Schlüssel SW 13 festhalten und die Mutter SW 17 lösen; dann die obere Aufnahme mit einem Schraubendreher fixieren und die Mutter SW 13 von der Dämpferstange abschrauben.*

*Abb. 134 - 136 Ausbau des hinteren Kotflügels: drei Schrauben sind zu lösen - rechts vorne, links vorne und hinten.*

das Hinterrad frei drehen kann. Dann von der linken Fahrzeugseite her Rad rechts und links mit beiden Händen ergreifen und versuchen, es quer zur Achse hin und her sowie rauf und runter zu bewegen (Abb. 129). Es darf kein Spiel vorhanden sein. Das Laufspiel vor und zurück ist konstruktionsbedingt.

**Hinterradbremse - Aus- und Einbau, Wartung:** siehe Kapitel Vorderradführung (Abb. 130).

**Schwingenlagerung prüfen:** Die Triebsatzschwinge der Sfera ist drehbar an einem Rahmenausleger gelagert, der seinerseits mit einem starken Bolzen starr am Rahmen befestigt ist (Hinweise zum Ausbau im Motorkapitel). Für die zum Ein- und Ausfedern nötige Elastizität sorgen kräftige Silentgummis, die einem natürlichen Alterungsprozeß

132

133

134

135

136

ausgesetzt sind. Ein seitliches oder radiales Spiel führt zu einer fortschreitenden Verschlechterung der Fahreigenschaften. Das Fahrzeug fängt an zu pendeln, kann vor allem in Kurven aus der Spur geraten. Entsprechende Erscheinungen sind Warnzeichen, die Reparatur sollte nicht aufgeschoben werden.
Beste Vorbeugemaßnahme ist die **regelmäßige Kontrolle:** Roller aufbocken und Heck so abstützen, daß sich das Hinterrad frei drehen kann. Nun mit der rechten Hand das Fahrzeug festhalten und mit der linken das Ende der Triebsatzschwinge ergreifen. Dann versuchen, die Schwinge quer zur Fahrtrichtung hin- und herzubewegen. Dabei dürfen die Gummilager in jeder Richtung um einige Millimeter nachgeben; es darf jedoch kein freies Spiel vorhanden sein, feststellbar am ruckartigen Anschlagen (Abb. 131). Defekte Gummilager müssen in der Werkstatt ausgetauscht werden, nur sie hat die erforderlichen Spezialwerkzeuge.

**Federbein Aus- und Einbau:**
Wie bereits im Kapitel Vorderradführung ausgeführt, beeinflußt auch der Zustand der Federbeine Fahrverhalten und Fahrkomfort entscheidend. Typische Defekte sind mangelhafte Dämpfung und durchschlagende Federung. Auch dann, wenn der Dämpfer undicht geworden ist, muß das Bein ausgetauscht werden; es läßt sich in Eigenregie nicht reparieren. Verbogene Federn sind ebenfalls Schrott. Vor dem Ausbau müssen zunächst Helmfach und Seitenverkleidungen abgenommen werden (s. Karosserie-Kapitel). Dann das Fahrzeugheck abstützen, damit es nicht herunterfallen kann.
Das untere Federbeinauge ist mit einem Bolzen SW 13 an der Schwinge befestigt. Bolzen mit einem Steck- oder Ringschlüssel

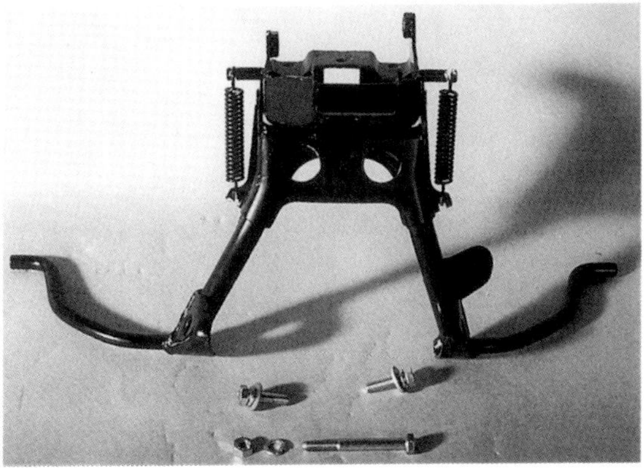

137

*Abb. 137
Der Kippständer ist an drei Punkten mit dem Motorgehäuse verbunden. Zum Ausbau werden Stecknuß SW 13 und Ringschlüssel SW 13 zum Gegenhalten benötigt.*

festhalten und mit einem Schlüssel SW 17 die am Bolzenende aufgesetzte Mutter lösen; sie ist selbstsichernd und sollte erneuert werden (Abb. 132). Oben stützt sich das Federbein über ein Gummilager am Rahmenheck ab. Mit einem Ringschlüssel die Mutter SW 13 von der Dämpferstange abschrauben, gleichzeitig mit einem kräftigen Schraubendreher verhindern, daß sich die Stange mitdreht (Abb. 133).

**Kotflügel hinten:** An ihn kommt man nur heran, wenn zuvor entweder Schalldämpfer und Hinterrad oder das Federbein demontiert wurden - s. oben. Befestigt ist er mit drei Schrauben: eine kurze mit Kreuzschlitz vorne rechts über dem Schalldämpfer (Abb. 134), zwei lange Kreuzschlitzschrauben auf der linken Seite (Abb. 135, 136). Die vordere davon hält auch den Luftfilterkasten; beim Zusammenbau müssen Kasten und Kotflügel zusammen befestigt werden.

**Kippständer:** Er ist an drei Punkten des Motorgehäuses befestigt. **Tip:** Wenn an Motor und Antrieb in ausgebautem Zustand gearbeitet werden soll, ist der ausgeklappte Ständer eine ideale Abstützung -

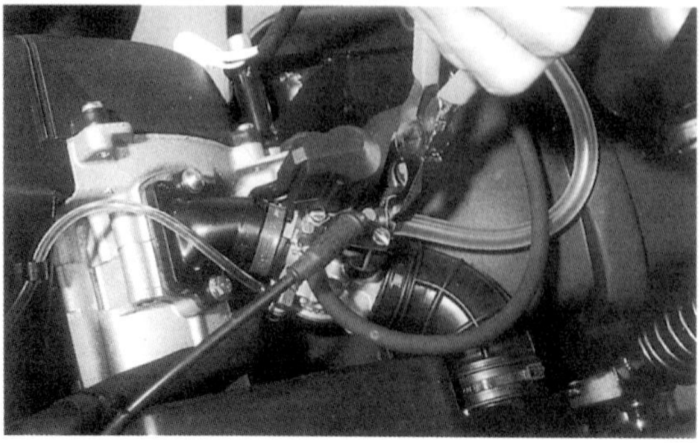

138

*Abb. 138*
*Vor dem Ausbau des Benzintanks müssen die Schläuche vom Vergaser abgenommen und sofort dicht verschlossen werden. Alternative: Benzin ablassen, dabei Hautkontakt und Einatmen der Dämpfe vermeiden!*

also in solchen Fällen nicht abmontieren. Zum Ausbau zunächst die beiden Schrauben SW 13 links und rechts hinten lösen. Dann den Bolzen SW 13 vorn gegenhalten und Mutter SW 13 abschrauben. Beim Einbau Drehmoment von Nm 15 - 20 beachten (Abb. 137).

**Benzintank:** Der Sfera-Tank besteht aus schlagfestem Kunststoff und ist ausbaufreundlich ins Rahmenheck integriert. Vorher müssen die Seitenverkleidungen, die Mittelabdeckung und das Gepäckfach demontiert werden wie im Karosserie-Kapitel beschrieben. Dabei wird bereits der Tankdeckel abgenommen. Außerdem unerläßlich: Ausbau von Hinterrad und Kotflügel; der Tank wird nämlich von unten in den Rahmen eingeführt. Einbau in umgekehrter Reihenfolge: Zuerst den Tank montieren, dann erst Kotflügel und Hinterrad. Defekte und Störungen können vor allem im Bereich des Gebers für die Benzinuhr auftreten. Er kann entnommen werden, ohne daß der Tank ausgebaut werden muß (siehe unten). Wenn der Tank ausgebaut werden soll, muß er zunächst an seinem Platz bleiben, damit kein Benzin auslaufen kann. Zum Aus-

*Abb. 139 - 141*
*Der Benzintank ist mit drei Schrauben am Rahmen befestigt: rechts und links oben am Rahmen sowie - von oben erreichbar - hinten an der Quertraverse.*

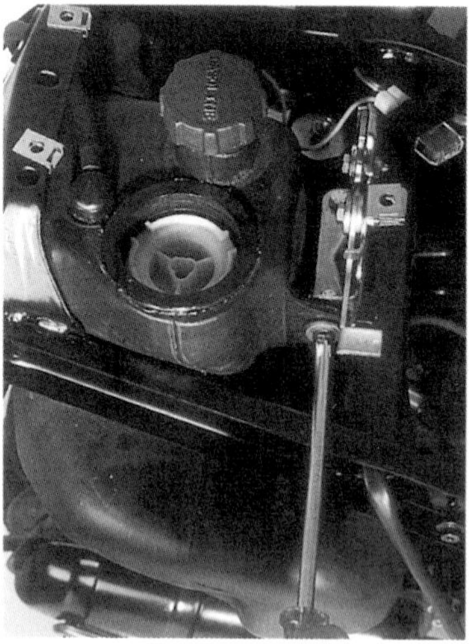

139

140

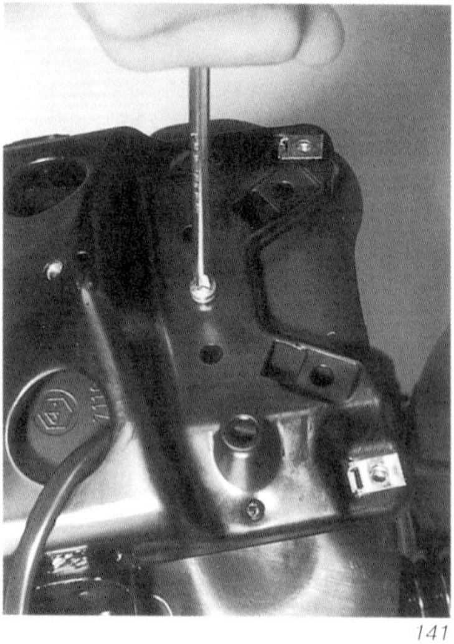

141

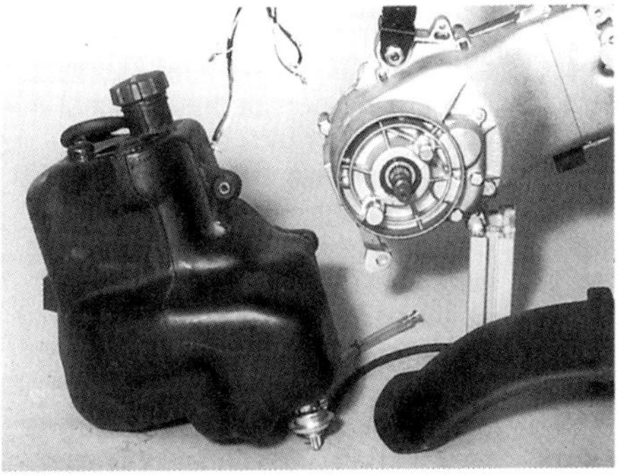

142

143

bau auch den Tankdeckel wieder aufsetzen. Dann den Entlüftungsschlauch aus dem Rahmen ziehen. Die Gummischutzkappe vom Vergaser abnehmen und die beiden Benzinschläuche abziehen (transparent für Zulauf, schwarz für Unterdruck); dabei darauf achten, daß kein Treibstoff austritt.
**Achtung: Bleifrcies Benzin enthält krebserregendes Benzol - Hautkontakt ungedingt vermeiden, Dämpfe nicht einatmen! Benzinfeste Handschuhe und Atemschutz anlegen.**
Um ein Auslaufen des Sprits bei vollem oder halbvollem Tank zu verhindern, Fahrzeug nach links auf die Soziusraste legen; Schläuche nacheinander vom Vergaser abziehen, dabei zum Lösen der Klammern eine Spitzzange verwenden (Abb. 138); Schläuche zur Unterbrechung des Benzinflusses abknicken und so schnell wie möglich verschließen; praktikabel: mit der Hand eine Blechschraube M5 in den schwarzen, eine Schraube M6 in den transparenten Schlauch drehen. Schrauben und Schläuche anschließend durch Klebeband miteinander verbinden; das dichtet zusätzlich ab. Benzin wegen der entstehenden Dämpfe nur dann ablassen, wenn der Tank defekt ist und ausgetauscht werden muß; dazu

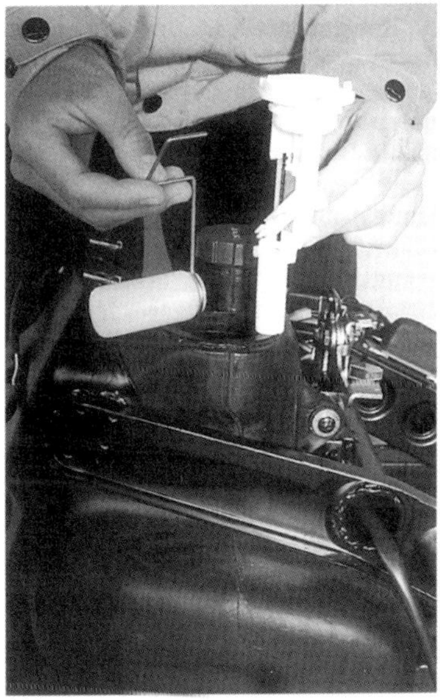

144

*Abb. 142*
*Der Benzinhahn ist bei ausgebautem Tank leicht zugänglich. Zuerst Benzin ablassen, dann Schläuche abnehmen und Klemmring lösen.*

*Abb. 143, 144*
*Ausbau des Gebers für die Benzinuhr: Kabel abnehmen und Sicherungsring lösen; dann Schwimmergestänge herausdrücken und beide Elemente getrennt herausnehmen.*

*Abb. 145*
*Zwei Schrauben halten den Öltank.*

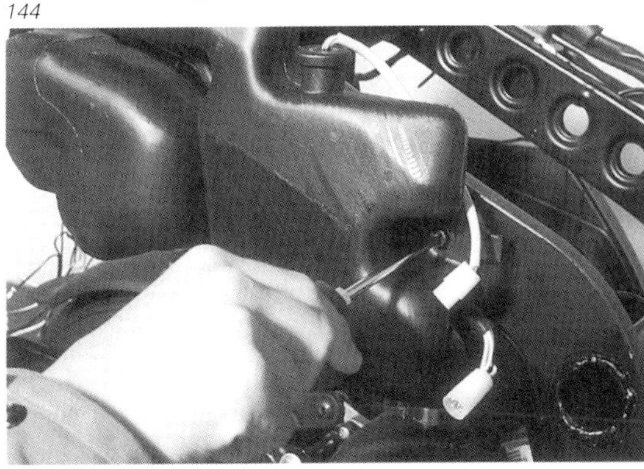

145

Schläuche vom Vergaser abziehen, Tankdeckel zur Verhinderung eines Unterdrucks abnehmen und Benzin vollständig abfließen lassen. Unter Umständen ausreichend weiten Zusatzschlauch und Trichter zu Hilfe nehmen.Der **Tank** selbst ist mit drei Schrauben am Rahmen befestigt: je eine Kreuzschlitzschraube mit Druckscheibe rechts und links vorn (in Fahrtrichtung), eine dritte an der Hecktraverse (Abb. 139 - 141).
**Achtung: Beim Wiedereinbau auf festen Sitz aller Schlauchverbindungen an Tank und Vergaser achten; abrutschende Schläuche lassen nicht nur den Motor absterben, sondern erzeugen auch akute Brandgefahr!**

**Benzinhahn:** Die Benzinzufuhr wird über Unterdruck gesteuert, der via Ansaugtrakt, Vergaser und schwarze Zuleitung im Benzinhahn erzeugt wird und dort den Zulauf freigibt, sobald der Motor dreht. Das Teil kann nicht repariert, sondern nur komplett ausgetauscht werden. Dazu die beiden Schläuche abziehen und die Schlauchklemme lösen, die den Hahn fixiert (Abb. 142).

**Geber Benzinuhr:** Zum Ausbau den Stecker der elektrischen Verbindung abziehen. Dann den Geber mit einem mittleren Schraubendreher gegen den Uhrzeigersinn drehen und den Geber zunächst nur halb aus dem Tank ziehen (Abb. 143). Dann das Gestänge, das zum Schwimmer führt, seitlich herausdrücken. Beide Teile (Schwimmer und Gebergehäuse) getrennt herausnehmen (Abb. 144).

**Öltank:** Wie der Benzintank ist auch der Öltank für die Getrenntschmierung ein Wunder der Raumausnutzung. Er besteht aus Kunststoff und sitzt hinter dem rechten Seitendeckel. Um eventuell auslaufendes Öl aufzufangen, legen wir eine kleine Wanne und einen Putzlappen bereit. Zuerst wird der Stecker für den Geber abgezogen, der drohenden Ölmangel an die Reserveanzeige im Cockpit meldet. Dann die beiden Kreuzschlitzschrauben ausdrehen, die den Tank am Rahmen fixieren (Abb. 145). Tank vorziehen und mit einer Kombizange die Schlauchklemme auseinanderdrücken (Abb. 146). Schlauch abziehen und mit Blechschraube und/oder Textilklebeband verschließen. Achtung: Beim Wiedereinbau auf feste Verbindung des Schlauches zum Tank achten! Ein Abrutschen führt über Ölmangel unweigerlich zum Motorschaden!

**Fußrastenanlage:** Der Austausch der Fußrastenanlage für den Sozius ist nur möglich, wenn vorher der Antriebsblock ausgebaut wurde (s. Motor-Kapitel). Am Rahmen ist der Rastenträger so befestigt: rechts und links zwei Schrauben SW 13 mit entsprechenden Muttern, in der Mitte mit einer Schraube SW 13. Die einzelnen Fußrasten sind samt Rückhaltefeder klappbar jeweils an einem Bolzen gelagert, der mit einem Splint gesichert ist.

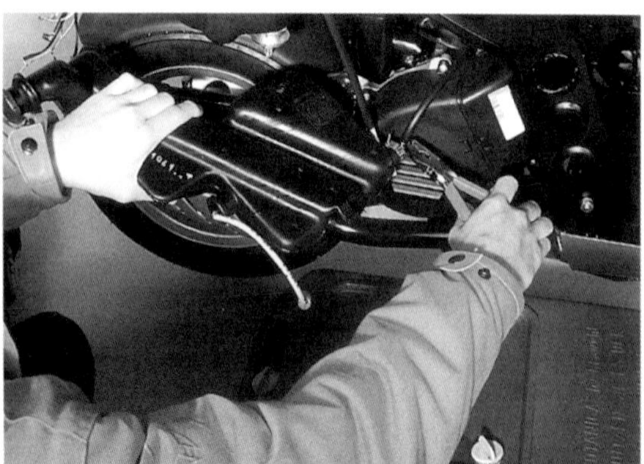

146

*Abb. 146 Elektrische Verbindung trennen, Ölschlauch abziehen und dicht verschließen. Wanne unterstellen, um eventuell austretendes Öl aufzufangen.*

# SFERA 50, 80 AB 1990, SFERA-BAUREIHE ALLGEMEIN: ZWEITAKTMOTOR, VARIATOR, KUPPLUNG, GETRIEBE

*Bei allen Modellen der Sfera-/SKR-Baureihe sind Motor und Antrieb miteinander verblockt und werden dementsprechend zusammen aus- und eingebaut. In diesem Kapitel werden die einzelnen Demontage- und Montageschritte beschrieben, angefangen beim Ausbau der kompletten Antriebseinheit bis hin zur Zerlegung von Getriebe und Motorgehäuse.*
*Wartungs- und Einstellarbeiten an Elektrik, Vergaser oder Ölpumpe, die regelmäßig wiederkehren und ohne Totaldemontage der Antriebseinheit vorgenommen werden können, erläutern wir in den nachfolgenden Kapiteln. Einige Wartungs- und Einstellarbeiten an Motor- und Antrieb beschreiben wir aus Praxisgründen gleich mit (Entfernung von Verkrustungen im Zylinder z.B.). Ansonsten folgen wir der Logik des technischen Aufbaus: Die einzelnen Komponenten werden von außen nach innen abmontiert, wir wandern von Nebenaggregaten und Antriebselementen bis zur Kurbelwelle.*

**Ausgangssituation:** Abgebaut sind alle Karosserieteile, Verkleidungen, kompletter Auspuff sowie Hinterrad mit Kotflügel (wie in den vorangegangenen Kapiteln beschrieben). Die Abnahme von Benzin- und Öltank ist nicht unbedingt erforderlich, erleichtert jedoch die Arbeit am Antrieb (Abb. 147, 148).

**Luftfilterkasten:** Er ist am unteren Rand mit zwei großen Kreuzschlitzschrauben befestigt. Die hintere hält gleichzeitig den rückwärtigen Kotflügel. Kabelbinder, mit denen Kabelstränge am Luftfilterkasten befestigt sind, mit einem Seitenschneider durchtrennen. Schrauben ganz ausdrehen und Kasten vom Ansaug-

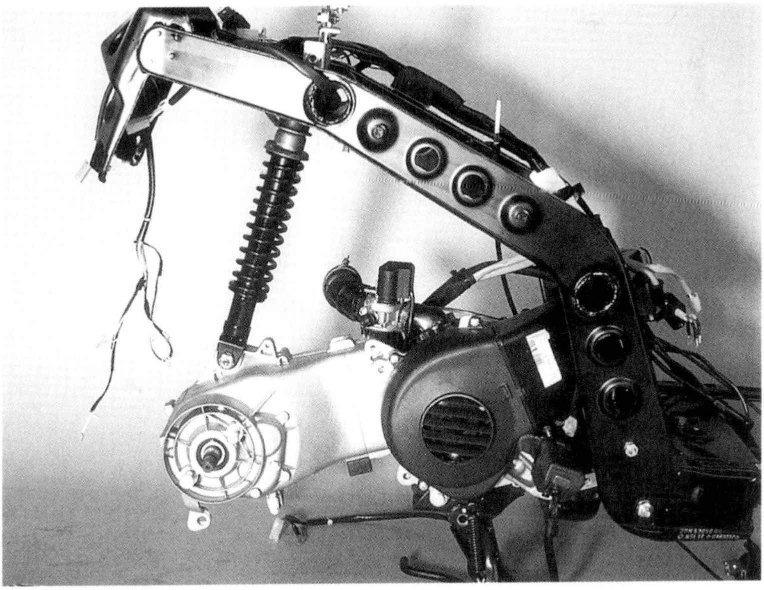

147

*Abb. 147 Antriebseinheit fertig zum Ausbau: Elemente wie Schalldämpfer, Hinterrad, Luftfilterkasten und Tanks sind bereits abgenommen*

stutzen des Vergasers abziehen. **Wartung Luftfilter: s. Wartungs-Kapitel.**

**Elektrische Verbindungen:** Alle Kabelverbindungen zwischen Motor und Rahmen müssen getrennt werden. Zuerst den Kerzenstecker von der Zündkerze abziehen, Zündkabel an der Zündbox lassen (Abb. 149). Dann die drei Kabel von der Zündbox trennen: Gummitüllen zurückstreifen und Flachstecker abziehen; Kabelfarben von links: rot, weiß/hellgelb, grün (Abb. 150). Jetzt kann auch die Zündbox abgenommen werden; sie ist mit zwei Muttern SW 8 befestigt. **Prüfung Zündbox: s. Wartungs-Kapitel.**
Jetzt Tülle vorn am Kabelbaum zurückziehen und Steckverbindung des Regler-Kabels trennen (Abb. 151). Doppelkabel grau/schwarz, das zum automatischen Choke am Vergaser führt, etwas aus der Hülle ziehen und Steckverbindung trennen (Abb. 152). Zuletzt die beiden Anlasserkabel abnehmen, und zwar 1. vom Anlasser-Relais (sitzt oben links am Rahmenheck; isolierter Flachstecker), 2. vom Regler (sitzt links daneben, auffällig durch Leichtmetall-Verrippung; Kreuzschlitzschraube lösen, mit der die Öse des Massekabels befestigt ist - Abb. 153). Am Rahmen wird das Anlasserkabel durch einen Kabelbinder und eine Klemme geführt; beides lösen. **Achtung: Bevor Sie die Kabel aus ihrer Position ziehen, merken Sie sich genau, wie sie verlegt sind; das erspart mühsames Suchen und falsches Einfädeln beim Zusammenbau** (Abb. 154)**; beachten Sie zur Kabelverlegung auch die Abbildungen sowie die Elektrik-Schaltpläne.**

**Bowdenzug- und Schlauch-Verbindungen:** Selbstverständlich müssen auch alle Bowdenzüge, die zu Motor und Antrieb führen, an den jeweiligen Eingängen abgenommen werden: Gaszug 1 vom Vergaser, Gaszug 2 von der Ölpumpe,

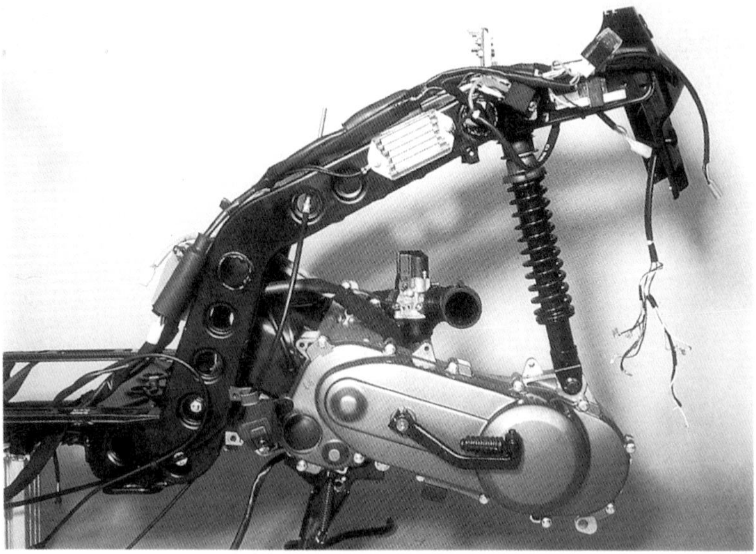

*Abb. 148 Rahmen und Antrieb „solo“ von der linken Fahrzeugseite her betrachtet. Gut zu erkennen ist, wie sich der Antrieb allein über das Federbein am Rahmen abstützt.*

148

Bremsseil von der Hinterradbremse. **Ausführliche Hinweise dazu im Kapitel Vorderradführung.** Außerdem abziehen: Benzin- und Unterdruckleitung vom Vergaser, Ölleitung vom Öltank - s.a. Abb. 138 und Kapitel Hinterradführung.

**Motor und Antrieb vom Rahmen trennen:** falls noch nicht geschehen, das untere Federbeinauge vom Antriebsblock trennen: Bolzen SW 13 und Mutter SW 17 - s.a. Abb. 132 und Kapitel Hinterradführung. Antrieb hinten absenken.
Dann die Schwingenachse ausbauen, mit der Motor und Antrieb am Rahmenausleger gelagert sind: Die Achse mit einem Ring- oder Steckschlüssel SW 17 festhalten und Mutter SW 17 auf der gegenüberliegenden Seite ausdrehen (Abb. 155); Achtung: Beim Wiedereinbau selbstsichernde Muttern stets erneuern! Die Achse läßt sich nicht einfach herausziehen, sondern muß mit Schlüssel und Knarre ausgedreht werden; **nicht mit metallischen Gegenständen auf das Achsende schlagen - das Gewinde würde dabei beschädigt.** Antrieb auf dem ausgeklappten Mittelständer ruhen lassen und festhalten. Zweiter Mann hebt den kompletten Rahmen hoch und trennt so Chassis und Antrieb. Die Zerlegungsarbeiten können beginnen (Abb. 156, 157).
**Achtung beim Wiedereinbau der Schwingenachse: Der Bolzenkopf muß rechts, die Mutter links in Fahrtrichtung angesetzt**

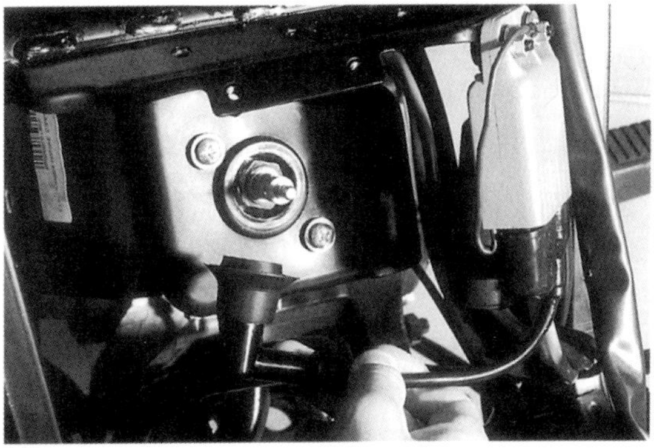

149

*Abb. 149 Erster Schritt beim Trennen der elektrischen Verbindungen: Abziehen des Zündkerzensteckers.*

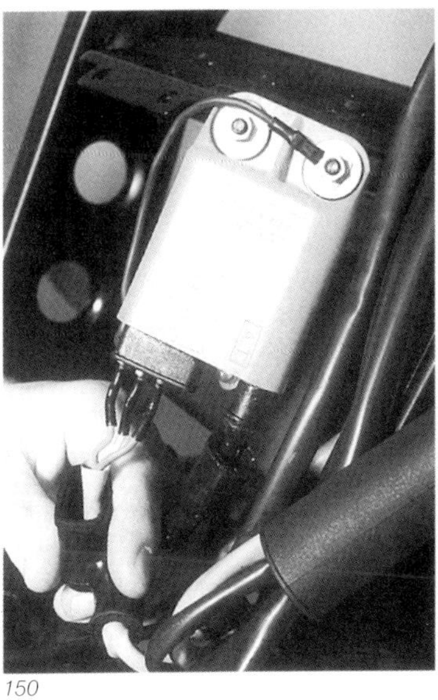

150

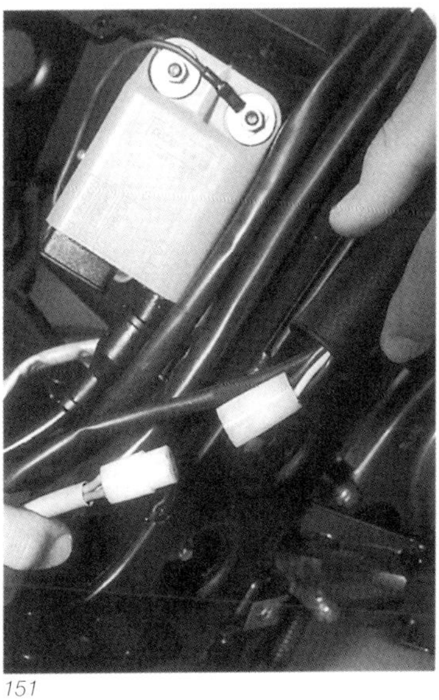

151

*Abb. 150, 151 Über drei Flachstecker ist der Hauptkabelbaum mit der Zündbox verbunden. Bild rechts: So wird die Steckverbindung zum Regler getrennt.*

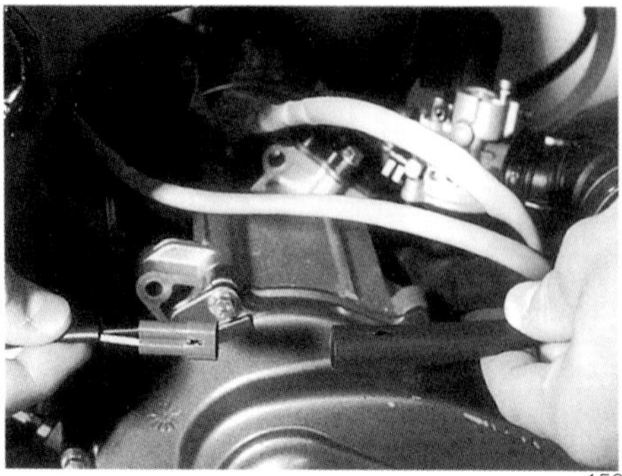

152

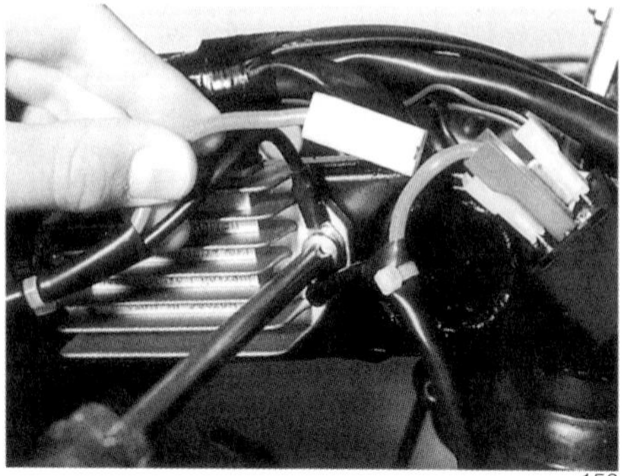

153

*Abb. 152 Trennen der Kabelverbindung, die zum elektrischen Choke führt.*

*Abb. 153 Anlasserkabel vom Relais abziehen, Massekabel zusammen mit der Reglerbefestigung abschrauben.*

*Abb. 154 Montagehilfe: So sind die elektrischen Kabel korrekt verlegt.*

*Abb. 155 Trennen der Antriebseinheit vom Rahmen: Mutter SW 17 von der Schwingenachse schrauben, Bolzen mit Stecknuß SW 17 ausdrehen - nicht herausschlagen!*

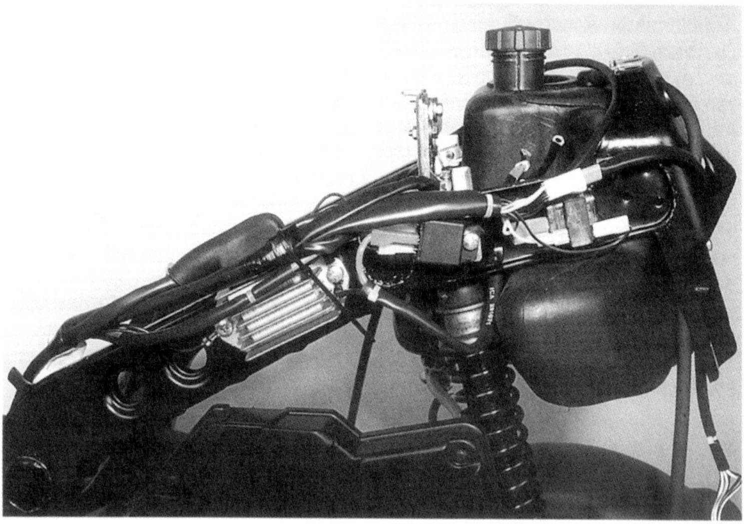

154

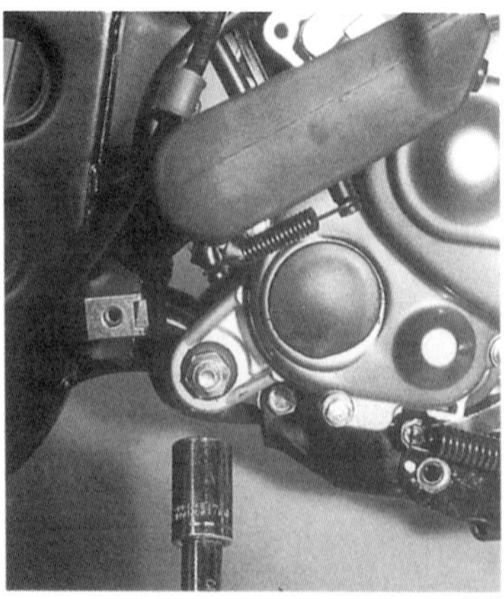

155

**werden.** Anzugsdrehmoment: 38 - 52 Nm. Der Rahmenausleger, der die Verbindung zwischen Schwingenachse und Chassis herstellt, ist genau andersherum befestigt: Bolzen von links, Mutter von rechts - beides SW 17.

**Vergaser - Ausbau:** Gaszug mit Gasschieber, Feder und Düsennadel ausbauen wie bereits im Kapitel Vorderradführung beschrieben; dazu Schlitzschraube ausdrehen und Teile durch Zusammendrücken der Feder voneinander trennen. Schelle

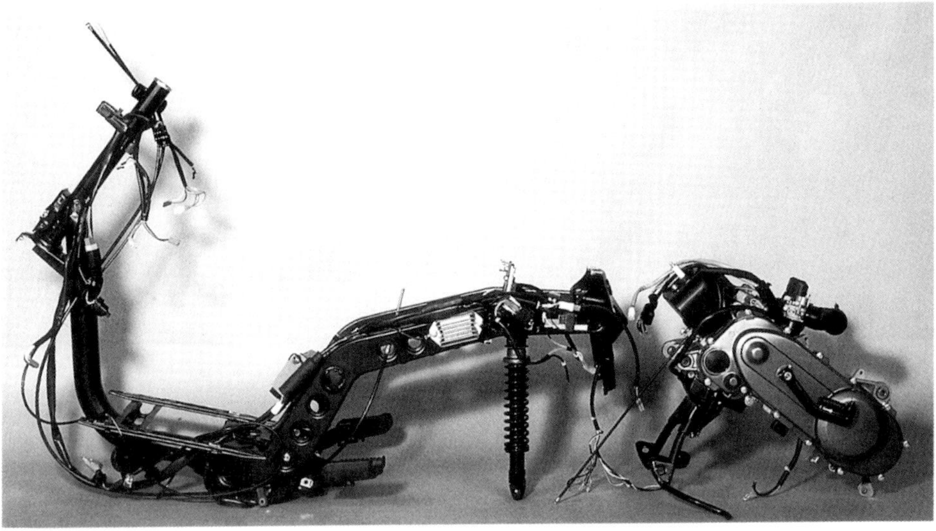

*Abb. 156, 157: Rahmen und Motor in getrenntem Zustand. Die Zerlegungs- und Reparaturarbeiten am Motor - hier abgebildet mit abgenommener Gebläsehaube - können beginnen.*

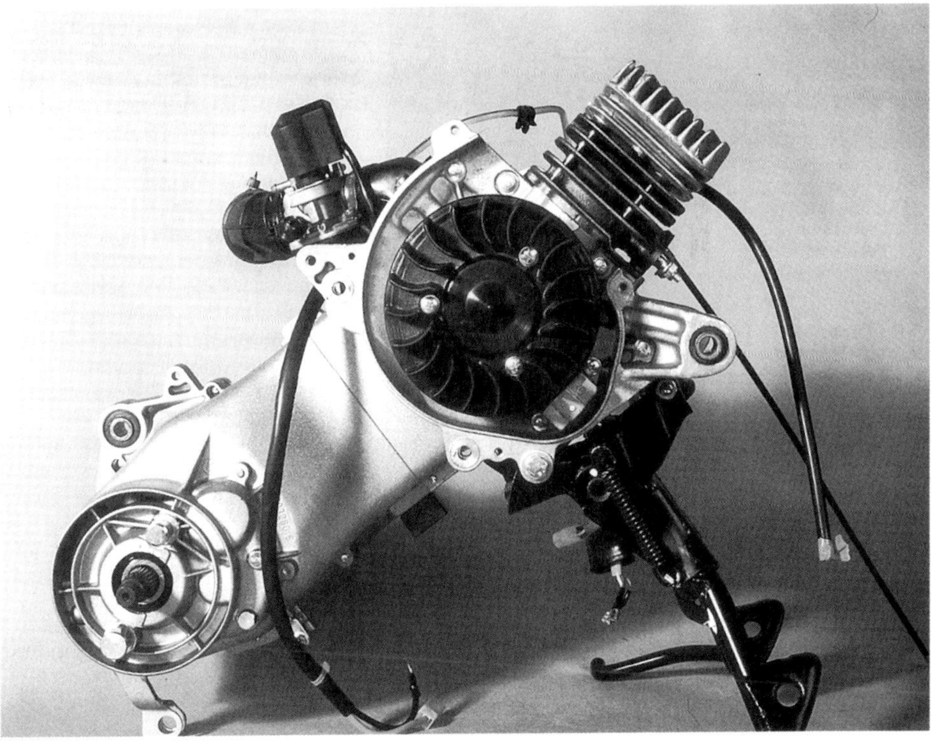

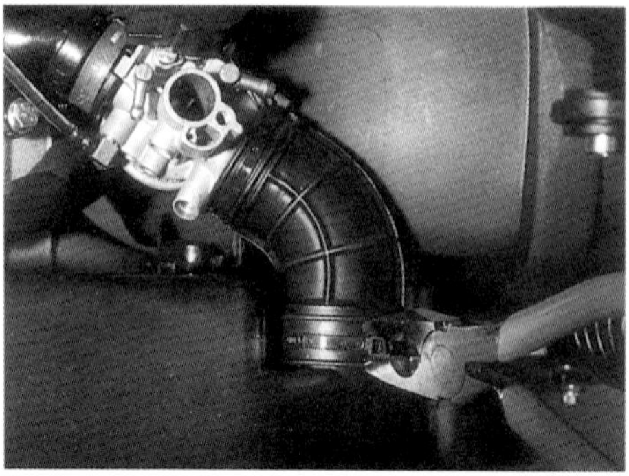

158

159

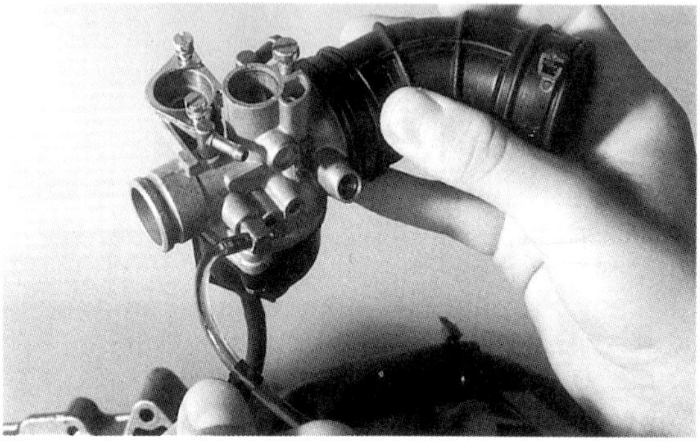

160

*Abb. 158 - 160 Vergaserausbau: Schlauch vom Luftfilterkasten trennen, Schelle am Stutzen lockern, Leitungen abnehmen.*

*Abb. 161 Vergaser-Sprengzeichnung: 1 = automatischer Choke, 2 = Düsennadel, 3 = Gasschieber, 4 = Leerlaufgemisch-Regulierschraube, 5 = Leerlauf-Einstellschraube, 6 = Hauptdüse, 7 = Leerlaufdüse, 8 = Schwimmer, 9 = Schwimmernadel, 10 = Starterdüse, 11 = Zerstäuber*

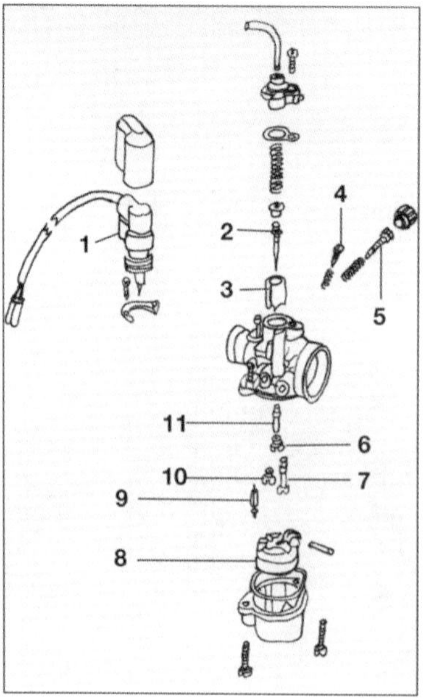


161

lockern, die den Vergaser am Ansaugstutzen fixiert (Kreuzschlitzschraube). Schlauch der Frischölzufuhr abziehen und mit Klebeband verschließen. Vergaser einfach vom Ansaugstutzen abziehen (Abb. 158 - 160).

**Vergaser - Zerlegen:** Wie die Zeichnung zeigt (Abb. 161), ist der Sfera-Vergaser recht unkompliziert aufgebaut. Um die Düsen erreichen zu können, muß von unten die Schwimmerkammer abgenommen werden; sie ist mit zwei Schlitzschrauben befestigt (Abb. 162). Der Schwimmer kann nun entnommen und geprüft werden. Die Düsen werden mit einem Schraubendreher gelöst (Abb. 163). **Achtung beim Zusammenbau: neuen O-Dichtring verwenden,** Ring sorgfältig einlegen, beim Festschrauben der Schwimmerkammer **nicht einklemmen!** Das Ansaugrohr besteht aus Kunststoff und ist mit einem Schlauchbinder am Vergaser fixiert. Binder aufschneiden und durch neuen ersetzen. Einige Modelle sind mit einer Ablaßschraube und einem Überlaufschlauch ausgerüstet. **Genaue Tips zur Wartung und Einstellung des Vergasers siehe Wartungs-Kapitel.**

**Automatischer Choke - Ausbau:** Der elektrisch gesteuerte Choke ist mit zwei Schlitzschrauben und einem Klemmprofil am Vergasergehäuse befestigt (Abb. 164). **Bei schlechtem Startverhalten Choke auf elektrischen Durchgang prüfen und notfalls komplett austauschen** (Abb. 165). Einbau, auch Motor-Komplettierung: Die elektrische Zuleitung wird zunächst durch eine große Tülle geführt, am Ende in ein schmales Stück Tülle gesteckt.

**Ansaugstutzen:** Der Ansaugstutzen gehört zu den begehrtesten Austauschteilen - aber nicht, weil er besonders verschleißanfällig wäre; er beeinflußt vielmehr mit seinem Querschnitt die Leistung. Dem Ausbau haben die Konstrukteure daher - gesetzlich gezwungen - einen Riegel vorgeschoben: Nur an einer Seite ist der Stutzen mit einer normalen Schraube SW 8 befestigt. Auf der anderen Seite sitzt eine sogenannte Abreißschraube, bei der man den Kopf vorsätzlich abgedreht hat. Leider aber kommen wir bei der Motorzerlegung nicht daran vorbei, diese Hürde zu nehmen: Wir setzen eine Wasserpumpenzange an, drücken mit Kraft zu, drehen vorsichtig nach links und lockern so den Schraubenstummel (Abb. 166). Beim Zusammenbau Ansaugstutzen mit Öffnung nach hinten montieren und neue Abreißschraube verwenden (Fachhandel).

**Einlaßmembran:** Die Membran steuert die Gemischzufuhr zum Kurbelgehäuse des Sfera-Zweitaktmotors. Sie kann nach Abbau des

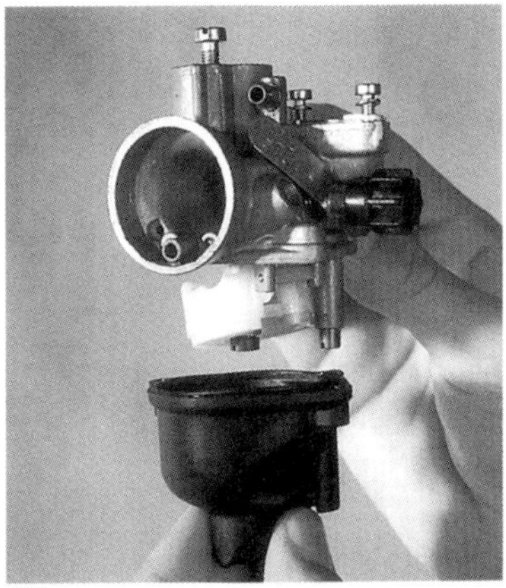

162

*Abb. 162 Abnehmen der Schwimmerkammer nach Lösen von zwei Schrauben.*

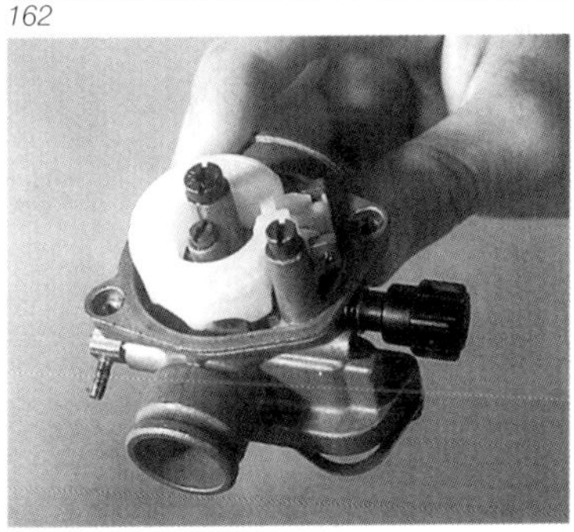

163

*Abb. 163 Vergasergehäuse von unten mit Schwimmer und Düsen.*

164

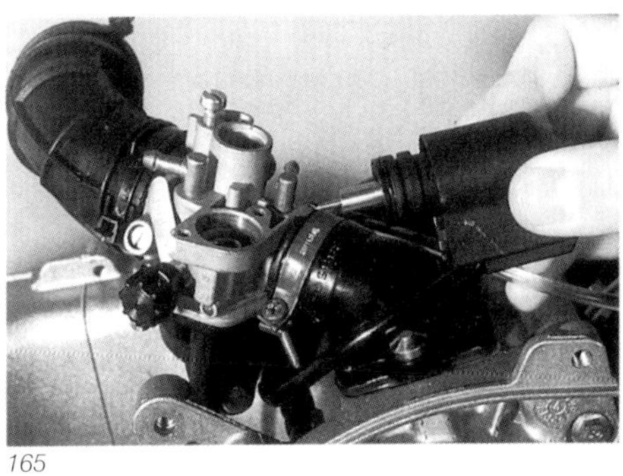

165

*Abb. 164, 165 Ausbau des automatischen Chokes: zwei Schrauben und Klemmplättchen lösen, Choke herausziehen und gegebenenfalls auf Durchgang prüfen.*

166

167

168

169

170

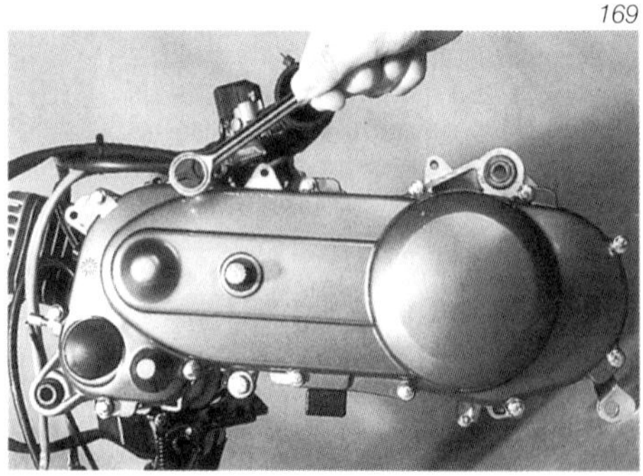

171

*Abb. 166 Die Abreißschraube am Ansaugstutzen läßt sich mit einer Zange lösen.*

*Abb. 167, 168 Abheben der Einlaßmembran mit Gummidichtung; deutlich zu sehen: der verengte Einlaß beim 50er Motor.*

*Abb. 169 Prüfen der Einlaßmembran: Die Plättchen müssen dicht anliegen.*

*Abb. 170 Eine einzige Schraube hält den Kickstarterhebel.*

*Abb. 171 Für die Ausführung zahlreicher Wartungsarbeiten muß der Gehäusedeckel abgebaut werden.*

Ansaugstutzens einfach entnommen werden. Nun prüfen wir, ob die Membran hundertprozentig dicht ist; erstens muß sie über eine Gummidichtung sauber mit dem Gehäuse abdichten (Abb. 167, 168); zweitens müssen die beiden doppelzüngigen Membranplättchen so dicht an den Auflagen anliegen, daß kein Licht hindurchtritt (Abb. 169).
Anderenfalls sind entweder die

172

*Abb. 172*
*Antrieb der Sfera: Vom Variator mit Anlasserritzel links führt der Antriebsriemen nach hinten zu Fliehkraftkupplung und Getriebe.*

*Abb. 173, 174*
*Zum Lösen der Mutter auf der Getriebewelle muß die Kupplungsglocke arretiert werden; im Bild ein Aluprofil mit exakt eingepaßten Schrauben M6.*

Membranplättchen oder die ganze Membrangruppe zu erneuern. Plättchen und Anschläge sind mit je zwei Schrauben befestigt.

**Kickstarter, Antriebsgehäusedeckel - Ausbau:** Der Ausbau ist Voraussetzung für zahlreiche Kontroll- und Wartungsarbeiten. Zunächst muß der Kickstarter abgenommen werden; er ist mit einer Schraube SW 8 auf der Welle befestigt (Abb. 170). Der Gehäusedeckel ist mit 13 gleich langen Schrauben SW 8 am Triebwerksblock befestigt (Abb. 171). Sie werden mit Steckschlüssel und Umschaltknarre ausgedreht. Zusammenbau: Alle Schrauben SW 8 mit Drehmoment Nm 12-13 anziehen.

**Kickstarter - Kontrolle:** Der Kickstarter-Mechanismus wird zusammen mit dem Gehäusedeckel abgenommen. Er besteht aus Welle mit Halb-Zahnkranz und der Klaue, die in die Antriebs-Riemenscheibe eingreift. Alle Teile auf spielfreien Sitz und ausreichende Schmierung

173

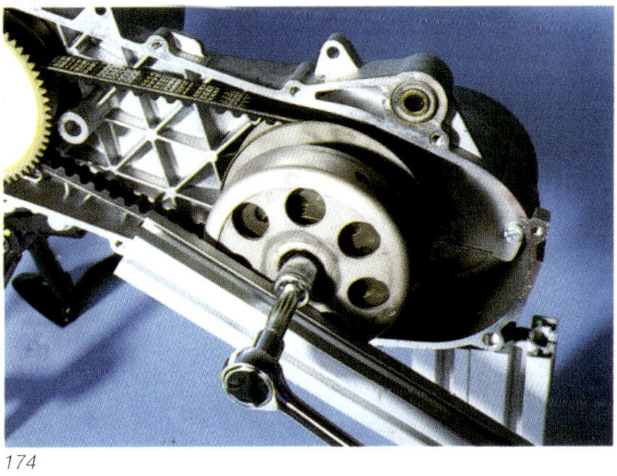

174

*Abb 175*
*Nach Lösen der Zentralmutter läßt sich die Kupplungsglocke abnehmen; die Kupplungseinheit bleibt noch auf der Welle.*

*Abb. 176*
*Zum Lösen der treibenden Riemenscheibe muß der Zahnkranz, in den der Anlasser eingreift, mit einem Spezialwerkzeug blockiert werden.*

*Abb. 177*
*Treibende Riemenscheibe (oben), Komponenten: Haltekranz, Zentralmutter, Kunststoffteller*

*Abb. 178, 179*
*Nach Abziehen der vord. Riemenscheibe können Antriebsriemen u. Kupplungseinheit abgenommen werden.*

*Abb. 180*
*Vorgelege des Elektrostarters einfach herausziehen.*

*Abb. 181*
*Variator mit Distanzscheibe von der Kurbelwelle ziehen; lange und kurze Hülse befinden sich noch auf der Welle.*

175

überprüfen (Universalfett). Zur weiteren Zerlegung Feder aushängen - **Vorsicht: starke Vorspannung** (Abb. 172).

177

176

**Riemenscheiben, Antriebsriemen - Allgemeines:** Um die Antriebsriemen zur automatischen Kupplung oder zur Ölpumpe zu prüfen oder zu ersetzen, müssen beide Riemenscheiben mit zugehörigen Komponenten abgenommen werden. **Achtung: Merken Sie sich genau die Position der diversen Scheiben und Kleinteile, sonst treten beim Zusammenbau Schwierigkeiten auf.** Hinweise zum korrekten **Einbau des Antriebsriemens im Abschnitt Kupplung - Einbau.**

**Angetriebene Riemenscheiben, Kupplungsglocke - Ausbau:** Zunächst lösen wir die Einheit aus angetriebenen Riemenscheiben, Fliehkraftkupplung und Kupplungsglocke. Zum Gegenhalten brauchen wir eine Spreizklammer oder ein Werkzeug, das wir uns selbst anfertigen. Wir haben uns mit einer Leichtmetall-Profilstange geholfen, in die wir zwei 15 mm lange Schrauben M6 und zwei Hammermuttern eingesetzt haben (Abb. 173, 174). Stange und Schrauben werden so an die Kupplungsglocke gesetzt, daß ein Wegdrehen unmöglich ist. Nun mit einem Steckschlüssel SW 15 die Zentralmutter lösen und zunächst die Kupplungsglocke abnehmen (Abb. 175). Die

Kupplungseinheit bleibt noch auf der Welle, bis vordere Riemenscheibe und Antriebsriemen abgenommen worden sind.
**Achtung: Bei der Befestigung der Kupplungsglocke handelt es sich um eine Dehnmutter, die beim Zusammenbau stets durch eine neue ersetzt werden muß;** vorgeschriebenes Drehmoment: 40-44 Nm.
**Tip:** Mutter beim Zusammenbau mit flüssiger Schraubensicherung (etwa von Loctite) einsetzen. Alle Hinweise zur Zerlegung und Wartung von antriebener Einheit und Kupplung ab Seite 70.

**Treibende Riemenscheibe, Antriebsriemen, Kupplungseinheit, Anlasservorgelege - Ausbau:**
Antriebsriemen und Kupplung kommen erst frei, wenn auch die vordere Riemenscheibe abgenommen ist. Sie ist ebenfalls mit einer Mutter SW 15 fixiert, die ersetzt werden und mit Nm 40-44 angezogen werden muß; beim Zusammenbau flüssige Schraubensicherung verwenden. Das zum Lösen der Mutter erforderliche Gegenhalten ist leider ohne Spezialwerkzeug nicht möglich. Da Eigenfertigung zu aufwendig ist, muß die Fachwerkstatt helfen; leihen Sie das Teil bei Ihrem Piaggio-Händler aus und entrichten Sie freiwillig dafür einen Obulus. Andere

178

179

Möglichkeit: Sie gehen mit dem Triebwerk in die Werkstatt und lassen sich dort weiterhelfen. Wie die Gegenhalteplatte korrekt am Zahnkranz befestigt wird, zeigt Abb. 176; zum Fixieren am Gehäuse dienen zwei Schrauben M6x16. Beim Zusammenbau genauso verfahren.

180

181

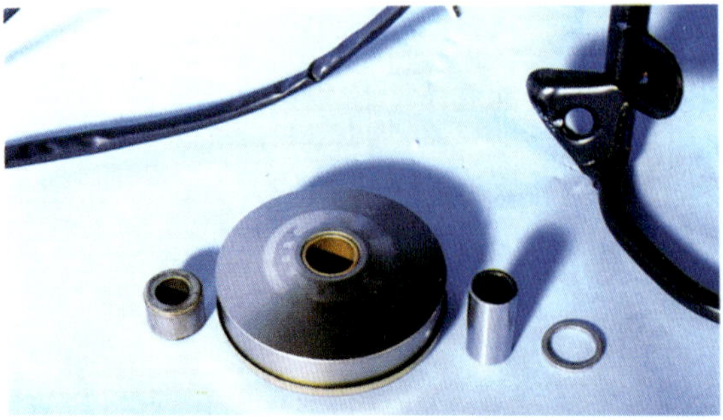

182

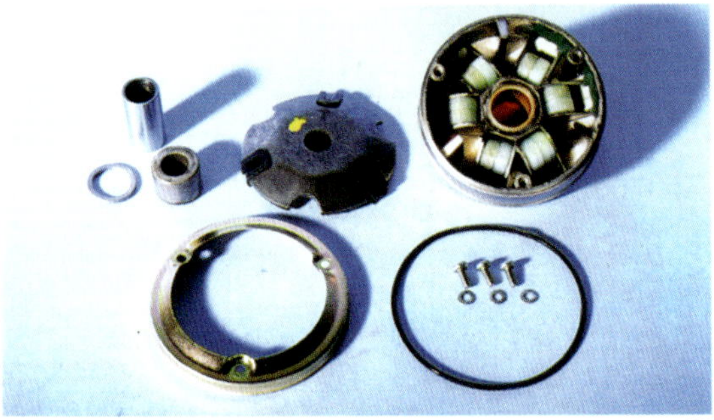

183

*Abb. 182 Unzerlegter Variator und Anbauteile: kurze Distanzhülse, Laufhülse, Distanzscheibe.*

*Abb. 183 Variator in zerlegtem Zustand; besonderes Augenmerk verdienen Führungsschuhe und Rollen - sie müssen regelmäßig geprüft und nachgefettet werden.*

Beim Abnehmen der Komponenten und späteren Zusammenbau auf richtige Reihenfolge und Position achten (von außen nach innen): Mutter SW 15, Haltekranz, Kunststoffteil, Zahnkranz (Abb. 177). Jetzt kann der Antriebsriemen abgenommen werden - zusammen mit der Kupplung (Abb. 178, 179). **Achtung:** Nach Ausbau des Zahnkranzes sofort das **Vorgelege des elektrischen Anlassers abziehen,** damit es nicht herausfällt und beschädigt wird; es ist ohne weitere Sicherung im Motorgehäuse gelagert und läßt sich ganz einfach aus- und einbauen (Abb. 180).

**Variator - Ausbau, Wartung:** Zuerst die Distanzscheibe abziehen, die auf der Kurbelwelle sitzt; sie dient zur Drosselung. Dann die lange Distanzhülse und die Variatoreinheit abnehmen. Hinter dem Variator befindet sich eine zweite, kurze Distanzhülse; sie wird ebenfalls abgenommen (Abb. 181, 182). Einen einmal ausgebauten Variator sollte man stets **zerlegen und überprüfen**. Der Abdeckring ist mit drei Kreuzschlitzschrauben befestigt. Darunter kommt ein großer O-Dicht-Ring zum Vorschein, der absolut in Ordnung sein und genau in der Nut liegen muß; notfalls erneuern. Herzstück sind die drei Führungsschuhe und die in Fett gelagerten Rollen (Abb. 183); Führungsschuhe ersetzen, falls stark beansprucht (als Ersatzteil erhältlich, keinen kompletten Variator kaufen!). Verbrauchtes oder fehlendes Fett ersetzen, dabei die Rollen vollständig bedecken (Esso Beacon 3, Shell Retinax A z.B.). Piaggio schreibt vor, die Rollen alle 4000 km nachzufetten (s.a. Wartungsplan S. 85). Auch alle anderen Teile auf Schäden überprüfen; Halbschalen ersetzen, falls abgenutzt. Variator wieder zusammenbauen, Deckelschrauben handfest anziehen.

**Variator, Anlasser-Vorgelege, treibende Riemenscheibe, Antriebsriemen - Einbau:** Bevor die einzelnen Antriebsdetails auf die Kurbelwelle gesteckt werden, muß das **Anlasser-Vorgelege eingesetzt** werden; es sitzt zwischen Motorgehäuse und Variator, das Zahnrad greift von der Gehäuseseite in den Zahnkranz der Riemenscheibe ein. Wird dieser Handgriff vergessen, funktioniert später der Anlasser nicht. Jetzt werden die **Antriebselemente** aufgesteckt, und zwar nur in folgender Reihenfolge: kurze innere Hülse, Variator, lange äußere Hülse, Drosselring, Antriebsriemen; der Antriebsriemen muß locker über die äußere Hülse gelegt werden, bevor die Riemenscheibe mit Zahnkranz aufgesetzt wird. Jetzt folgen: Kunststoffführung,

Haltekranz, Mutter SW 15 (s.a. weiter oben). Die Zungen des Haltekranzes müssen genau in die Aussparungen greifen. Hinten wird der Antriebsriemen zwischen die getriebenen Halbscheiben gelegt und zusammen mit diesen sowie der Kupplung aufgesetzt (Voraussetzung: die komplette Einheit ist korrekt zusammengebaut, s. unten). **Dabei beachten: Vorne paßt der Antriebsriemen nur dann zwischen Variator und Riemenscheibe, wenn hinten genügend Luft ist.** Das bedeutet, daß hinten die bewegliche Halbscheibe zunächst von Hand so weit von der festen Scheibenhälfte abgedrückt werden muß, daß der Zahnriemen tief genug zwischen die konischen Flächen rutschen kann. Erst dann kann vorne fertigmontiert und die Mutter SW 15 aufgesetzt werden. **Achtung: Immer neue Mutter verwenden;** einen Tropfen flüssige Schraubensicherung auf das Gewinde des Kurbelwellenstumpfes geben und Mutter mit Drehmoment 40 - 44 Nm anziehen. Zahnkranz mit Spezialwerkzeug blockieren (s. oben und Abb. 177 bis 181).

**Antriebsriemen - Kontrolle:** Die Kraft wird durch einen nylonverstärkten Keil-Zahnriemen übertragen, der unter normalen Bedingungen eine sehr hohe Lebenserwartung hat. Trotzdem kann es in Einzelfällen vorkommen, daß der Riemen reißt. Ursachen sind entweder (äußerst selten auftretende) Materialfehler oder übermäßiger Verschleiß. Abnutzung erkennt man an brüchigem Gummi oder heraushängenden Fadenteilen der Nylonarmierung. Riemen dann sofort austauschen. Das gilt auch dann, wenn der Riemen ölverschmiert ist, etwa durch ausgetretenes Getriebeöl. Tritt beim Fahren ein spürbares Rucken auf, ist die Beschleunigung schlecht oder wird die normale Höchstgeschwindigkeit nicht mehr erreicht, kann ein überdehnter Antriebsriemen die Ursache sein. Ursache: Materialermüdung, Überbeanspruchung z.B. durch ständiges Fahren mit maximaler Zuladung. Abhilfe: sofortiger Austausch.

184

*Abb. 184 Zerlegen der Kupplungseinheit: Zuerst müssen die Sicherungsbleche an den Sicherungsmuttern aufgebogen werden; beschädigte Bleche später ersetzen.*

185

*Abb. 185 Kupplungseinheit in einen Schraubstock spannen und Muttern mit einem Gabel- oder Ringschlüssel SW 46 lösen.*

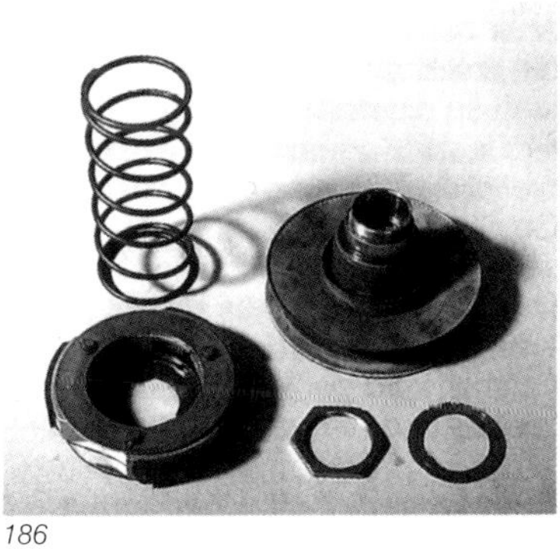

186

*Abb. 186 Zerlegte Kupplungseinheit: links Kupplung und Druckfeder, rechts getriebene Riemenscheiben mit Büchse und Kugellagern.*

**Getriebene Riemenscheiben, Kupplung - Funktion:** Der Antriebsriemen überträgt die Kraft auf eine Einheit, die aus einer starren Halbscheibe, einer beweglichen Halbscheibe, der Fliehkraftkupplung, der Kupplungsglocke sowie den zugehörigen Einzelteilen besteht.
Die **äußere Halbscheibe** ist über eine Hohlwelle starr mit der Kupplung verbunden. Die **innere Halbscheibe** ist beweglich; mit wachsender Drehzahl vergrößert sie den Abstand zur starren Hälfte. Damit kann der Antriebsriemen tiefer zwischen die konischen Flächen dringen, die **Übersetzung ändert sich** wie bei einem Fahrrad, bei dem vom großen auf das nächst kleinere Hinterradritzel geschaltet wird.
Folge: Umdrehungsgeschwindigkeit des Hinterrades und Endgeschwindigkeit wachsen. Bei abnehmender Drehzahl funktioniert das Ganze natürlich umgekehrt.
Die **Kupplung** funktioniert so: Ab einer bestimmten Drehzahl werden die drei Kupplungsbeläge per Fliehkraft an die innen liegende Reibfläche der Kupplungsglocke gepreßt, die fest auf der verzahnten Getriebewelle sitzt. Ist der Kraftschluß hergestellt, wird die Kraft über das Getriebe ans Hinterrad weitergegeben. Beim Gaswegnehmen wird der Kraftfluß automatisch unterbrochen.

*Abb. 187 Ausbau von Ölpumpe und Ölpumpenantrieb: Lösen der beiden Halteschrauben rechts und links.*

*Abb. 188 Lösen der Schraube, mit der die Trägerplatte befestigt ist.*

**Kupplungseinheit - Zerlegung, Wartung:** Während die Kupplungsglocke schon beim Abbau der kompletten Einheit frei zugänglich wird, müssen die anderen Grundelemente zur Überprüfung in ihre Einzelteile zerlegt werden. Dazu spannen wir zunächst die komplette Einheit mit der Kupplung nach oben in einen Schraubstock. Dann biegen wir mit Hammer und Meißel (oder Schraubendreher) das Sicherungsblech an der Haltemutter auf (Abb. 184).
Zum Abschrauben benötigen wir einen Gabel- oder Ringschlüssel SW 46 (am besten ausleihen - Abb. 185). Dabei Kupplung nach unten drücken, Mutter ganz abschrauben, Federdruck verringern, Haltering und Kupplung von der Riemenscheibenwelle abnehmen.
Die drei Beläge sind auf Schwungmassen aufgeklebt. Diese sind auf mit Seegeringen gesicherten Bolzen beweglich am Gehäuse gelagert. Federn drücken Schwungmassen und Beläge mit wachsender Drehzahl nach außen (Abb. 186).
**Doch Achtung: die eigentliche Kupplungsgruppe nicht zerlegen, keine Einzelteile auswechseln! Die gesamte Einheit ist elektronisch ausgewuchtet und muß daher komplett ersetzt werden.** Der Austausch der einzelnen Schwungmassen kann nur ein Notbehelf für kurze Zeit sein. Darauf achten, daß beim Arbeiten an der Kupplung **weder Fett, noch Öl auf die Beläge** gelangen; die Kupplung rutscht sonst später durch.

**Getriebene Riemenscheiben mit Kugellager - Zerlegung, Wartung:** Nach Abbau der Kupplung lassen sich die Riemenscheiben-Hälften trennen. Zunächst Druckfeder und Führungsring abnehmen. Dann den Bolzen herausziehen, der in die gebogene Aussparung der beweglichen Halbscheibe eingreift, Hälften trennen.
Die bewegliche Hälfte gleitet über Dichtringe auf den Arbeitsflächen einer Büchse, die auf der Welle sitzt. Dichtringe kontrollieren und nötigenfalls ersetzen. Prüfen, ob die Arbeitsflächen der Büchse frei von Abnutzungsspuren sind; falls erforderlich, Büchse ersetzen. Raum zwischen Büchse und Innenfläche der Führung der beweglichen Halbscheibe mit Spezialfett füllen (Montblanc Molybdenum Grease).

187

188

189

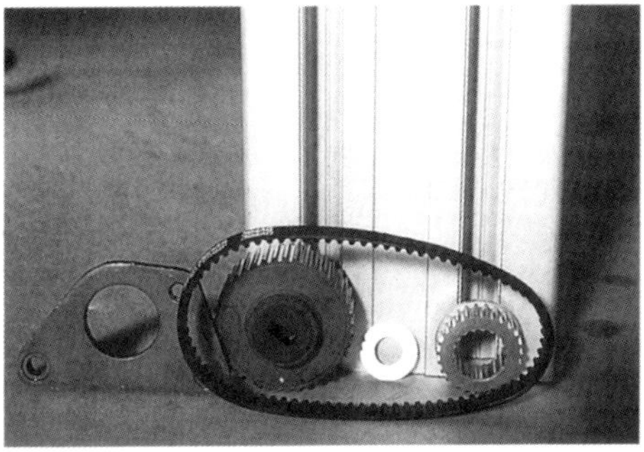

190

Abschließend das **Kugellager** am Ende der Welle mit der festen Halbscheibe kontrollieren. Es darf kein Spiel haben und muß störungsfrei rundlaufen. Bei Verschleiß läßt es sich leicht auspressen und ersetzen (s.a. Abb. 185). Die feste Halbscheibe ist auf der Welle mit einer zweiten Mutter SW 46 fixiert; zum Ausbau Sicherungsblech aufbiegen und Mutter abschrauben. Zusammenbau aller Elemente in umgekehrter Reihenfolge. **Achtung: Muttern handfest anziehen; neue Sicherungsbleche verwenden, falls sie beim Aufbiegen beschädigt wurden!**

**Ölpumpe - allgemeine Tips:** Der Zweitaktmotor der Sfera wird von einer zahnriemengetriebenen Ölpumpe mit Frischöl aus dem separaten Tank versorgt. **Achtung: Wenn die Ölpumpe nicht einwandfrei funktioniert, falsch eingestellt ist, Antrieb oder Schlauchverbindungen defekt sind, ist ein Motorschaden die zwangsläufige Folge!** Piaggio schreibt vor, den **Ölpumpen-Antriebsriemen alle 20.000 km** oder in Abständen von spätestens drei Jahren zu **ersetzen.**
Kontrolliert werden sollte er darüber hinaus immer dann, wenn sowieso am Antrieb gearbeitet wird. Ebenso wie der Hauptantriebsriemen darf auch der Ölpumpen-Antriebsriemen **nicht brüchig, angerissen oder ölverschmiert** sein. Er ist dann sofort zu ersetzen - unabhängig von Laufleistung und Alter. Ebenfalls kontrollieren: **festen Sitz der beiden Ölschläuche** an der Pumpe (Zulauf vom Tank, Ableitung zum Vergaser) sowie Zustand und **Einstellung des Bowdenzugs** für die Dosierung.

*Abb. 189 Ölpumpe und Trägerplatte sind abgenommen, dahinter liegt der Ölpumpenantrieb.*

*Abb. 190 Ölpumpenantrieb im Detail: Führungsplatte, Antriebszahnriemen (muß alle 20.000 km erneuert werden), angetriebenes Ritzel mit Mitnehmer, dahinterliegende Gleitscheibe, treibendes Ritzel von der Kurbelwelle.*

*Abb. 191 Zahnriemen-Montage: stets zusammen mit beiden Ritzeln aufsetzen, sonst Beschädigungsgefahr. Führungsplatte so aufsetzen wie im Bild gezeigt.*

*Abb. 192, 193 Ablassen bzw. Wechseln des Getriebeöls: Nach Ausbau des Hinterrads Auffangwanne unterstellen, dann zuerst die obere Einfüllschraube, dann die untere Ablaßschraube ausdrehen; Öl vollständig abtropfen lassen.*

*191*

**Ölpumpe - Ausbau:** Zunächst Riemenscheiben, Variator, Kupplung, Haupt-Antriebsriemen und Getriebe-Vorgelege ausbauen wie oben beschrieben. Dann Bowdenzug von der Ölpumpensteuerung abhängen. Die Ölpumpe ist mit zwei Kreuzschlitzschrauben befestigt; die längere sitzt links und fixiert gleichzeitig die hinter der Pumpe liegende Trägerplatte (Abb. 187). Nach Lösen der Schrauben die Pumpe zusammen mit dem Formgummi abziehen, der die beiden Ölschläuche am Motorgehäuse festklemmt. Jetzt eine dritte Schraube unten rechts ausdrehen und die gelbverzinkte Trägerplatte abnehmen (Abb. 188). Die Ölpumpe läßt sich nach Abziehen der Schläuche zwar weiter zerlegen; doch das lohnt meist nicht; sie ist nur komplett als Ersatzteil erhältlich.

Nun liegt der **Ölpumpen-Antrieb** frei (Abb. 189). Zuerst nehmen wir die trapezförmige Distanzplatte ab, dann zusammen mit den beiden Ritzeln den Antriebs-Zahnriemen.

**Achtung: Hinter dem unteren, großen Ritzel befindet sich eine Distanzscheibe;** sie muß beim Zusammenbau korrekt eingesetzt werden (Abb. 190).

**Ölpumpe - Zahnriemenwechsel, Einbau:** Der Zahnriemen ist empfindlich und darf beim Einbau nicht geknickt werden. Vor Auflegen des Antriebsritzels beachten: **Lagersitz** auf der Kurbelwelle und Innenbohrung des Ritzels sorgfältig und ausschließlich **mit CONSTANT GLY 2100 einölen;** dabei darauf achten, daß kein überschüssiges Öl auf den Zahnriemen tropfen kann. Jetzt den **Zahnriemen gleichzeitig auf beide Ritzel legen, dabei nicht knicken.** Distanzscheibe auf die Lagerbüchse des großen, angetriebenen Ritzels setzen. Beide Ritzel zusammen mit dem Zahnriemen auf die Wellen stecken; alle anderen Montageversuche würden den Riemen beschädigen (Abb. 191). Trapezförmige Distanzplatte und gelbverzinkte Trägerplatte aufsetzen, Platte mit langer Schraube unten rechts teilfixieren. Ölpumpe so ansetzen, daß zunächst der Formgummi mit den Ölschläuchen in die Aussparung am Motorgehäuse greifen kann; nochmals auf festen Sitz der Schläuche achten. Ölpumpe anpassen und die beiden Halteschrauben einsetzen. **Achtung: die kurze Schraube muß rechts, die lange links plaziert werden; bei Verwechslung wird der Zahnriemen zerstört!** Dann am Gebläserad drehen, das auf der rechten Kurbelwellenseite sitzt, bis der Mitnehmer an der Ölpumpe ins angetriebene Ritzel greift. Jetzt erst Halteschrauben handfest anziehen. Zuletzt den Bowdenzug einhängen und Ölleitung zum Vergaser mit drei Kunststoffklemmen an Gehäuse und Zylinderummantelung fixieren. Ölpumpe einstellen.

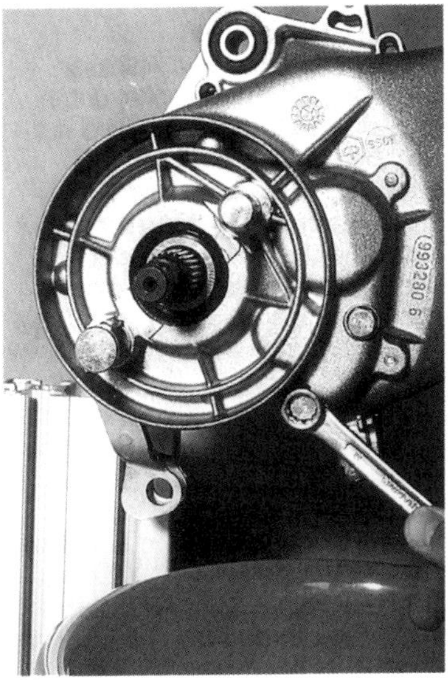

192

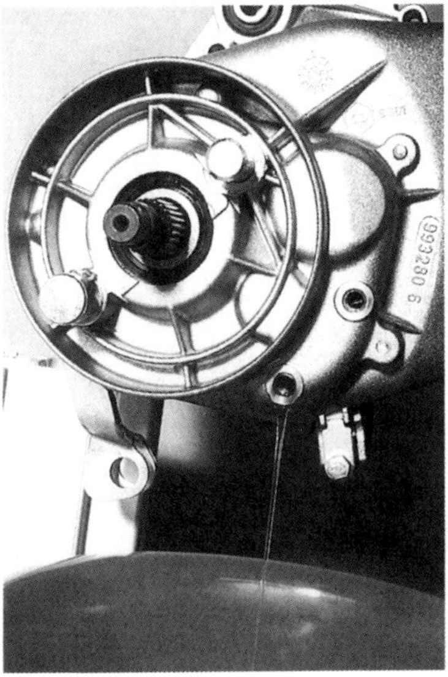

193

## Ölpumpe - Einstellung:

Voraussetzung: korrekter Anschluß aller Gaszüge, Gasgriff in Leerlaufstellung, Motor startbereit. **Bei teilmontiertem Antrieb ist keine Einstellung möglich.** Zwei Arbeitsschritte sind nötig: Betätigungshebel in Grundstellung bringen, Ölpumpe entlüften. Da dies nur bei vollständig montiertem Fahrzeug möglich ist, beschreiben wir diese Arbeiten im Wartungskapitel; dort finden sich auch die entsprechenden Abbildungen.

## Getriebe - Ausbau, Zerlegung:

Wie bereits erwähnt wird die Kraft über Antriebsriemen, Riemenscheiben und Kupplung auf ein Untersetzungsgetriebe übertragen. Es hat die Aufgabe, die hohen Drehzahlen im Antrieb auf die jeweils benötigte Hinterrad-Drehzahl zu reduzieren. Zur Kupplung hin dichten ein Getriebedeckel und Dichtringe auf den Wellen das Sfera-Getriebe ab. Zum Hinterrad ist die Radachse mit einem Wellen-

*Abb. 194, 195 Getriebeausbau: zuerst die fünf Schrauben des Deckels lösen. Dann mit Kunststoffhammer leicht auf die Achse schlagen, der Deckel löst sich dann von der fest klebenden Dichtungsmasse.*

194

195

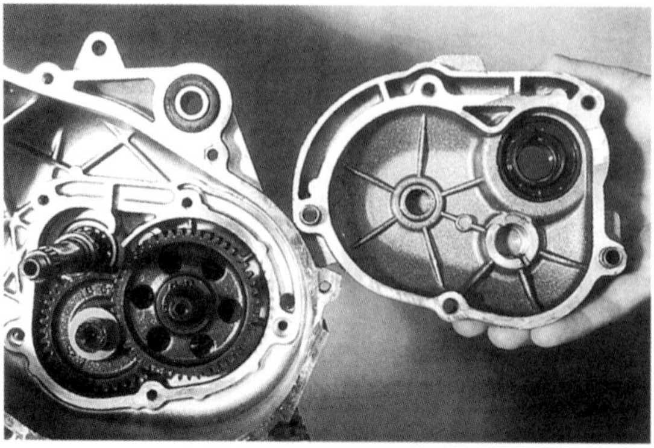

196

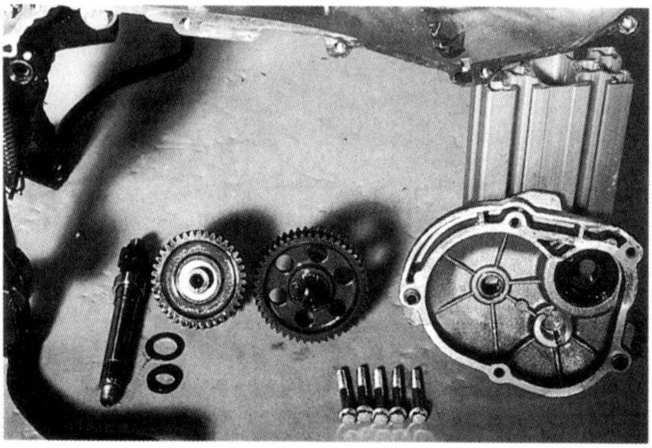

197

*Abb. 196, 197 Getriebe in geöffnetem und zerlegtem Zustand: links Antriebswelle und Zwischenrad, rechts Abtriebsrad mit Radachse. Gut erkennbar: Lager und Wellendichtring im Getriebedeckel.*

198

*Abb. 198 Nach Entfernen des Seegerings läßt sich das Abtriebs-Zahnrad von der Radachse abnehmen.*

dichtring abgedichtet. Voraussetzung für Arbeiten am Getriebe: vollständiger Ausbau von getriebener Riemenscheibe und Kupplungseinheit. Zunächst muß das Getriebeöl abgelassen werden. Die beiden Öffnungen für Einfüllen/Kontrolle und Ablassen befinden sich hinten rechts unten am Antriebsgehäuse. Sie sind nur bei abgenommenem Hinterrad erreichbar. **(Hinweise zur Ölkontrolle auch im Wartungskapitel.)**
Zum Öl-Ablassen Auffangwanne unterstellen und beide Verschlußschrauben mit einem Ringschlüssel SW 11 ausdrehen (Abb. 192); Öl vollständig abtropfen lassen und später richtig entsorgen (Abb. 193). Annehmen muß das Altöl jeder, der neues Öl verkauft (Werkstatt, Supermarkt, Tankstelle etc.)
**Hinweise zum Befüllen s. unten.**
Der Getriebedeckel ist mit fünf Sechskantschrauben SW 8 befestigt; diese lösen (Abb. 194). Um ihn abnehmen zu können, muß man von der Hinterradseite her mit einem Kunststoffhammer leicht auf die Radachse schlagen (Abb. 195) - nur so löst sich der Deckel aus der zähen Dichtungsmasse, die auf die Dichtflächen gestrichen wurde (s.a. weiter unten Zusammenbau). In den Deckel eingelassen: Nadellager und Wellendichtring für die Antriebswelle; Aus- und Einbau s. unten (Abb. 196).
Ist der Deckel abgenommen, lassen sich alle Getriebeelemente ohne weiteres Werkzeug entnehmen (Abb. 197). Links befindet sich die Antriebswelle; in der Mitte läuft das Zwischenrad (**auf die flache Anlaufscheibe achten, die vor der Welle und damit direkt hinter dem Deckel sitzt);** rechts sehen wir das Abtriebs-Zahnrad mit der Radachse. Zahnrad und Radachse lassen sich trennen, was die Reparaturkosten senkt, wenn nur eines von beiden Teilen Schäden zeigt. Zum Trennen den großen Seegering vor dem Zahnrad abnehmen; dazu Spezialzange verwenden (Abb. 198).

**Getriebe - Aus- und Einbau Kugellager, Dichtringe:** Nachdem wir die Getriebezahnräder mit ihren Wellen herausgenommen haben, sehen wir zwei Kugellager: links oben befindet sich das Innenlager der Antriebswelle, rechts das Hauptlager für Radachse und Hinterrad mit dem zugehörigen Wellendichtring (Abb. 199).
Zum Ausbau des **Kugellagers für die Antriebswelle** ist eine spezielle Ausziehvorrichtung erforderlich, die nur die Piaggio-Werkstatt hat; ums Werkzeug-Ausleihen oder ums Delegieren dieser Arbeit kommt man also leider nicht herum.
Einfacher geht's beim **Kugellager der Radachse.** Zunächst den Wellendichtring abziehen; er muß auf jeden Fall erneuert werden, weil sich beim Ausbau eine Beschädigung kaum vermeiden läßt. Ein schadhafter Dichtring läßt Öl in die Trommelbremse gelangen, die Bremswirkung läßt dramatisch nach. Nach Ausbau des Dichtrings Seegering entfernen und Kugellager mit einer passenden Hülse von der Radseite her aus dem Gehäuse treiben. Bei unrundem oder mahlendem Lauf Lager ersetzen.

**Einbau neue Lager, Dichtringe:** Getriebegehäuse mit einer Heizpistole auf ca. 80° Celsius erwärmen und beide Kugellager einsetzen. Lager der Radachse mit Seegering sichern, neuen Wellendichtring mit der offenen Seite zum Getriebe hin einsetzen. Nadellager und Dichtring im Getriebedeckel lassen sich einfach abziehen bzw. austreiben; zum Einbau eines neuen Nadellagers den Deckel **nicht** mit einer Heizpistole **erwärmen.** Stets neuen Dichtring einsetzen, die Größe ist auf dem Originalteil eingeprägt.

**Getriebe - Zusammenbau, Befüllung:** Vor dem Zusammenbau

*199*

*200*

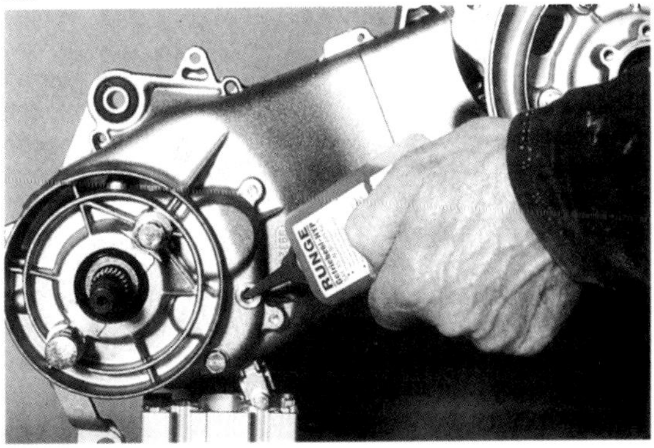


*201*

*Abb. 199*
*Getriebelager im Antriebsgehäuse: links Innenlager der Antriebswelle, rechts Dichtring der Radachse mit Kugellager.*

*Abb. 200*
*Vor dem Zusammenbau Dichtflächen an Gehäuse und Deckel reinigen; dann Dichtmittel Loctite 510 auftragen.*

*Abb. 201*
*Neues Getriebeöl einfüllen; dabei die Menge von 65 cm³ nicht überschreiten, sonst schäumt das Öl auf und drückt sich heraus.*

202

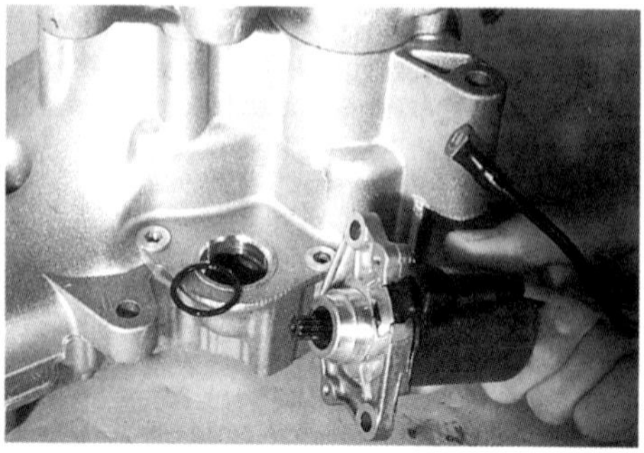

203

*Abb. 202, 203 Elektrostarter ausbauen: zwei Schrauben unten am Antriebsgehäuse lösen; beim Abnehmen des Anlassers auf den O-Ring achten, gegebenenfalls erneuern.*

alte Dichtungsmasse sorgfältig von den Dichtungsflächen an Gehäuse und Deckel entfernen. Dazu keineswegs ein scharfkantiges Werkzeug (Schraubendreher etwa) verwenden; die Dichtflächen dürfen nicht beschädigt werden. Geeignet sind Hartholz- oder Kunststoff-Schaber. Reste mit Verdünnung abwaschen; **darauf achten, daß die Verdünnung nicht in die Lager fließt** (Abb. 200).
Wellen und Zahnräder in folgender Reihenfolge einsetzen: Antriebswelle, Zwischenwelle, Radachse mit großem Zahnrad. Achtung: Anschließend flache Anlaufscheibe auf die Zwischenwelle schieben! Nun die Kontaktflächen an Deckel und Gehäuse gleichmäßig mit dauerelastischem Spezial-Dichtmittel bestreichen; Piaggio empfiehlt Loctite 510 (im Fachhandel für Industriebedarf erhältlich). Deckel aufsetzen, gleichmäßig anpressen und mit den fünf Schrauben M8 sichern; Schrauben mit Drehmoment Nm 12-13 anziehen.
Jetzt Ölablaßschraube einsetzen; zum Abdichten möglichst keinen Fiberring, sondern einen Alu- oder Kupferring verwenden. Schraube mit Gefühl anziehen, Vorsicht - Gefahr des Überdrehens. Dann **neues Getriebeöl einfüllen** (Abb. 201), z.B. IP Pontiax FZG 80W-90 oder Esso Gear Oil CZ 85W-90 (Hinweis zum Ölwechsel auch im Wartungskapitel). **Achtung: Menge genau abmessen, es dürfen nicht mehr als 65 cm³ sein;** in älteren Unterlagen ist von 80 bzw. 85 cm³ die Rede, dies ist falsch; ein Zuviel an Öl schäumt auf und drückt sich aus den Lagern. Öleinfüllschraube mit Alu- oder Kupferring einsetzen und mit Gefühl festziehen.

204

*Abb. 204 Elektrostarter in zerlegtem Zustand: links Träger mit den auswechselbaren Schleifkohlen, Mitte Anker, rechts Gehäuse.*

**Startermotor - Ausbau:** Der Sfera-Starter hat bei einer Spannung von 12 Volt eine Nennleistung von 0,15 bzw. 0,25 kW (50/80cm³). Er dreht links und wirkt über das bereits weiter oben erwähnte Vorgelege auf den Zahnkranz der treibenden Riemenscheibe (Ausbau Vorgelege nur nach Demontage des Antriebs möglich - s. oben).
Die Batterie darf nicht stärker als 4 Ah sein (80er: 5 Ah).
Störungen am elektrischen Anlasser

205

206

*Abb. 205, 206*
*Die Gebläsehaube ist mit zwei Kreuzschlitzschrauben am Zylinderkopf befestigt. Vor Abnahme des Luftschachts die beiden Ölschlauchhalter abziehen.*

lassen sich meist einfach beheben. Springt der Motor nicht an, kann zum Beispiel eine mangelhafte **Masseverbindung am Anlasser** die Ursache sein. Das Massekabel ist mit der vorderen der beiden Schrauben SW 8 befestigt, die den Anlasser unten am Motorgehäuse fixieren. Die Schraube darf nicht locker, Kabel und Kabelschuh dürfen nicht beschädigt oder korrodiert sein. Vor Ausbau des Starters immer zuerst auch prüfen, ob der **Starterknopf und seine Kabelverbindungen** in Ordnung sind (s. Karosserie-Kapitel). Die Anlasser-Befestigungsschrauben sind von der rechten Seite aus leicht mit Stecknuß oder Ringschlüssel zu erreichen (Abb. 202). Wenn sie gelöst sind, kann der Anlasser kom-

207

*Abb. 207*
*Vier Schrauben fixieren die Gebläseabdeckung am Motorgehäuse.*

208

*Abb. 208*
*Motor mit vollständig abgenommener Kühlluftführung. Lichtmaschine und Gebläserad sitzen auf dem rechten Kurbelwellenstumpf.*

209

210

211

*Abb. 209, 210 Das Gebläserad ist auf dem Schwungrad mit drei Kreuzschlitzschrauben befestigt.*

*Abb. 211 Zum Lösen der Haltemutter SW 15 muß das Schwungrad blockiert werden; im Bild: ein selbst hergestelltes Werkzeug aus Leichtmetallprofil mit zwei eingepaßten Schrauben M6.*

plett abgenommen werden. Dabei auf den O-Ring achten, der den Anlasser zum Motorgehäuse hin abdichtet; defekten O-Ring ersetzen (Abb. 203).

Zur Fehlersuche läßt sich der Anlasser in seine Einzelteile zerlegen. Dazu die beiden Kreuzschlitzschrauben am Gehäuse lösen, den Anker und den Tragring mit den beiden Schleifkohlen herausnehmen. Die Kohlen lassen sich auswechseln, sie sind mit je einer Kreuzschlitzschraube gesichert (Abb. 204). **Achtung: Ein defekter Anlasser läßt sich meist durch Abdrehen des Kollektors und Austausch der Kohlen reparieren; der Kauf eines Komplett-Starters ist nur in Ausnahmefällen nötig.** Beim Zusammenbau beachten: Schleifkohlen mit einem schmalen Schraubendreher in die Führungen drücken, dann Tragring über den Kollektor schieben. Defekte der Wicklung können nur in der Fachwerkstatt mit Spezial-Meßinstrumenten geortet werden. Einzelheiten dazu helfen dem Hobbyschrauber in der Regel nicht weiter, weshalb wir in diesem Punkt ausnahmsweise einmal auf Details verzichten.

**Gebläsehaube, Gebläseabdeckung, Gebläse - Aus-/Einbau:** Für Arbeiten an Kolben und Zylinder muß die Gebläsehaube abgenommen werden. Sie ist mit zwei kräftigen Kreuzschlitzschrauben am Zylinder befestigt und über einen Clip mit der hinteren Abdeckung verbunden (Abb. 205). Vor Abnahme die beiden Halter herausziehen, die den Ölschlauch vom Tank zur Pumpe leiten (Abb. 206). Die Gebläseabdeckung ist mit vier Kreuzschlitzschrauben am Motorgehäuse befestigt (Abb. 207, 208). Jetzt liegen Gebläse und Schwungradmagnetzünder frei. Auf dem Schwungrad ist das Gebläse-Element mit drei Kreuzschlitzschrauben befestigt (Abb. 209, 210). **Achtung beim Zusammenbau: Führungen und Schrauben**

212

213

**liegen asymmetrisch.** Tips zur **Pflege der Zündkerze** finden Sie **im Wartungs-Kapitel.**

**Schwungrad/Rotor - Aus-/ Einbau:** Das Schwungrad, gleichzeitig Rotor der Lichtmaschine, ist mit einer Dehnmutter SW 15 auf der Kurbelwelle befestigt. Zum Lösen der Mutter muß das Schwungrad fixiert werden. Dies macht man mit einer Spezialklammer oder einer selbstgebauten Vorrichtung. Wir haben ein 30 mm breites Leichtmetallprofil mit zwei Schrauben SW 8 und den zugehörigen Hammermuttern ausgerüstet (Abb. 211). **Vorsicht beim Anlegen der Gegenhalte-Vorrichtung: Spulen der Lichtmaschine nicht beschädigen!** Nach Lösen der Mutter muß das Schwungrad abgezogen werden. Wir kommen nicht umhin, den passenden Abzieher in der Fachwerkstatt auszuleihen. Er muß linksläufiges Feingewinde haben. Der **Abzieher** wird bis zum Anschlag ins Schwungrad geschraubt und mit einem Gabelschlüssel SW 27 festgehalten. Mit einem Schlüssel SW 14 wird der Dorn nach

*Abb. 212, 213 Ausbau des Schwungrads: Abzieher bis zum Anschlag einschrauben und mit Schlüssel festhalten; Zentralschraube eindrehen, bis der Rotor freikommt und den Blick aufs Innere der Lichtmaschine freigibt.*

*Abb. 214, 215 Der Stator der Lichtmaschine ist mit drei Schrauben fixiert; das „Pickup“ unterhalb wird von zwei Schrauben gehalten. Stator und Pickup zusammen mit dem Kabelbaum abnehmen.*

214

215

216

217

Abb 216 *Wichtig beim Zusammenbau: korrekte Führung von Kabelsträngen und Schutzhüllen.*

*Abb. 217, 218 Ausbau des Zylinderdeckels: vier Schrauben lösen und Deckel abnehmen; eine Dichtung ist nicht vorhanden.*

218

rechts gegen den Kurbelwellenstumpf gedreht, bis sich das Schwungrad löst (Abb. 212, 213). **Achtung: Beim Abnehmen des Schwungrades auf den Sicherungskeil auf der Kurbelwelle achten!** Keil mit Klebstreifen auf der Kurbelwelle oder am Gehäuse befestigen, damit er nicht verlorengeht. **Zusammenbau:** Keil einsetzen, und Schwungrad aufschieben. Stets eine neue Mutter SW 15 verwenden; es handelt sich um Dehnmuttern für den einmaligen Gebrauch. Gegenhalte-Vorrichtung anlegen und Mutter mit Drehmoment Nm 44 anziehen.

**Lichtmaschinen-Stator und Pickup - Aus-/Einbau:**
Austauschfreundlich sind auch die inneren Elemente der Sfera-Lichtmaschine befestigt. Drei längere Kreuzschlitzschrauben halten den sogenannten Stator oder Zündanker, zwei kurze befestigen das elektronische Pickup (sitzt unterhalb des Stators am äußeren Gehäuserand - Abb. 214). Die beiden Elemente werden zusammen mit dem Kabelbaum abgenommen (Abb. 215); Tülle vom Kombistecker ziehen, Schlauchbinder entfernen und Kabelbaum mit der Gummidichtung aus dem Gehäuse ziehen. **Vorsicht: Spulen des Stators nicht beschädigen!** Per Sichtkontrolle nach Defekten oder Fehlern suchen. Von außen unsichtbare Schäden lassen sich nur mit einem Ohmmeter feststellen, das einen Meßbereich von 1 bis 1000 Ohm hat (Piaggio- oder Elektrik-Fachwerkstatt). Hinweise: Wenn das Meßgerät zwischen dem roten und weißen Kabel geschaltet ist, muß der Ohmwert 88 +/- 5 betragen. Zwischen grünem und weißem Kabel muß der Wert zwischen 980 und 50 Ohm betragen. Beim **Zusammenbau** zuerst den Kabelbaum durchs Gehäuse führen und die Gummitülle korrekt plazieren. Dann Stator und Pickup festschrauben (Abb. 216).

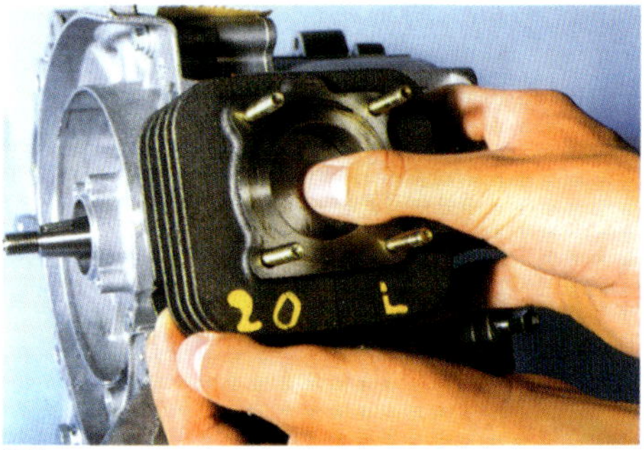


219

220

221

222

223

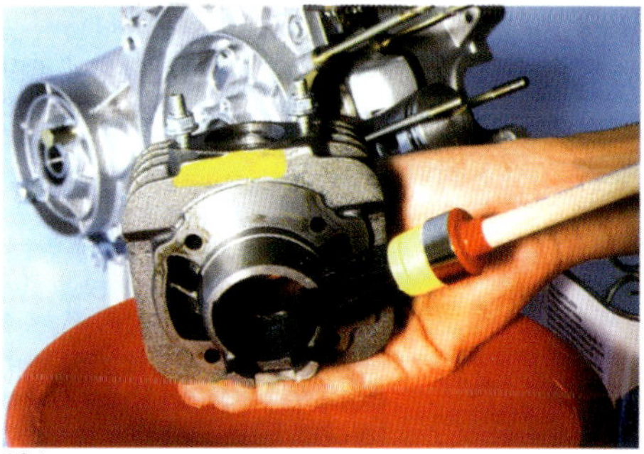

224

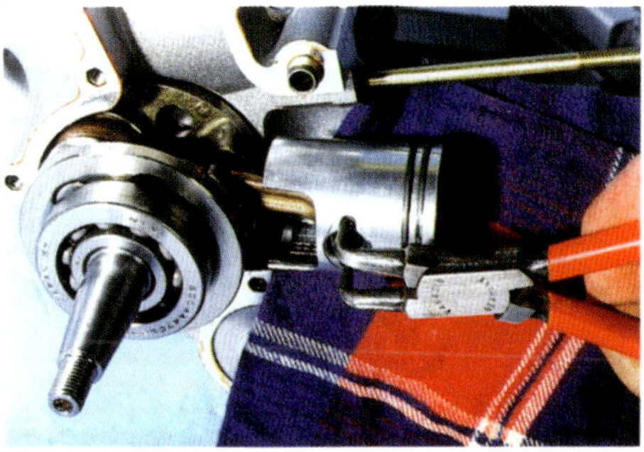

225

*Abb. 219, 220*
*Ausbau des Zylinders: Kolben festhalten und Zylinder so abziehen, daß Kolben und Zylinderwand nicht verkratzt werden. Zylinderfußdichtung später so einsetzen, wie gezeigt.*

*Abb. 221 - 224*
*Reinigen von Zylinderdeckel, Kolben und Zylinder: feste Rückstände mit Hartholz- oder Kunststoffspan abkratzen, kein Metall dazu verwenden. Öl und Staub mit Kaltreiniger oder anderem Spezialreiniger abwaschen, kein Benzin verwenden.*

*Abb. 225*
*Kolben-Ausbau: Sicherungen am Kolbenbolzen mit Seegering- oder Spezialzange herausnehmen, dabei Kolben nicht verkratzen.*

Abb. 226
*Kolben immer so einbauen, daß der Pfeil auf dem Kolbenboden Richtung Auslaß zeigt. Kolbenringe und Bolzensicherungen so einsetzen wie gezeigt.*

Abb. 227
*Spezialwerkzeuge zum Ausbau von Kolben und Kolbenbolzen, wie sie nur die Piaggio-Werkstatt besitzt. 1 = Träger für Sicherungsring, 2 = Zentrierstift, 3 = Montagestift*

**Zylinderkopf, Zylinder - Ausbau:** Es mutet im Zeitalter von Mehrventil-Viertaktmotor und G-Kat an wie ein Relikt aus grauer Vorzeit - doch es ist die Realität: Auch der relativ moderne Sfera-Zweitaktmotor muß in Abständen von nur 4000 km teildemontiert und von Rückständen gereinigt werden. Das Entstehen der zweitaktüblichen Verkrustungen läßt auch eindeutige Rückschlüsse auf die Abgasqualität zu: Zweitakter - auch die kleinen - sind im Vergleich zu zeitgemäßen Viertaktern immer noch wahre Dreckschleudern.
Voraussetzung für die Zylinderdemontage: Abbau von Auspuff, Vergaser, Ansaugstutzen, Einlaßmembran, Gebläsehaube und -abdeckung. Die Zündkerze sollte ebenfalls ausgeschraubt werden (Hinweise zur Zündkerzenpflege im Wartungs-Kapitel). Der Zylinderkopf oder besser: Zylinderdeckel ist mit vier Muttern SW 11 befestigt (Abb. 217). Bei zweien davon handelt es sich um verlängerte Doppelmuttern; sie tragen die Gebläsehaube und befinden sich - von vorn gesehen - links oben und rechts unten. Dies beim Zusammenbau unbedingt beachten! Sollte sich der Zylinderdeckel nicht lösen, mit leichten Schlägen eines Kunststoff- oder Holzhammers nachhelfen. **Kein Metall zum Schlagen verwenden, die Kühlrippen brechen leicht.** Eine Zylinderkopfdichtung ist nicht vorhanden (Abb. 218).
Jetzt kann der Zylinder von den Stehbolzen gezogen werden.
Achtung: Kolben und Kolbenringe so schützen, daß sie nicht verkratzt oder beschädigt werden können (Abb. 219, 220). Sind Reinigungsarbeiten geplant, muß das Kurbelgehäuse sorgfältig mit einem flusenfreien, sauberen Lappen abgedeckt werden. Zylinder und Zylinderfußdichtung abnehmen, notfalls mit leichten Gummihammerschlägen nachhelfen.

**Zylinderkopf, Zylinder, Kolben - Reinigung:** Zuerst ist eine Sichtkontrolle fällig. Zylinderwand und Kolben dürfen keine Riefen haben. Leichte Verfärbungen oberhalb der Kolbenringe sind bedeutungslos. Abgenutzte oder gar gebrochene Kolbenringe ersetzen.
Nun befreien wir zuerst die Brennraummulde des Zylinderkopfs von Rückständen (Abb. 221).
Achtung: Dazu auf keinen Fall scharfkantige Gegenstände aus Metall wie Schraubendreher oder Messer verwenden. Auch Schmirgelpapier ist tabu. Schonend und doch gründlich läßt sich die Reinigung mit einem Hartholz- oder Kunststoff-Spachtel erledigen. Ebenso beim Kolbenboden verfahren; dazu den Kolben in den oberen Totpunkt bringen und mit einem Lappen das Kurbelgehäuse abdichten (Abb. 222). Anschließend den Auslaßkanal des Zylinders ebenfalls mit einem Holzspan so weit wie möglich auskratzen (Abb. 223).

226

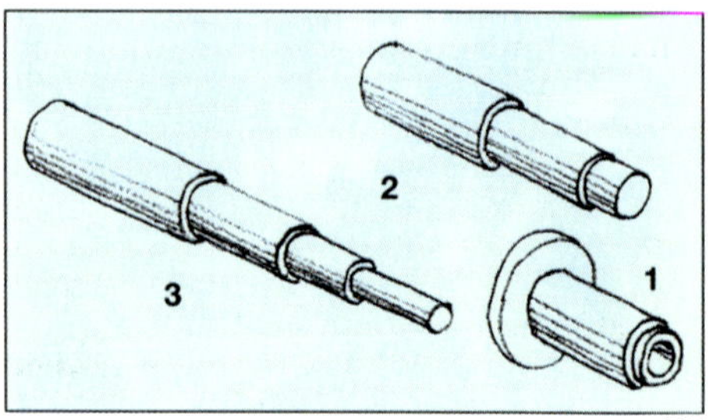


227

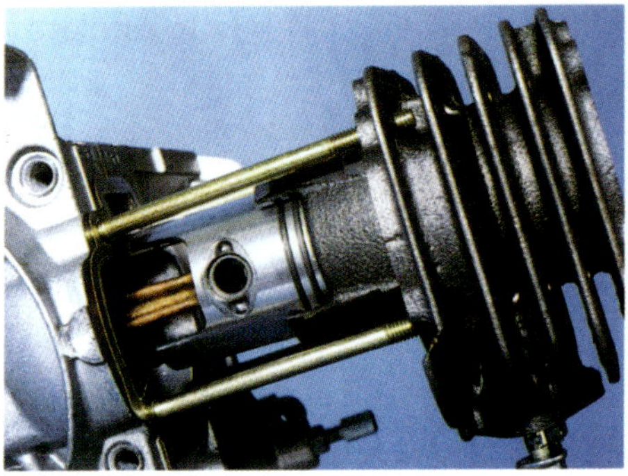

228

229

Dann säubern wir alle Teile mit Kaltreiniger; dazu Auffangwanne unterstellen (Abb. 224). Auch die Kühlrippen von Zylinderkopf und Zylinder bedürfen einer gründlichen Säuberung, sonst können sie ihre wichtige Aufgabe nicht mehr richtig erfüllen. Achtung: Zum Reinigen kein Benzin verwenden; es enthält krebserregende Stoffe wie Toluol und Benzol. Zum Abschluß genau kontrollieren, ob sich keine Schmutzpartikel mehr auf Zylinderwand und Kolben sowie im Brennraum befinden. Schon ein einziges Sandkorn kann zerstörerisch wirken.

**Zylinder, Kolben - Spielkontrolle, Ausschleifen, Austausch:** Zwischen Zylinder und Kolben darf kein unzulässiges Spiel vorhanden sein. Wenn bestimmte Grenzwerte überschritten sind, muß der Zylinder ausgeschliffen werden. Entsprechende Kolben mit Übermaß hält der Handel bereit. **Beachten Sie dazu bitte auch die Tabelle im Anhang.** Das Ausmessen und Ausschleifen des Zylinders wird zu günstigen Konditionen von Motoreninstandsetzungs-Betrieben erledigt. Auch die Piaggio-Werkstatt ist natürlich in der Lage, Zylinder und Kolben korrekt zu vermessen. Oft genügt es auch, nur die Kolbenringe zu wechseln; fragen Sie danach ihren Händler. Schließlich ist es Ihr Geld...

**Kolben - Aus-/Einbau:** Der Kolben ist mit dem Kolbenbolzen drehbar im Auge der Pleuelstange gelagert. Auch hier darf kein Spiel vorhanden sein. Zum Ausbau von Kolben und Kolbenbolzen müssen die beiden Sicherungsringe mit einer Seegering- oder passenden Spitzzange zusammengedrückt werden (Abb. 225). Beim Einbau stets neue Sicherungsringe verwenden. Den Kolben stets so wieder einbauen, daß der **Pfeil auf dem Kolbenboden Richtung Auslaß** zeigt (Abb. 226). Die Sicherungsringe sollten nach Möglichkeit mit Spezialwerkzeugen eingesetzt werden, die leider mal wieder nur die Fachwerkstatt besitzt (Abb. 227). Mit Fingerspitzengefühl geht es jedoch auch anders - Zange verwenden und peinlich **darauf achten, daß der Kolben bei der Fummelei nicht verkratzt** wird! Die Sicherungsringe müssen genau in den vorgesehenen Vertiefungen einrasten, sonst macht sich der Kolbenbolzen selbständig und verursacht einen kapitalen Motorschaden.

**Zylinder, Zylinderkopf - Einbau:** Stets eine neue Zylinderfußdichtung

*Abb. 228 Zylindermontage: neue Fußdichtung einsetzen und Zylinder vorsichtig über den Kolben schieben, dabei Kolbenringe zusammendrücken; die Ringenden müssen neben den Nuten am Kolben stehen.*

*Abb. 229 Zylinderkopfschrauben von Hand vorziehen und dann unbedingt zweistufig mit Drehmoment festziehen, und zwar über Kreuz; Werte für luft- wie flüssiggekühlte Typen Sfera 50/80, Quartz, ZIP, TPH, Storm, NRG: 10-11 Nm; Werte für SKR 125 und 150: 20-22 Nm; Sfera 125 Viertakt: 28-30 Nm (Deckel: 11-13 Nm).*

230

Abb. 230
Trennen des Motorgehäuses: zunächst acht Schrauben SW 8 lösen.

231

Abb. 231
Keil der Rotorsicherung von der Kurbelwelle abnehmen und sorgfältig verwahren.

Abb. 232
Rechte Gehäusehälfte im Bereich des Kurbelwellenlagers mit einer Heizpistole erwärmen.

verwenden; sie besteht aus Metall und muß wie auf Abb. 220 eingesetzt werden. Dabei haben die Ausformungen nach oben zu weisen. Alle Dichtflächen an Motorgehäuse und Zylinder müssen sauber sein. Kolbenringe so zusammendrücken, daß der Kolben leicht in den Zylinder rutscht (Abb. 228). **Achtung:** Die Kolbenringenden müssen rechts und links der Stege in den Nuten stehen! Zylinder absenken und den Zylinderkopf aufsetzen. Muttern zuerst von Hand, dann kreuzweise mit Drehmoment anziehen (Abb. 229). Werte für luft- wie flüssiggekühlte Typen Sfera 50/80, Quartz, ZIP, TPH, Storm, NRG: 10-11 Nm; Werte für SKR 125/150: 20-22 Nm; Sfera 125 Viertakt: 28-30 Nm (Deckel: 11-13 Nm).

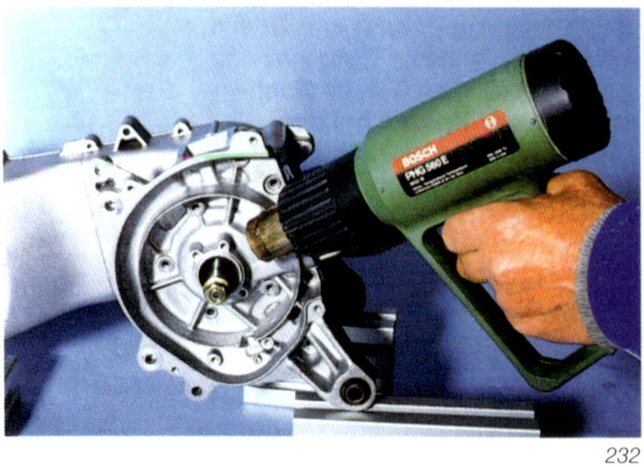



232

**Motorgehäuse - Trennen der Hälften, Ausbau Kurbelwellenlager, Wellendichtringe:** Diese Arbeit ist erforderlich, wenn Kurbelwelle oder Kurbelwellenlager ausgewechselt werden sollen. Voraussetzung: Demontage von Antrieb, Lichtmaschine und Zylinder. Zunächst müssen die acht Schrauben SW 8 ausgedreht werden, mit denen die rechte an der linken Gehäusehälfte befestigt ist (Abb. 230); dazu am besten eine Stecknuß mit Knarre verwenden. Vier Schrauben liegen innerhalb des Lichtmaschinenbereichs, vier weitere befinden sich oberhalb und unterhalb der Kurbelgehäuseöffnung. **Nicht vergessen: Keil für die Rotorsicherung rechts auf der Kurbelwelle abnehmen (falls nicht schon geschehen -** Abb. 231). **Unbedingt beachten: Vor dem eigentlichen Abziehen muß die rechte Gehäusehälfte im Bereich rund um das Kurbelwellenlager mit einer Heizpistole auf etwa 80° Celsius erwärmt werden, sonst geht gar nichts** (Abb. 232)! Getrennt werden können die Gehäusehälften nur mit einer **Abziehvorrichtung.**
So etwas hat meist aber nur die Fachwerkstatt, am Ausleihen

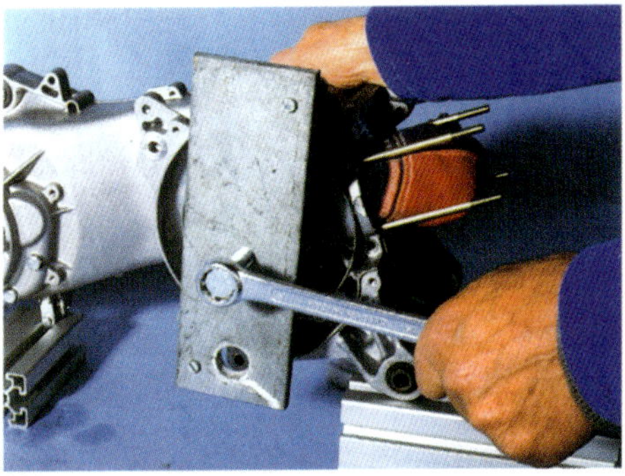

233

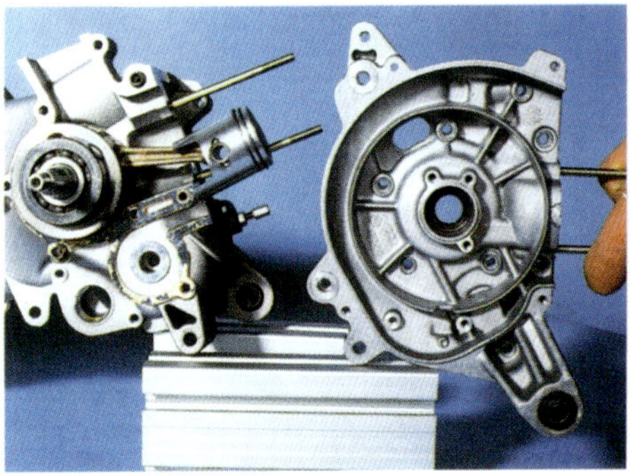

234

kommt man also nicht vorbei. Alternative für fortgeschrittene Schrauber: Selbst eine Abziehplatte bauen. Man braucht dazu ein rechteckiges, etwa 20 x 8 cm großes und mindestens 8 mm dickes Stück Flachstahl, in das mittig ein 12 mm großes Loch gebohrt wird. Anschließend wird ein Gewinde für eine normale Schraube M 12 in das Loch geschnitten. Passend zu den Bohrungen M 6 im Gehäuse werden mindestens zwei gegenüberliegende Löcher gebohrt. Die Schraube M 12 in der Mitte drückt gegen die Kurbelwelle, durch die Löcher M 6 werden Schrauben SW 8 in die Gehäusebohrungen geschraubt. **Achtung: Gewinde der Kurbelwelle unbedingt durch Aufsetzen einer Mutter M 15 vor Beschädigungen schützen** (s.a. Abb. 232)! Durch anschließendes Anziehen der Mittelschraube läßt sich die rechte Gehäusehälfte vom rechten Kurbelwellenlager abziehen; das Lager

*Abb. 233 - 235 Rechte Gehäusehälfte mit einem (augeliehenen) Original- oder einem selbstgebauten Abzieher von der Kurbelwelle ziehen; die Wellendichtringe bleiben im Gehäuse, das Hauptlager bleibt auf der Kurbelwelle, wie in Abb. 235 gut zu sehen.*

235

236

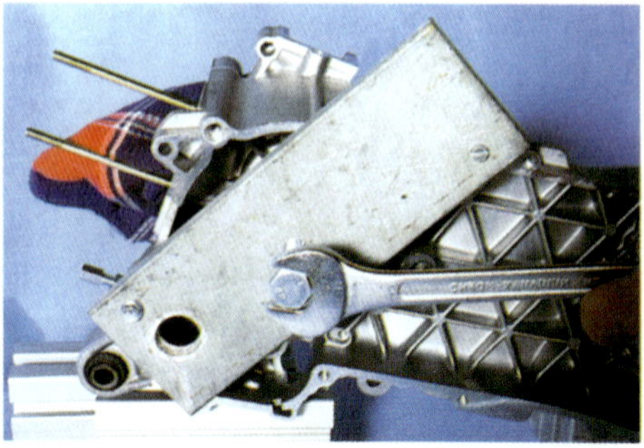

237

238

239

*Abb. 236 So sitzt ein Wellendichtring im Gehäuse; er läßt sich leicht herausdrücken.*

*Zu den Abb. 237 bis 240 siehe Seite 87.*

bleibt (meist) auf der Welle (Abb. 233 - 235). Besser funktioniert's natürlich mit dem Originalabzieher: Er hat vier passende Außenbohrungen und eine spitz zugeschliffene Mittelschraube. Der **Wellendichtring** läßt sich einfach aus der Gehäusehälfte drücken und durch einen neuen ersetzen (Abb. 236). **Kurbelwelle - Ausbau; Kurbelwellenlager - Aus- und Einbau:** Auf ähnliche Weise wird die **Kurbelwelle von der linken Gehäusehälfte** getrennt: Abziehvorrichtung mit möglichst vier Schrauben SW 8 am Gehäuse befestigen; Bohrungen für den Antriebsdeckel benutzen. Mit der Zentralschraube die Welle aus dem Gehäuse drücken (Abb. 237). Bleibt das **Kurbelwellenlager** im Gehäuse zurück, muß es mit einem speziellen Spreizabzieher ausgezogen werden; Herausschlagen ist nicht der eleganteste Weg, weil Beschädigungen dabei kaum zu vermeiden sind. **Wellendichtring** aus der Gehäusehälfte drücken und erneuern. Knifflig wird's, wenn die Kurbelwellenlager nicht im Gehäuse, sondern auf der Kurbelwelle sitzen bleiben; sie lassen sich nur mit einem Spezialabzieher abnehmen, auf den wieder mal die Werkstatt das

240

Monopol hat (Abb. 238).
**Neue Kurbelwellenlager** werden direkt auf die Welle und nicht ins Gehäuse gesetzt. Dazu müssen sie zunächst im Ölbad auf 100° Celsius erhitzt werden. Notfalls mit einem Schlagrohr auf den inneren Lagerring einwirken, bis das Lager korrekt sitzt. Die Wangen der Kurbelwelle sollten dabei auf einer Spezialplatte ruhen, damit das Pleuellager nicht beschädigt wird.

**Motorgehäuse - Zusammenbau der Hälften, Einbau Kurbelwelle:**
Vor dem Zusammenbau muß **altes Dichtungsmaterial vollständig entfernt** werden. Dazu möglichst einen Hartholz- oder Kunststoffspachtel verwenden. Mit einem feinen Messer läßt sich ebenfalls arbeiten, doch dabei darauf achten, daß keine Riefen in die Dichtflächen gekratzt werden (Abb. 239)! Rückstände sorgfältig entfernen, sie dürfen nicht im Kurbelgehäuse kleben bleiben.
Zum Zusammenbau zuerst die **linke Gehäusehälfte (Antriebsseite)** mit der Heizpistole auf 80° erwärmen (Abb. 240) und Kurbelwelle mit Lager einsetzen; Gehäuse abkühlen lassen. Dann die bereits erwähnte Abziehvorrichtung im umgekehrten Sinn verwenden: Sie wird von der Lichtmaschinenseite aufgesetzt und dient dazu, die Kurbelwelle samt Lager so weit einzupressen, bis das **Axialspiel verschwunden** ist. Dichtring einsetzen. Jetzt die Dichtflächen der Gehäusehälften sorgfältig mit Loctite 510 bestreichen (Abb. 241), rechte Gehäusehälfte auf 80° erwärmen und über das Kurbelwellenlager auf der Lichtmaschinenseite schieben. Den Dichtring auf dieser Seite möglichst mit einem Rohr einschlagen, das außen einen Durchmesser von 30,5 mm hat. Achtung: Beim Zusammenfügen keine Gewalt anwenden, die Gehäuseteile aus Leichtmetall nehmen leicht Schaden! Zuletzt die acht Befestigungsschrauben SW 8 einsetzen und kreuzweise mit Drehmoment Nm 12 - 13 anziehen. Wenn das Gehäuse abgekühlt ist, darf das Axialspiel der Kurbelwelle nur 0,03 bis 0,07 mm betragen.

*241*

*Abb. 237*
*Linke Gehäusehälfte erwärmen und Kurbelwelle mit Spezialplatte herausdrücken.*

*Abb. 238*
*Von der Kurbelwelle lassen sich die Hauptlager nur mit Piaggio-Spezialwerkzeug abziehen.*

*Abb. 239*
*Vor dem Zusammenbau des Motorgehäuses alle Dichtflächen von alten Dichtmittelrückständen befreien.*

*Abb. 240*
*Mit der Heizpistole die Lagersitze erwärmen; nur so lassen sich die Gehäusehälften auf die mit den Hauptlagern bestückte Kurbelwelle schieben.*

*Abb. 241*
*Die gereinigten Dichtflächen gleichmäßig und nicht zu dick mit Dichtmittel Loctite 510 bestreichen.*

# SFERA 50/125 AB 1995, QUARTZ, SKR 125/150: KAROSSERIE, KAR.-ELEKTRIK, ARMATUREN, COCKPIT

*Von einigen Details abgesehen sind die Karosserie-Elemente und Verkleidungen der Scheibenbrems-Modelle nach den gleichen Prinzipien konstruiert und miteinander verbunden wie bei der Sfera mit Trommelbremse. Wir können uns daher auf die Darstellung der geringfügigen Unterschiede beschränken. Die Fotos und Graphiken im Kapitel "Karosserie Sfera 50 Trommelbremse" gelten im wesentlichen auch für die neueren Modelle.*

**Lenkerverkleidung, Instrumente, Schalter Ausbau - Sfera 50 und 125:** Zunächst Spiegel ausbauen wie bei Sfera Trommelbremse beschrieben. Die vordere, in Fahrzeugfarbe lackierte Lenkerverkleidung ist mit nur zwei Schrauben befestigt, die von der rückwärtigen Verkleidung aus erreichbar sind. Dann mit einem Schraubendreher die Klipse aushebeln, die das Vorderteil mit dem rückwärtigen Element verbinden. Zum Ausbau der rückwärtigen Verkleidung, die gleichzeitig als Instrumententräger fungiert, die beiden Befestigungsschrauben am Lenker lösen. Beim Ausbau der Instrumente und Schalter ist ebenso vorzugehen wie im Kapitel "Karosserie Sfera Trommelbremse" gezeigt.

**Gepäckträger und Heckblende Ausbau - Sfera 50 und 125:** Zuerst Gepäckträgerbefestigung lösen. Die Heckblende wird von zwei Kreuzschlitzschrauben gehalten; Schrauben lösen, Blende nach oben ziehen, Haltezungen aushängen.

**Mittelabdeckung Aus- und Einbau - Sfera 50 und 125:** Das Teil ist oben (unter der Sitzbank) mit drei Kreuzschlitzschrauben befestigt;

*Abb. 242 Auch bei der Sfera/2 ab 1995 sind die aus schlagfestem Kunststoff bestehenden Elemente der Verkleidung solide miteinander verschraubt. Was die einzelnen Montagearbeiten betrifft, gibt es kaum Unterschiede zum alten Sfera-Modell.*

242

Schrauben lösen. Dann das Element vorsichtig vom Fahrzeug abziehen. Die Verbindung stellen je drei Haltezungen an den Seitenverkleidungen und eine weitere Zunge am Trittbrett her. Keine Gewalt anwenden, Element nach vorn abklappen. **Einbau:** Zunächst die untere Haltezunge, dann die seitlichen Haltezungen einführen; die Zähne müssen korrekt einrasten, da es sonst zu Verspannungen oder Beschädigungen kommt. Schließlich die Oberkante mit den drei Schrauben fixieren.

**Seitenteile Ausbau - Sfera 50 und 125:** Wie bei der alten Sfera sind die Seitenverkleidungen mit je vier Schrauben befestigt. Schrauben lösen und Element abnehmen. Separate Fußrasten gibt es nicht, die Trittflächen für den Sozius sind in die Seitenteile integriert.

**Inspektionsklappe Ausbau - Sfera 50 und 125:** Anders als bei den alten Modellen erleichtert eine Inspektionsklappe den Zugang zum Motor. Sie ist mit einer Kreuzschlitzschraube fixiert. Schraube ausdrehen und Klappe nach unten aus der Verankerung ziehen.

**Trittbrett Ausbau - Sfera 50 und 125**: Das Trittbrett ist mit sechs statt vier Schrauben am Rahmen befestigt. Zuvor Mittelabdeckung demontieren. Schrauben ausdrehen, Trittbrett hinten hochklappen und die vorn angebrachten Laschen aus den Halterungen ziehen; notfalls mit einem kräftigen Schraubendreher aushebeln.

**Scheinwerfer-/Blinker-Einheit Ausbau, Zerlegung - Sfera 50 und 125:** Die Scheinwerfereinheit ist genauso befestigt wie beim alten Sfera-Modell. Gepäckfach öffnen, die beiden unten liegenden Befestigungsschrauben lösen und Einheit abnehmen. Weitere Arbeiten siehe Kapitel "Karosserie Sfera Trommelbremse".

243

*Abb. 243 Wichtig beim Einbau der Verkleidungs-Elemente: Die Haltezungen müssen spannungsfrei einrasten. Erst dann die Schrauben ansetzen.*

**Frontschild Ausbau - Sfera 50 und 125:** Scheinwerfer ausbauen. Dann von hinten die beiden Kreuzschlitzschrauben unterhalb des Lenkers lösen. Dann von vorn vier Kreuzschlitzschrauben im Scheinwerferschacht ausdrehen. Zuletzt vier weitere Schrauben lösen, die das Frontschild mit dem Innenschild verbinden.

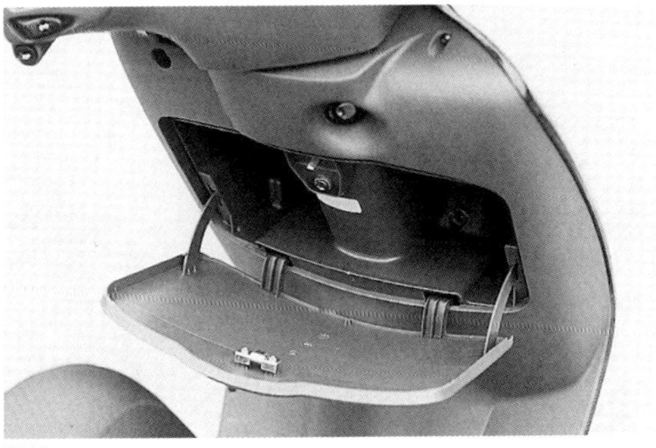

244

*Abb. 244 Die Scheinwerferbefestigung ist auch bei der Sfera/2 vom Gepäckfach aus erreichbar.*

**Innenschild mit Gepäckfach Ausbau - Sfera 50 und 125:** Nötige Vorarbeiten: Ausbau Front-

245

Abb. 245 Sfera 50/2 von 1995 ohne Verkleidung und Trittbrett; Technik und Anordnung der Baugruppen sind gegenüber dem Urmodell weitgehend unverändert geblieben. Zum Kotflügelausbau muß nach wie vor das Steuerrohr herausgenommen werden - eine zeitaufwendige Angelegenheit.

schild, Abnahme des Deckels vom Bremsflüssigkeitsbehälter, Ausbau des Zündschlosses wie im Kapitel "Karosserie Sfera Trommelbremse" beschrieben. Dann wie bei der alten Sfera die zentrale Schraube sowie die beiden oben liegenden Kreuzschlitzschrauben im Gepäckfach ausdrehen. Schließlich noch zwei Schrauben am Übergang zum Trittbrett lösen.

**Kotfügel, Bremsabdeckung und Bodenverkleidung Ausbau - Sfera 50 und 125:** Leider genauso umständlich wie bei der alten Sfera. Denn zuerst müssen Lenker und Steuerrohr komplett ausgebaut werden (s. entspr. Kap. Sfera alt). Der Kotflügel ist oben mit drei Schrauben befestigt; Schrauben lösen und Flügel über das Steuerrohr ziehen. Anschließend Bremsabdeckung abnehmen; dazu zwei Schrauben lösen. Die Bodenverkleidung wird nach Ausbau der Lenkung und Demontage der vorderen Karosserieelemente nur noch von einer zentralen Schraube gehalten. Nach Lösen der Schraube Element nach unten wegziehen; Lack dabei nicht verkratzen.

**Verkleidung allgemein - Quartz und SKR 125/150:** Die Unterschiede zur Sfera Serie 1 sind noch geringer als zwischen den beiden Sfera-Generationen. Grund: Quartz und SKR wurden früher als die neue Sfera konzipiert und basieren noch stärker auf dem Urkonzept. Differenzen zeigen sich nur im Bereich Lenker- und Frontverkleidung, bedingt durch den hochgelegten Scheinwerfer und den Kühllufteinlaß für den flüssigkeitsgekühlten Quartz-Motor (Attrappe an dieser Stelle beim SKR).
Von Gepäckfach bis Heckblende zeigen sich nur geringe stilistische Unterschiede zur Sfera 1. Die Mittelabdeckung (ohne Inspektionsöffnung) ist oben etwas weiter nach hinten gezogen, die Seitenteile besitzen (wie Sfera Serie 2) integrierte Sozius-Fußtrittplatten. Die rückwärtigen Blinker sind nach Abnahme der Seitenteile zugänglich. Geändert wurde der Vorderrad-Kotflügel, neu gestaltet worden ist die seitliche

Federbeinabdeckung. Wir beschränken uns im Folgenden auf die Darstellung der wenigen Differenzmerkmale.

**Lenkerverkleidung, Scheinwerfer, Instrumente, Schalter Ausbau - Quartz und SKR 125/150:** In die vordere Lenkerverkleidung integriert ist der Schwinwerfer. Er wird zusammen mit der Verkleidung ausgebaut und kann anschließend ausgewechselt werden. Auch für den Austausch einer Glühlampe ist es nötig, die Lenkerverkleidung samt Scheinwerfer zu demontieren. Zunächst die beiden Rückspiegel abnehmen. Dann vier Kreuzschlitzschrauben lösen; zwei befinden sich oben an den Rändern des Windschilds, zwei weitere sitzen an der Unterkante der rückwärtigen Lenkerverkleidung. Einen Schraubendreher ansetzen und die Haltezungen rechts und links aushebeln (s.a. Graphik S. 92; Verkleidungsteile trennen.

Instrumente und Schalter sind in die rückwärtige Verkleidung eingelassen und bei abgenommenen Verkleidungselementen leicht demontierbar. Dabei ist nach den gleichen Grundsätzen vorzugehen wie im Kapitel "Karosserie Sfera Trommelbremse" gezeigt.

**Frontgrill und Blinker Ausbau - Quartz und SKR 125/150:** Beim Quartz sitzt hinter dem Frontgrill der Kühler. Beim SKR befindet sich an gleicher Stelle eine Grillattrappe. Für den Ausbau genügt es hier wie da, zwei Kreuzschlitzschrauben am oberen Rand zu lösen und den Grill abzuheben. Nun liegen die Blinkerbefestigungen frei: je eine Kreuzschlitzschraube rechts und links; Blinker abnehmen und Glühlampen wechseln wie bei Sfera Trommelbremse beschrieben. Lampen nicht mit bloßen Fingern anfassen.

246

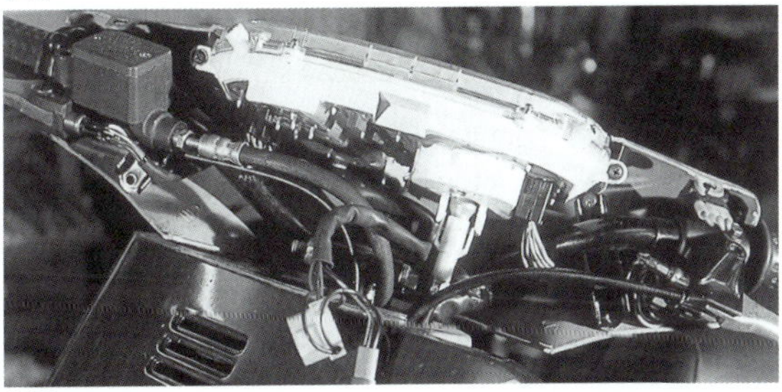

247

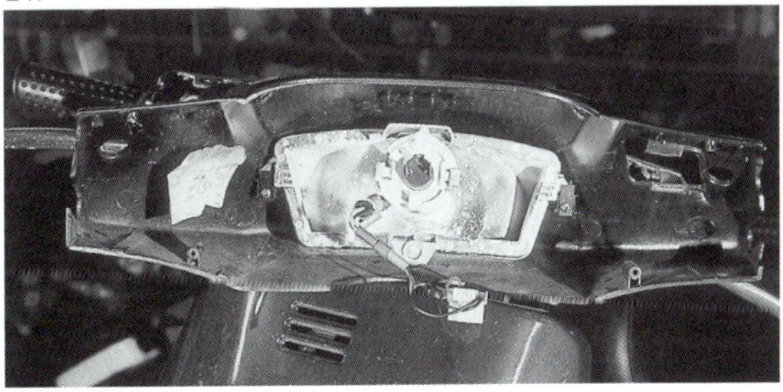

248

**Frontschild Ausbau - Quartz und SKR 125/150:** Zunächst das Piaggio-Emblem abhebeln und die darunter liegende Kreuzschlitzschraube ausdrehen. Nach Abnahme von Grill und Blinkern kann die Frontverkleidung ausgebaut werden. Sie ist von vorn über fünf Schrauben mit den übrigen Karosserie-Elementen verbunden (zwei rechts und links, zwei darunter mehr zur Mitte, eine in der

*Abb. 246*
*Bei Quartz und SKR läßt sich der Kotflügel leichter abnehmen als bei der Sfera.*

*Abb. 247, 248*
*Der Scheinwerfer wird nach Demontage der Lenkerverkleidung zugänglich.*

Mitte unten). Dann Gepäckfach öffnen und die beiden innenliegenden Schrauben ausdrehen. Zuletzt von hinten die beiden Schrauben oben an der Innenverkleidung lösen.

**Kotflügel und Federbeinverkleidung Ausbau - Quartz und SKR 125/150:** Zuerst die beiden Inbusschrauben oberhalb der Bremsscheibe ausdrehen und Federbeinverkleidung abnehmen. Dann die beiden Muttern lösen, die den Kotflügel von der Innenseite her fixeren.

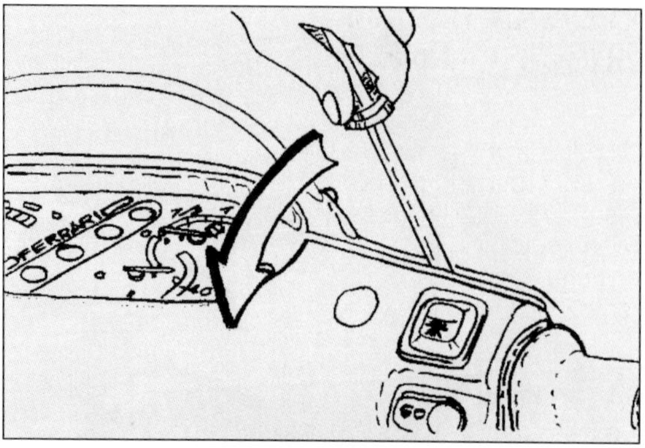

249

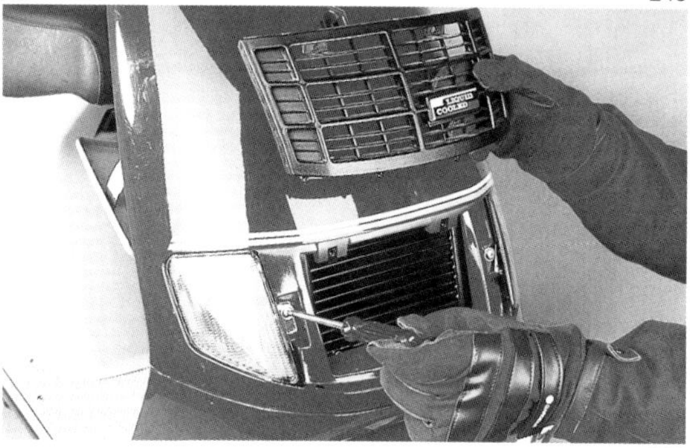


250

251

252

*Abb. 249*
*So wird bei SKR und Quartz die Lenkerverkleidung abgehebelt.*

*Abb. 250*
*Bei SKR und Quartz zum Blinkerausbau den Front- bzw. Kühlergrill lösen.*

*Abb. 251*
*Vor Demontage der Seitenteile die Heckblende abnehmen.*

*Abb. 252*
*Auffällig beim Quartz: die speziell konstruierte Auspuffanlage des flüssigkeitsgekühlten Motors.*

# SFERA 50/125 AB 1995, QUARTZ, SKR 125/150: VORDERRAD, VORDERRADFÜHRUNG, LENKUNG

**Vorderrad aus- und einbauen - Sfera 50 neu und Sfera 125:** Anders als bei der Sfera mit Trommelbremse sind die Vorderräder der neueren Scheibenbremsmodelle mit Schrauben an der Radnabe befestigt. Zum Radausbau Vorderrad blockieren (Rad fest aufsetzen, u.U. durch Helfer Bremse betätigen lassen). Anschließend mit einem Inbusschlüssel SW 6 die fünf Radbolzen lösen. **Wiedereinbau:** Bolzen zuerst handfest eindrehen, dann bei blockiertem Vorderrad kreuzweise und mit Drehmoment Nm 16 - 26 anziehen.

**Vorderrad aus- und einbauen - Quartz, SKR 125/150:** Hier läßt die alte Vespa grüßen: Das Rad ist mit fünf Muttern an der Radnabe befestigt, die Felge ist geteilt, was den Reifenwechsel ungemein erleichtert. Zum Radausbau zunächst mit einem Schraubendreher den großen Plastikring von der Felge hebeln; Klinge zwischen Felge und Ring ansetzen. Anschließend Rad blockieren und mit einem Steckschlüssel SW 13 die fünf Radmuttern lösen. **Wiedereinbau:** Muttern ringsum handfest, dann kreuzweise mit Drehmoment Nm 16 - 26 anziehen.

**Radnabe, Radlager, Lager Bremsträger Aus- und Einbau - alle Modelle:** Wie die Radnabe aus- und eingebaut wird, erläutern wir im Kapitel "Scheibenbremse"; der Ausbau ist erforderlich, wenn die Bremsscheibe abgenommen werden soll. Bei allen Modellen sitzen die beiden Radlager in der Nabe; sie ermöglichen die Drehung des Rades auf der Achse. Im Bremszangenträger sitzen zwei weitere Lager;

253

*Abb. 253 Chassis mit Antrieb und Vorderradführung Sfera 125 Viertakt; nach Demontage der Verkleidungsteile sind alle Technikkomponenten bestens zugänglich. Eine Besonderheit der zweiten Sfera-Generation ist der seilzugbetätigte Hauptbremszylinder vor dem Steuerrohr.*

254

Abb. 254 Vorderrad der Sfera-Modelle mit Scheibenbremse: wie bei einem Auto fixieren fünf Bolzen das Rad auf der Nabe.

255

Abb. 255 Vorderrad Quartz und SKR: Befestigung mit fünf Muttern wie bei der klassischen Vespa. Die Felge ist geteilt und erleichtert damit den Reifenwechsel.

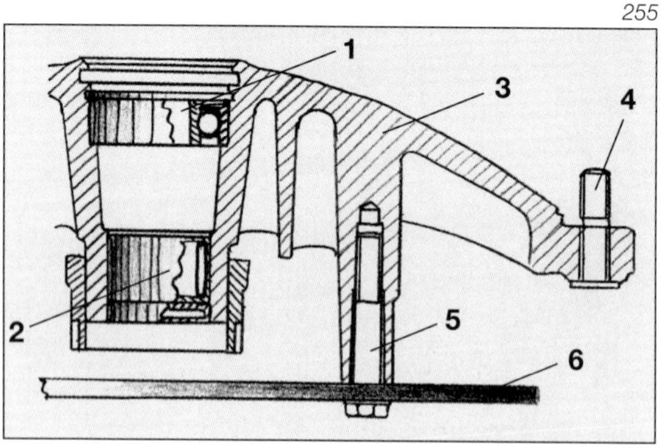


256

Abb. 256 Querschnitt Radnabe und Bremsscheibenbefestigung bei Quartz und SKR; 1 = Kugellager, 2 = Nadellager, 3 = Rad u. Nabe, 4 = Radbolzen, 5 = Bolzen, 6 =Bremsscheibe

sie gleichen die kurzen Drehbewegungen aus, die von der Schwinge mit der fest eingepreßten Achse induziert werden. Die Lager müssen ausgewechselt werden, wenn Spiel vorhanden ist oder Laufgeräusche auftreten. Am besten Lager paarweise austauschen.
Zum **Ausbau** der äußeren Radlager Bremsscheibe abnehmen, Radnabe in Schraubstock spannen. Das kleinere Nadellager und das größere Kugellager werden mit einem Spezial-Abzieher ausgebaut (Fachwerkstatt; s.a. Kap. "Vorderradführung Sfera Trommelbremse"). Vor der Montage neuer Lager die Räume zwischen den Lagern mit Spezialfett Fiat Jota 3 F.S. fetten.
**Eingebaut** werden die Lager mit exakt passenden Schlagdornen (u.U. Fachwerkstatt aufsuchen).
In den Bremszangenträger sind zwei Nadellager eingesetzt; sie lassen sich einfach mit einem genau passenden Schlagdorn aus- und eintreiben. Beim Einbau Lager nicht verkanten. Vor der Montage die Umgebungsbereiche der Lagersitze und den Raum dazwischen mit Spezialfett Fiat Zeta 2 fetten.

**Lenkung, Lenkkopflager, Schwingenlagerung - alle Modelle:** Von unwesentlichen Details abgesehen werden Lenkung, Lenkkopflager und Lagerung der gezogenen Schwinge am Steuerrohr genauso aus- und eingebaut wie bereits am Beispiel der Sfera mit Trommelbremse im Kapitel "Vorderradführung" beschrieben. Beachten Sie dazu bitte auch die dort gezeigten Zeichnungen sowie die im Anhang aufgeführten Anzugs-Drehmomente.
Hinweis: Bei den neueren Modellen läßt sich der untere Ring des unteren Lenkkopflagers einfach mit einem Schraubendreher vom Lenkrohr abhebeln.
Wichtig ist die regelmäßige **Prüfung** von Lenkung, Lenkkopflager und Schwingenlagerung auf Spiel und Verschleiß. Wie dabei vorgegangen werden muß, wird im allgemeinen Inspektionskapitel beschrieben.

# SFERA 50/125 AB 1995, QUARTZ, SKR 125/150: SCHEIBENBREMSE, BREMSHYDRAULIK

*1992 stellte Piaggio zum ersten Mal einen Motorroller mit Scheibenbremse am Vorderrad vor - den Quartz. 1993 folgten SKR 125 und 150, 1995 bekamen auch Sfera 50 Zweitakt und Sfera 125 Viertakt die hydraulisch betätigte Bremsanlage. Die Bremskraft wird allerdings unterschiedlich übertragen: bei Quartz und SKR motorradähnlich über einen Hauptbremszylinder mit Hebel am Lenker, bei Sfera 50 und 125 über einen Seilzug, der auf den Hauptbremszylinder wirkt. Wir erklären die Unterschiede auf den folgenden Seiten.*
*Die Wirkungsweise der Bremshydraulik ist hingegen im Prinzip bei allen Scheibenbremsanlagen gleich, die entsprechenden Hinweise gelten daher für alle oben genannten Modelle. Detailänderungen, die im Zuge der Modellpflege in die Serie eingeflossen sind, haben keine Relevanz im Hinblick auf Wartungs- und Montagearbeiten, müssen daher nicht berücksichtigt werden. Die Vorteile von Scheibenbremsen: bessere und gleichmäßigere Verzögerung, geringere Bedienkräfte, mehr Sicherheit und weniger Wartung.*
***Wichtiger Hinweis:** Vom Funktionieren der Bremsanlage hängt die Verkehrssicherheit des Fahrzeugs ab. Wer nicht über die nötigen handwerklichen Fähigkeiten verfügt, sollte Arbeiten am Bremssystem der Fachwerkstatt überlassen. In jedem Fall ist äußerste Sorgfalt geboten. Unsere Hinweise haben nur Informationscharakter, eine Haftung lehnen wir grundsätzlich ab.*

**Aufbau / Funktion der Scheibenbremsanlage - Sfera 50 und 125:**
Hauptelemente sind: Handhebel, Bowdenzug, Hauptbremszylinder, Bremsschlauch, Bremszange mit Belägen. Der Handhebel auf der rechten Lenkerseite wirkt über einen einstellbaren Bowdenzug auf einen zweiten Hebel, der den Kolben des Hauptbremszylinders betätigt. Der Hauptbremszylinder ist mit Sechskantschrauben am vorderen Rahmenrohr befestigt. Über einen Gummischlauch wird er mit Bremsflüssigkeit versorgt; der zugehörige Behälter befindet sich hinter der Frontverkleidung und ist über einen Drehverschluß links oben gut zugänglich. Vom Hauptbremszylinder führt ein extra starker Gummi-Brems-

*Abb. 257 Bremsanlage Sfera 50/2 und 125 auf einen Blick; Vom Handhebel führt ein Seilzug zum zentral angeordneten Hauptbremszylinder. Von da wird der Bremsdruck über einen Schlauch an den Radbremszylinder weitergegeben. Der Bremsflüssigkeitsbehälter sitzt links oben am Lenker.*

*257*

258

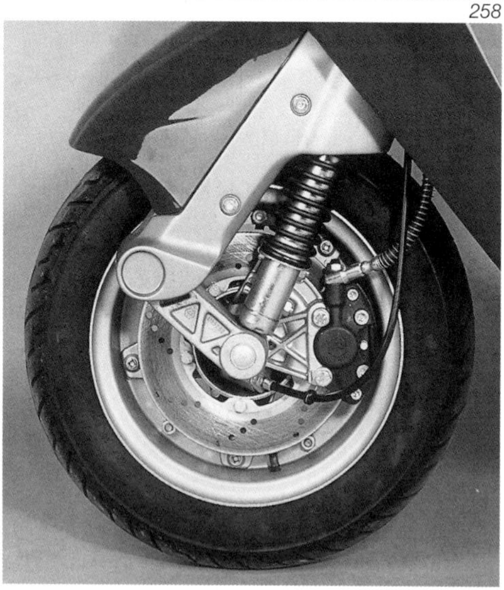

o: 259

u: 260

Abb. 258
Vorderradführung, Bremsanlage Sfera 50/2 u.125.

Abb. 259
Nur kleine Änderungen: Radführung und Bremse bei Quartz / SKR.

Abb. 260
Bremsbelagfixierung beim SKR.

schlauch zur Bremszange, die an der Radnabe befestigt und als Festsattel konstruiert ist. In der Bremszange wirkt der hydraulische Druck auf zwei Kolben. Diese Kolben drücken auf zwei Bremsbacken mit aufgeklebten Belägen. Die Beläge werden von beiden Seiten auf die rotierende Bremsscheibe gepreßt.

**Aufbau / Funktion der Scheibenbremsanlage - Quartz und SKR:** Das System ist bei diesen Modellen einfacher und entspricht normalem Motorrad-Standard. Der Handhebel wirkt direkt auf den Kolben des am Lenker festgeschraubten Hauptbremszylinders; der Bremsflüssigkeitsbehälter ist oben aufgesetzt. Der Druck wird über einen Gummi-Bremsschlauch zur Festsattel-Bremszange weitergeleitet und preßt dort über zwei Kolben die Bremsplaketten gegen die Scheibe.

**Bremsbeläge prüfen, Vorbereitung Ausbau - alle Modelle:** Die Bremsbeläge müssen regelmäßig auf Abnutzung kontrolliert werden. Die Verschleißgrenze ist erreicht, wenn die Beläge nur noch 1,5 mm dick sind. **Achtung:** Nicht die Trägerplatte mitmessen, nur die aufgeklebten Reibbeläge prüfen! Zum Ausbau der Plaketten müssen zunächst das Vorderrad und die Bremszange ausgebaut werden. Vorderrad ausbauen wie im entsprechenden Kapitel beschrieben.

**Bremszange vom Träger nehmen - alle Modelle: Die beiden Sechskantschrauben SW 13** lösen, mit denen die Bremszange am Träger befestigt ist; Bremsschlauch nicht abschrauben. Nach dem Lösen läßt man die Zange einfach an der Bremsleitung herunterhängen. **Achtung:** Bremshebel bei ausgebauter Zange nicht betätigen.

**Bremsbeläge Aus- und Einbau - alle Modelle:** Schutzabdeckung (soweit vorhanden) abnehmen, Sicherungssplint entfernen, Sicherungsbolzen austreiben, Druckfeder abnehmen und Bremsbeläge aus dem Schacht ziehen. **Einbau:** Vor dem Einbau der Plaketten Bremskolben von Hand oder mit einem Holz zurückdrücken; keine scharfkantifgen Gegenstände verwenden. Schacht - falls nötig - mit Spiritus reinigen; auf keinen Fall ölhaltige Reinigungsmittel oder Benzin verwenden! Prüfen, ob die Gummimanschetten an den Kolben trocken und damit dicht sind. Bei Dichtungsdefekten muß die Bremszange überholt werden. Neue Plaketten einsetzen, Druckfeder, Bolzen und Sicherungssplint anbringen. **Achtung:** Bei Quartz und Skipper kontrollieren, ob der Tachowellenmitnehmer korrekt montiert ist und nicht am Rad schleift. Vor dem Losfahren Bremshebel mehrmals betätigen, damit sich die Beläge der Scheibe anpassen können.

**Radnabe Aus- und Einbau - alle Modelle:** Zum Ausbau der Bremsscheibe müssen zunächst Vorderrad und Bremszange demontiert werden wie beschrieben. Klemmplatte der Tachowelle abnehmen (Schraube SW 8) und Welle abziehen. Dann die Radnabe ausbauen; die Scheibe ist in Fahrtrichtung links an der Nabe befestigt und kommt mit frei. Zum Nabenausbau bei Quartz und SKR Schutzkappe vom Achsstummel ziehen. Bei allen Modellen Splint aufbiegen, Sicherungskappe abnehmen und Zentralmutter mit einer Stecknuß SW 22 lösen (s.a. Kap. Vorderradführung Sfera/Trommelbremse). Radnabe mit Bremsscheibe abziehen.
**Einbau:** Nabe mit Scheibe aufsetzen, Mutter aufsetzen und mit Nm 35 - 40 anziehen. Sicherungskappe aufsetzen und mit Splint sichern (s.a Abb. in Kap. Vorderradführung Sfera Trommelbremse). Splintenden so biegen, daß kein Spiel zwischen Sicherungskappe und Achsstummel bleibt.

**Bremsscheibe Aus-, Einbau, Kontrolle - alle Modelle:** Nach dem Ausbau der Radnabe kann die Bremscheibe abgenommen werden; sie ist bei Quartz und SKR mit fünf Sechskantschrauben, bei Sfera 50 und 125 mit fünf Inbusschrauben befestigt. Schrauben ausdrehen, Scheibe abnehmen und prüfen. Die Scheibe darf an den Rädern nicht übermäßig eingelaufen sein und keine starken Riefen haben. Schlägt oder vibriert die Bremse spürbar, Scheibe mit einer Meßuhr auf Seitenschlag und Verzug prüfen lassen. Der Seitenschlag darf nicht größer als 0,1 mm sein.
**Einbau:** Bremsscheibe sorgfältig von Öl- und Bremsflüssigkeits-Rückständen reinigen und dann so einbauen, daß der eingeprägte Laufrichtungspfeil auf der Federbeinseite liegt. Schraubengewinde mit Schraubensicherung LOCTITE 242 bestreichen, Schrauben einsetzen und mit 5 - 6,5 Nm anziehen.

*Abb. 261 Radnabe und Bremsscheibe bei Sfera 50/2 und 125; zum Ausbau Schutzkappe, Splint (1) und Sicherungskappe (2) abnehmen. Dann Zentralmutter (3) lösen. Die Bremsscheibe wird zusammen mit der Nabe abgezogen und dann von dieser abgeschraubt.*

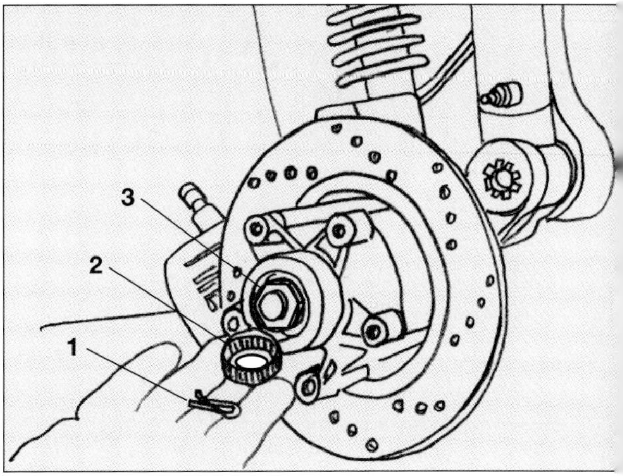


*261*

*Abb. 262 Bremsanlage Sfera 50/2 u.125: 1 = Flüssigkeitsbehälter, 2 = Hauptbremszylinder, 3 = Seilzug, 4 = Stößel HBZ, 5 = Bremsleitung, 6 = Entlüftung, 7 = Bremszange, 8 = Dichtring, 9 = Kolben, 10 = Bremsbelag, 11 = Scheibe*

**Bremszangenträger Aus- und Einbau:** Zuerst Bremszange, Radnabe und Bremsscheibe abnehmen wie oben beschrieben. Den Bremszangenträger vom Federbein abschrauben; er ist mit zwei Innensechskantschrauben und zugehörigen Muttern befestigt. Zuletzt den Seegering ausbauen, der den Träger auf dem Achsstummel festhält. Demontage der Radlager siehe Kapitel "Vorderradführung Sfera ab 1995". **Einbau:** Träger auf den Achsstummel schieben und mit Seegering sichern. Träger wieder am Federbein befestigen, Bolzen einführen, Muttern mit Drehmoment anziehen.

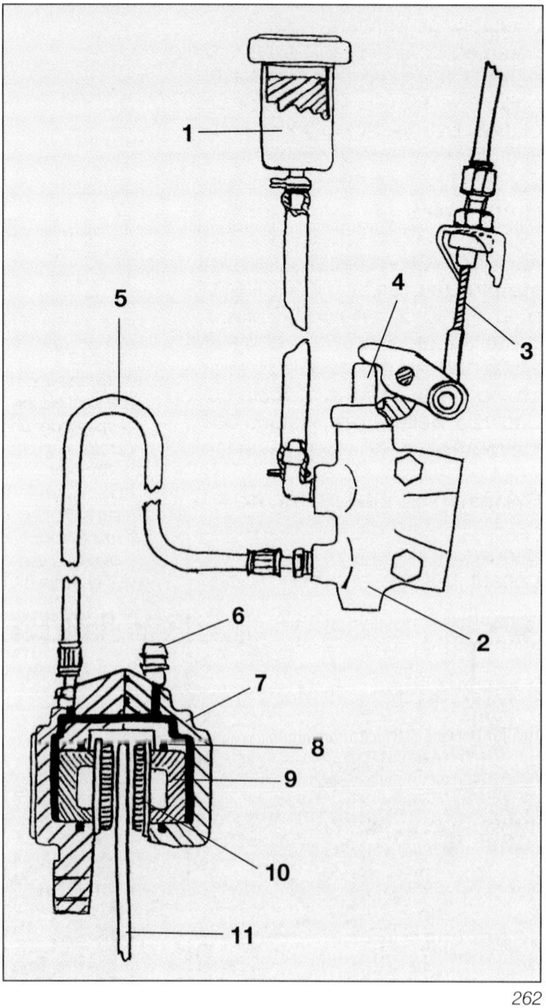

262

**Hauptbremszylinder Aus- und Einbau, Revision - Sfera 50 und 125:** Frontverkleidung abnehmen; alle Details der Bremsanlage sind jetzt zugänglich. Zunächst **Bremsflüssigkeit ablassen**. Schutzkappe des Entlüftungsventils an der Bremszange entfernen und transparenten Schlauch aufstecken. Anderes Schlauchende in ein Gefäß halten. Entlüftungsventil mit einem Gabelschlüssel SW 8 öffnen und Bremshebel solange betätigen, bis keine Flüssigkeit mehr ausströmt. **Bowdenzug aushängen**; dazu die Kontermutter lösen und Einstellschraube so weit eindrehen, bis sich das Zugende am Hebel aushängen läßt. Bremsflüssigkeits-Zuleitung vorn am Zylinder abnehmen. Bremsschlauch unten am Zylinder abschrauben. Zuletzt die beiden Sechskantschrauben SW 13 lösen, mit denen der Hauptbremszylinder am Rahmen befestigt ist. Bei Undichtigkeiten und Beschädigungen Zylinder komplett austauschen.
Zum **Zerlegen** (nur in Ausnahmefällen, da normalerweise Werkstattsache) Sprengring am Druckbolzen lösen, Staubschutzmanschette und Kolben mit Dichtmanschette entnehmen. Kolben und Zylinderlaufbahn dürfen keine Korrosion oder Riefen zeigen. Eintrittsloch, Entlüftungsbohrung und Abflußöffnung dürfen nicht verstopft sein, mit Preßluft durchblasen. Defekte Dichtringe und geschwollene Gummiteile ersetzen (Reparatursatz, falls erhältlich). Alle Teile vor dem Zusammenbau reinigen. **Achtung:** Dazu nur Spiritus oder denaturierten Alkohol, niemals Benzin oder Petro-

leum verwenden. Alle Fett-, Diesel- oder Ölspuren sorgfältig beseitigen. Gummiteile dürfen nicht länger als 20 Sekunden in Alkohol liegen und müssen nach der Reinigung getrocknet werden.
**Einbau** in umgekehrter Reihenfolge. Dichtungsringe in frische Bremsflüssigkeit tauchen. Metallteile können dünn mit Bremszyliner-Spezialpaste bestrichen werden (Fachhandel, z.B. FIAT PFR1)). Nach Komplettierung Funktion prüfen: Kolben in den Zylinder drücken und loslassen; er muß schnell zurückgleiten. Bei der Montage die Drehmomente für die Verbindungsschrauben beachten (s. Anhang). Bowdenzug einstellen wie im folgenden Absatz beschrieben. Fabrikneue Bremsflüssigkeit DOT 4 in den Behälter füllen, System unter Druck setzen und entlüften wie weiter unten beschrieben. Prüfen, ob alle Verbindungen hundertprozentig dicht sind.
**Achtung:** Bei allen Arbeiten darauf achten, daß keine Bremsflüssigkeit auf lackierte Teile tropft; es können Schäden entstehen. Spuren von Bremsflüssigkeit auf der Bremsscheibe mit Spiritus entfernen. Mit Bremsflüssigkeit benetzte Beläge müssen ausgetauscht werden, da die Bremswirkung sonst empfindlich herabgesetzt würde.

**Bremsbowdenzug - Einbau und Einstellung - Sfera 50 und 125:** Bowdenzug am Handhebel einhängen. Dann Fixiermutter am unteren Ende so weit eindrehen, bis sich das Zugende am Hebel einhängen läßt. Einstellschraube so weit herausdrehen, bis kein Spiel mehr zwischen Hebel und Bowdenzug vorhanden ist. **Achtung:** Der Hebel darf sich nicht verstellen, muß am Anschlag liegenbleiben. Ein paar Mal kurz am Handhebel ziehen, damit sich der Bowdenzug korrekt einstellen kann. Zuletzt Einstellschraube sichern, Fixiermutter mit Drehmoment 18 - 20 anziehen; Einstellschraube dabei nicht verdrehen. Frontverkleidung montieren.

**Hauptbremszylinder Aus- und Einbau, Revision - Quartz und SKR:** Lenkerverkleidung abnehmen. Der Hauptbremszylinder sitzt zusammen mit dem integrierten Bremsflüssigkeitsbehälter am rechten Lenkerende. Zunächst Bremsflüssigkeit ablassen. Schutzkappe des Entlüftungsventils an der Bremszange entfernen und transparenten Schlauch aufstecken. Anderes Schlauchende in ein Gefäß halten. Entlüftungsventil mit einem Gabelschlüssel SW 8 öffnen und Bremshebel solange betätigen, bis keine Flüssigkeit mehr ausströmt.
**Bremsschlauch** vom Hauptbremszylinder abschließen. Klemmschale (u.U. auch Bremshebel) lösen und Hauptbremszylinder vom Lenker nehmen. Für Zerlegung und Revision gelten die gleichen Grundsätze und Sicherheitshinweise wie im entsprechenden Abschnitt über Sfera 50 und 125 weiter oben. Aufbau des Hauptbremszylinders siehe Graphik.

**Bremszange Zerlegung, Revision - alle Modelle:** Die Bremszangen sind vom Prinzip her gleich aufgebaut, bei den einzelnen Modell-

*Abb. 263*
*Bei Quartz und SKR sind Hauptbremszylinder und Bremsflüssigkeitsbehälter am Lenker zusammengefaßt. Der Bremsschlauch ist direkt an den HBZ geschraubt.*

*263*

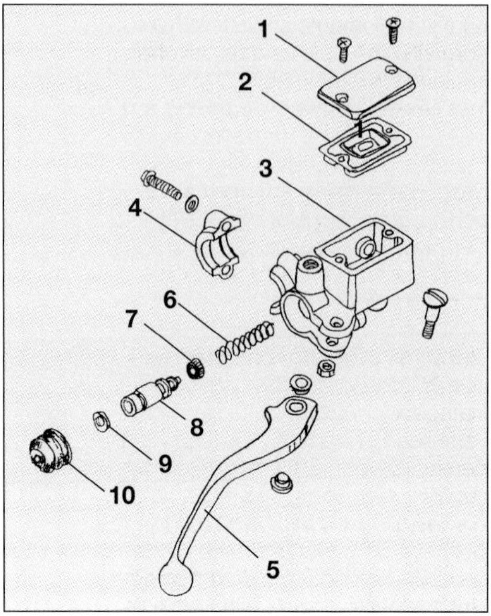


264

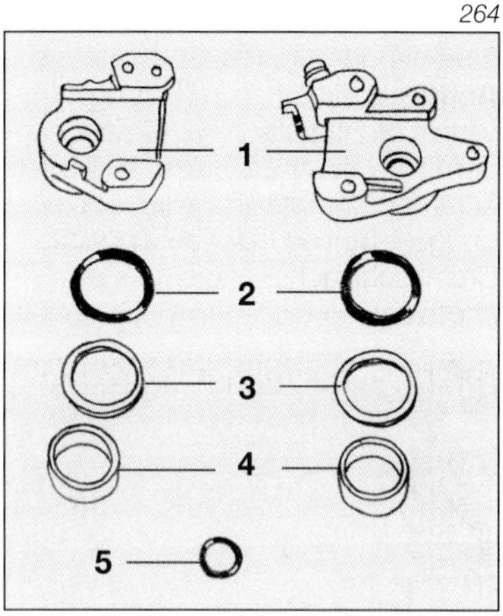


265

*Abb. 264 Bremsbetätigung Quartz und SKR: 1 = Deckel Behälter, 2 = Membrane, 3 = Flüssigkeitsbehälter, 4 = Klemmschale, 5 = Bremshebel, 6 = Feder, 7 = Dichtung, 8 = Kolben, 9 = Staubschutzring, 10 = Gummibalg*

*Abb. 265 Elemente der Bremszange - alle Modelle: 1 = Zangenhälften, 2 = Staubschutzmanschetten, 3= Dichtringe, 4 = Kolben, 5 = Dichtung zwischen den Hälften*

gruppen jedoch unterschiedlich zusammengeschraubt. Zunächst Bremsbeläge ausbauen wie vorn beschrieben. Dann Bremsflüssigkeit ablassen wie im Abschnitt "Hauptbremszylinder" gezeigt. Bremszangen ausbauen und Bremsschlauch abnehmen wie beschrieben. Zum Zerlegen bei Quartz und SKR jeweils vier, bei Sfera 50 und 125 jeweils zwei Innensechskantschrauben lösen. Die beiden Hälften der Zange ablegen. Nun die Innenteile herausnehmen; dazu - falls nötig - Preßluft in die äußeren Bohrungen für die Bremsflüssigkeit schicken; nicht mit hohem Druck arbeiten, sonst fliegen die Einzelteile durch die Gegend. Hand oder Lappen schützend davorhalten.
Jede Hälfte enthält einen Staubschutzring, eine Dichtmanschette und einen Leichtmetallkolben. Außerdem gibt es einen zentralen O-Dichtring (s. Graphik). Kolbenlaufbahnen prüfen; falls Kratzer oder Korrosion festgestellt werden, muß die Zange komplett ausgetauscht werden. **Achtung:** Die inneren Einzelteile müssen laut Piaggio nach jedem Zerlegen der Zange erneuert werden, auch wenn keine Beschädigungen festzustellen sind. Für Reinigung und Zusammenbau gelten ansonsten die gleichen Grundsätze und Sicherheitshinweise wie in den Abschnitten "Hauptbremszylinder" weiter oben. Zusammen- und **Einbau:** Alle Teile in Alkohol oder Spiritus reinigen wie beschrieben; Spuren von Fett und Öl sorgfältig entfernen. Gummiteile kurz in Bremsflüssigkeit tauchen, u.U. dünn mit Bremszylinder-Paste bestreichen (z.B. FIAT PFR1). Genauen Sitz aller Einzelteile prüfen. Anschließend Funktion prüfen: Kolben in die Zange drücken und loslassen; er muß schnell zurückgleiten. Hälften der Zange zusammenfügen und fest verschrauben. Bremszange am Träger befestigen (Drehmoment 20 - 25 Nm), Bremsschlauch anschließen (Drehmoment 15 - 25 Nm), Bremsbeläge einsetzen, Anlage befüllen und entlüften wie weiter unten beschrieben.

**Bremsanlage entlüften - alle Modelle:** Nach allen Arbeiten an der Bremsanlage muß das System entlüftet werden (und gefüllt, falls

vorher entlernt). Entlüftet werden muß auch, wenn die Bremse sich schwammig anfühlt und erst nach mehrmaligem Betätigen des Hebels richtig Wirkung zeigt. Zunächst stets prüfen, ob die Anlage dicht ist. Entweicht beim Entlüften ständig weiter Luft durch den Entlüftungsschlauch, müssen alle Verbindungen geprüft und gegebenenfalls nachgezogen werden.
Zum Entlüften benötigt man eine Dose mit 500 $cm^3$ Bremsflüssigkeit **DOT 4**, einen durchsichtigen Plastikschlauch mit 3,0 mm Innendurchmesser, einen Gabelschlüssel SW 8, ein sauberes Haushaltsglas und einen Helfer. Zunächst Deckel des Bremsflüssigkeitsbehälters abnehmen. Dann ungefähr 100 $cm^3$ Bremsflüssigkeit in das Glas füllen. Fahrzeug auf einer ebenen Fläche aufbocken. Gummikappe von der **Entlüftungsschraube** der Bremszange abnehmen und den Plastikschlauch aufschieben; er muß luftdicht abschließen. Das andere Ende des Schlauchs in das mit Bremsflüssigkeit gefüllte Glas halten. Entlüftungsschraube mit dem Gabelschlüssel eine halbe Umdrehung öffnen. Dann betätigt der Helfer den Bremshebel bis zum Anschlag und läßt ihn langsam wieder los. Die mit Luft durchsetzte Bremsflüssigkeit entweicht über die Leitung ins Glas; Entlüftungsschraube schließen und Hebel loslassen. Vorgang so lange wiederholen, bis keine Luftbläschen mehr austreten und sich fühlbarer Gegendruck zeigt.
**Achtung:** Der Schlauch darf nicht aus der Bremsflüssigkeit herausrutschen. Während des Entlüftens immer so viel Bremsflüssigkeit nachfüllen, daß der Pegel im Vorratsbehälter nicht unter "Min" sinkt. **Achtung:** Während des Vorgangs kann Flüssigkeit aus der Bohrung der Entlüftungsschraube treten und Bremszange sowie Bremsscheibe verunreinigen; Elemente in diesem Fall sorgfältig mit Spiritus oder Alkohol reinigen und trocknen.
Tritt keine Luft mehr aus, Hebel am Anschlag halten und gleichzeitig Entlüftungsschraube schließen. Erst dann Hebel loslassen. Zum Abschluß Bremse mehrmals kräftig betätigen; es muß ein gleichmäßig deutlicher, unnachgiebiger Druckpunkt zu spüren sein.

**Bremsflüssigkeit kontrollieren - alle Modelle:** Der Bremsflüssigkeitspegel im Behälter an der Frontverkleidung (Sfera 50, 125) bzw. am Lenker (Quartz, SKR) darf nie unter die Minimum-Marke absinken. Sinkt die Flüssigkeit unter die Minimal-Marke, kann beim Bremsen Luft angesaugt werden - die Bremswirkung läßt dramatisch nach. Die Kontrolle sollte einmal pro Monat durchgeführt werden.
**Achtung:** Bei starkem Flüssigkeitsverlust nicht einfach nachfüllen, sondern die Ursache suchen. In Frage kommen undichte Schraubverbindungen, poröse oder beschädigte Bremsschläuche, undichte Manchetten an Haupt- und Radbrems-

266

*Abb. 266 Das Entlüften einer hydraulischen Bremse ist bei allen Fahrzeugen gleich; im Bild: Bremse eines Booster-Rollers von MBK. Transparenten Schlauch auf Entlüftungsventil stecken, anderes Ende in Glas mit Bremsflüssigkeit halten. Bei Piaggio-Rollern nur Flüssigkeit der Klasse DOT 4 verwenden.*

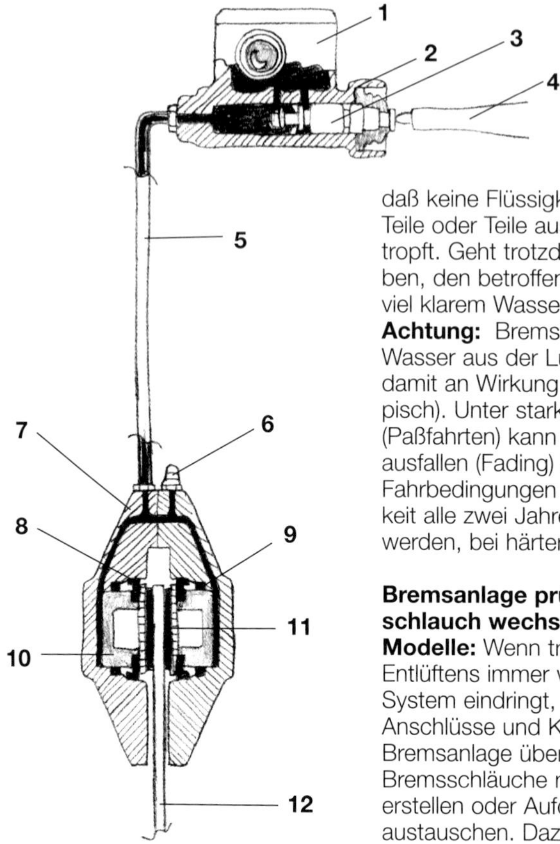


*Abb. 267 Bremse Quartz und SKR: 1 = Flüssigkeitsbehälter, 2 = Hauptbremszylinder, 3 = Kolben, 4 = Bremshebel, 5 = Bremsschlauch, 6 = Entlüftungsschraube, 7 = Bremszange, 8 = Staubschutzmanschette, 9 = Dichtring, 10 = Kolben, 11 = Bremsbelag, 12 = Bremsscheibe*

zylinder. Bei Bedarf nur frische Bremsflüssigkeit der Qualitätsklasse DOT 4 nachfüllen. **Achtung:** Werden andere Flüssigkeiten (Motoröl zum Beispiel) eingefüllt, lösen sich die Gummidichtungen der Bremsanlage auf, die Bremse fällt aus.

**Bremsflüssigkeit nachfüllen - alle Modelle:** Zum Nachfüllen von Bremsflüssigkeit Fahrzeug so aufbocken, daß es absolut gerade steht. Dann Verschlußkappe des Behälters aufschrauben (Sfera 50, 125) bzw. die beiden Deckelschrauben am Behälter lösen (Quartz, SKR) und Deckel mit Membrane und Dichtung abnehmen. Stets frische Bremsflüssigkeit DOT 4 aus zuvor versiegeltem Behälter verwenden. Beim Einfüllen darauf achten, daß keine Flüssigkeit auf lackierte Teile oder Teile aus Kunststoff tropft. Geht trotzdem etwas daneben, den betroffenen Bereich mit viel klarem Wasser abspülen. **Achtung:** Bremsflüssigkeit nimmt Wasser aus der Luft auf und verliert damit an Wirkung (sie ist hygroskopisch). Unter starker Belastung (Paßfahrten) kann dann die Bremse ausfallen (Fading) Unter normalen Fahrbedingungen sollte die Flüssigkeit alle zwei Jahre ausgetauscht werden, bei härterem Einsatz öfter.

**Bremsanlage prüfen, Bremsschlauch wechseln - alle Modelle:** Wenn trotz sorgfältigen Entlüftens immer wieder Luft ins System eindringt, müssen alle Anschlüsse und Komponenten der Bremsanlage überprüft werden. Bremsschläuche mit Rissen, Scheuerstellen oder Aufquellungen sofort austauschen. Dazu zunächst Bremsanlage ganz entleeren und Bremsflüssigkeit auffangen. **Umwelttip:** Gebrauchte Flüssigkeit nicht wegschütten, sondern zur Müllsammelstelle bringen; Bremsflüssigkeit ist giftig und darf nicht ins Grundwasser gelangen! Den alten Bremsschlauch unten und oben abschrauben (Steck-/Ringschlüssel SW 13 oder 14). Stets neue Dichtringe verwenden, Hohlschrauben mit Drehmoment anziehen. Der Schlauch darf nirgends scheuern. Dann Anlage mit frischer Bremsflüssigkeit DOT 4 befüllen und entlüften wie oben beschrieben. **Achtung:** Bremsschläuche aus Sicherheitsgründen grundsätzlich alle vier Jahre erneuern, auch wenn keine Schäden erkennbar sind.

# QUARTZ, SKR 125/150: MOTOR, KRAFTÜBERTRAGUNG

**Motor Quartz - Vorbemerkungen:** Als einziges Triebwerk der Sfera-/SKR-Generation ist der Quartz-Motor flüssigkeitsgekühlt. Trotzdem halten sich die technischen Unterschiede zum luftgekühlten Aggregat in Grenzen. Die **Besonderheiten** im einzelnen: anderer Zylinder und anderer Zylinderkopf mit Kanälen, in denen das Kühlmittel fließt; Wegfall von Gebläse und Kühlrippen; Thermostat im Zylinderkopf, der bewirkt, daß während der Warmlaufphase kein Kühlmittel zum Kühler strömt; Verwendung einer Wasserpumpe; Einbau eines Lamellenkühlers hinter dem Frontgrill, der über zwei Schläuche für Vor- und Rücklauf mit dem Motor in Verbindung steht; anders abgestimmter Vergaser; größerer Luftfilter mit weit nach hinten gezogemem Gehäuse; andere Auspuffanlage; modifizierte Elektrik. Größter Vorzug der Flüssigkühlung: die deutlich reduzierten Geräusche; der Quartz gehört zu den leisesten und nervenschonendsten Motorrollern überhaupt.
Kurbeltrieb, Keilriemenautomatik, Ölpumpe und Getriebe samt Hinterradführung und rückwärtiger Trommelbremsanlage entsprechen dem bekannten Sfera-Standard. Beachten Sie daher bitte bei Reparaturen und Montagearbeiten an diesen Baugruppen die entsprechenden Kapitel weiter vorn im Buch "Sfera mit Trommelbremse 1990 - 1995". Abweichende Arbeiten erläutern wir in den folgenden Abschnitten.

**Luftfilter Ausbau, Reinigung - Quartz:** Die "Airbox" ist ohne Ausbau der Seitenverkleidung zugänglich. Der Deckel ist mit sechs Kreuzschlitzschrauben befestigt. Deckel abnehmen, Filterelement ausbauen und in einer Wasser-Seifen-Lösung auswaschen. Gut trocknen und leicht mit Nähmaschinen- oder Fahrradöl tränken. Motor nie ohne Luftfiltereinsatz laufen lassen; eindringende Partikel können Kolben und Zylinder beschädigen.

**Ölpumpe - Einstellung, Kontrolle, Ausbau - Quartz:** Es gibt keine Unterschiede zum Sfera-Standardmotor - siehe die entsprechenden Hinweise weiter vorn und im Inspektions-Kapitel. Beim Wechsel des Antriebszahnriemens darauf achten, daß der Riemen nicht verbogen oder geknickt wird.

**Kühlmittel - allgemeine Tips:** Ab Werk ist die Kühlanlage des Quartz-Motors mit einer Mischung befüllt, die zu etwa 50 Prozent aus Leitungswasser und zu 50 Prozent aus hochwertigem Frost- und Korrosionsschutzmittel besteht. In der richtigen Zusammensetzung garantiert das Kühlmittel Frostschutz bis ca. minus 25° C. Der Kühlmittelstand muß regelmäßig, im Sommer alle vier Wochen kontrolliert werden (s.unten). Beim Nach- oder Neubefüllen nur Marken-Frostschutzmittel

*Abb. 268 Antriebseinheit Quartz; die wesentlichen Unterschiede zum Sfera-Triebwerk: Flüssigkühlung, größerer Luftfilter, andere Auspuffanlage. Die meisten Montage- und Reparatur-Arbeiten laufen nach dem gleichen Schema ab wie bei der Sfera.*

*268*

Abb. 269
Nach Ausbau der Quartz-Frontverkleidung liegt der Kühler frei. Er ist mit vier Muttern befestigt. Die beiden oberen Schläuche führen zum Ausgleichsbehälter. Die zum Motor laufenden Kühlmittelschläuche befinden sich auf dem Bild links am Kühler.

Abb. 270
Querschnitt Ausgleichsbehälter Kühlmittel mit MIN- und MAX-Markierung.

verwenden. Denn nur hochwertige Produkte verfügen über die wichtigen Korrosionsschutz-Additive. Billige Mittel lassen Kühlkanäle und Kühlanlage schnell von innen korrodieren und verschlammen. In jedem Fall sollte das Kühlmittel alle zwei Jahre gewechselt werden.

**Ausgleichsbehälter - Ausbau, Kühlmittel ablassen - Quartz:**
Die Kühlanlage verfügt über einen Ausgleichsbehälter, der nach Ausbau der Frontverkleidung zugänglich ist. Der Behälter ist mit einer Kreuzschlitzschraube an der Innenverkleidung befestigt. Der Deckel ist frei zugänglich und ragt unterhalb des Lenkers aus der Verkleidung. Zum Ausbau Kühlmittel komplett ablassen. Dazu den Deckel öffnen, einen Schlauch am Kühler anschließen und Kühlmittel in ein geeignetes, sauberes Gefäß laufen lassen; neuwertige Frotschutzmischung kann wiederverwendet werden. Verbrauchtes (über zwei Jahre altes) Kühlmittel fachgerecht entsorgen, d.h. zur Sondermülldeponie bringen. **Achtung:** Kühlmittel ist hochgiftig und darf daher nicht ins Grundwasser oder ins Abwassernetz gelangen. Mittel also nicht sorglos in den Ausguß oder Gully kippen! **Vorsicht** bei heißem Motor - Verbrühungsgefahr!
Nachdem das Mittel abgelaufen ist, kann der Ausgleichsbehälter ausgebaut werden; zuerst die beiden Schlauchzuleitungen lösen (s. Abb. 269). Beim Wiedereinbau Schläuche mit Spezialklemmen sicher fixieren. Dazu genügen handelsübliche Schraubschellen mit dem richtigen Durchmesser.

269

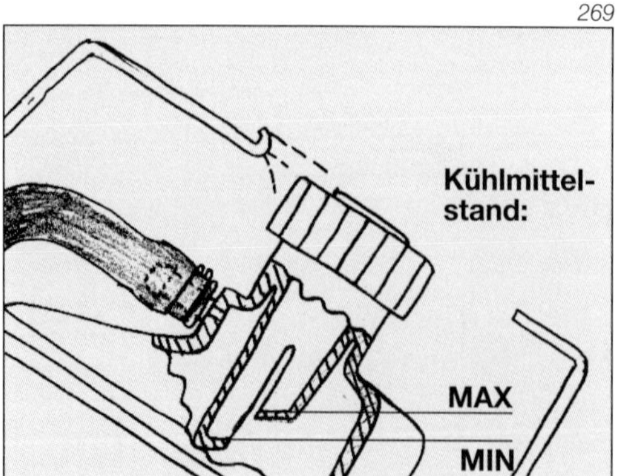


270

**Kühler - Ausbau - Quartz:** Frontgrill öffnen und Frontverkleidung abbauen wie beschrieben. Schläuche vom Kühler und vom Ausgleichsbehälter abnehmen; dabei Kühlmittel ablassen wie beschrieben. Dann die vier Muttern lösen, mit denen der Kühler am Rahmen befestigt ist. Kühler auf Dichtigkeit und Korrosionsspuren prüfen. Beim Wiedereinbau vor allem darauf achten, daß die Schläuche fest sitzen; u.U. neue Schlauchschellen verwenden.

**Kühlmittel einfüllen, kontrollieren, Anlage entlüften - Quartz:**
Nach Montagearbeiten an Motor und Kühlanlage zuerst prüfen, ob alle Schlauchverbindungen hundertprozentig dicht sind. Frisches Kühlmittel am besten in einem sauberen Gefäß vormischen - 50 % Wasser, 50 % Frostschutz. Falls vorhanden, zuerst die Entlüftungsschraube oben am Ausgleichsbe-

hälter lösen  und mit einem passenden, transparenten Schlauch verbinden; das andere Ende in den Behälter hängen lassen. Dann Mittel vorsichtig und am besten über einen Trichter in den Ausgleichsbehälter füllen. Das Kühlmttel darf nicht höher im Behälter stehen als ca. vier Zentimeter unter der Einfüllöffnung, denn es dehnt sich bei Erhitzung aus. Plastikzungen oben im Behälter zeigen den Minimal- und Maximalstand an - s. Graphik. Es passen ca. 2,0 Liter in die Anlage.
Mittel so lange einfüllen, bis keine Luftblasen mehr entweichen. Entlüftungsschraube (falls vorhanden) schließen, Behälterdeckel aufsetzen und zudrehen. Fahrzeug aufbocken - falls nicht schon geschehen - , Motor anlassen und unter leichtem Gasgeben auf Betriebstemperatur bringen. Dabei warten, bis sich der Thermostat öffnet. **Achtung:** Hinterrad muß frei drehen können - Unfallgefahr! Motor wieder abstellen und Anlage nochmals entlüften. Falls erforderlich, Kühlmittel bis zur MAX-Marke nachfüllen. Es darf beim Fahren kein Kühlmittel aus dem Behälter austreten. Notfalls Pegel über die Entlüftungsschraube absenken.
**Achtung:** Bei mehrmaligem Absinken und/oder fortwährendem Aufsteigen von Dampfblasen ist die Anlage undicht, erkennbar auch an Pfützen, die sich unter dem Fahrzeug bilden.  Motor abstellen und unverzüglich alle Schlauchverbindungen prüfen.
**Pannen-Hinweis:** Treten Dampfblasen auf und sinkt der Kühlmittelpegel, ohne daß Undichtigkeiten im System zu erkennen sind, kann die Zylinderkopfdichtung defekt sein. Sie muß dann ausgewechselt werden. In schweren Fällen kann auch der Zylinderkopf verzogen sein (Schaden durch Überhitzung und/oder Kühlmittelmangel). Er muß dann ausgebaut, geprüft und - falls noch rentabel - geplant werden (Fachwerkstatt). Ansonsten neuen Zylinderkopf einbauen.
**Frostschutzprüfung:** Mit handelsüblichen, preiswerten Prüfgeräten läßt sich jederzeit testen, bis zu welcher Temperatur Frostschutz garantiert ist. Deckel des Ausgleichsbehälters öffnen, Schlauch des Prüfgeräts einführen, Flüssigkeit blasenfrei ansaugen und Skala ablesen.

**Thermostat, Kühlschläuche - Ausbau, Prüfung - Quartz:** Der Thermostat sitzt oben auf dem Zylinderkopf. Das Kühlmittel strömt vom Zylinder her ein und fließt aus dem Stutzen auf der Lichtmaschinenseite über einen Schlauch zum Kühler. Das Mittel durchströmt den Kühler und fließt über einen zweiten Schlauch zurück zum Motor und zur Wasserpumpe; die Pumpe sitzt im Gehäuse und ist von außen nicht sichtbar.
Zum **Ausbau des Thermostats** Kühlmittel ablassen wie beschrieben und Schlauchbefestigung lösen.
Die Kühlschläuche dürfen nicht spröde, rissig oder geknickt sein. Auch dürfen sie nicht am Motor anliegen, da sie dann aufgrund der

*Abb. 271 Zylinder Quartz - Draufsicht: 1 = Thermostat, 2 = Zündkerze, 3 = Zylinderkopfmuttern, 4 = Schlauch zur Pumpe, 5 = Auslaßöffnung mit Auspuffverschraubung*

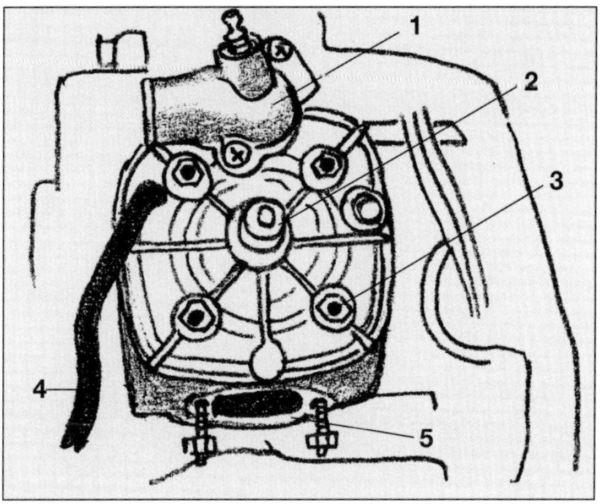


*271*

Vibrationen durchscheuern können. Defekte Schläuche austauschen, neue Schlauchschellen verwenden, auf korrekten und dicht abschließenden Sitz achten.
Der Thermostatdeckel ist mit zwei Kreuzschlitzschrauben am Zylinderkopf befestigt. Deckel mit Gummi-Dichtring abnehmen, einen u.U. defekten oder spröden Dichtring unbedingt ersetzen. Der Thermostat besteht aus einer vernieteten und verlöteten Einheit, die nach dem Bimetallprinzip arbeitet. Zur Prüfung das Teil in einen Topf mit Wasser legen. (Einweck-)Thermometer einsetzen und Wasser auf einer Kochplatte erhitzen. Der Thermostat muß bei ca. 85° C öffnen. Tut er dies nicht, ist er zu ersetzen.

*Abb. 272 Thermostat Quartz-Motor: 1 = Thermostat-Einsatz, 2 = Gehäuse, 3 = Gummidichtring, 4 = Zylinderkopf*

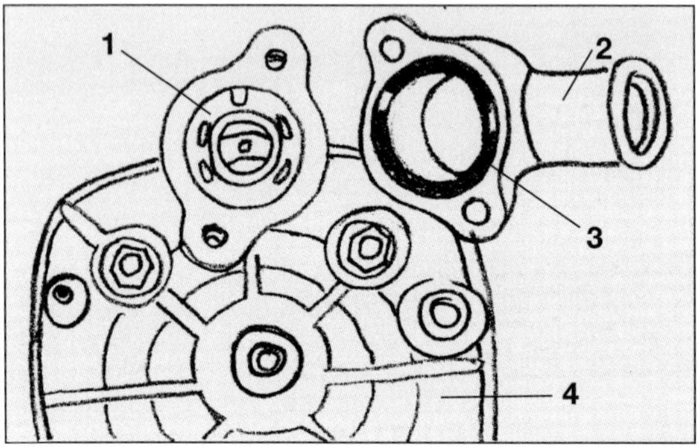


272

**Zylinderkopf, Zylinder - Aus- und Einbau - Quartz:** Arbeiten können bei ein- und ausgebautem Motor vorgenommen werden. Zuerst Kühlmittel ablassen, u.U. Thermostat und Zündkerze ausbauen. Dann die vier Muttern SW 10 lösen. Mit Kunststoffhammer leicht gegen den Deckel schlagen, keine Gewalt anwenden, keine scharfkantigen Hebelwerkzeuge benutzen. Zylinderkopf abnehmen und reinigen wie im Motor-Kapitel “Sfera alt” gezeigt. Auch die Arbeiten an Zylinder und Kolben sind prinzipiell gleich. Auspuffkrümmer und Einlaßkrümmer mit Vergaser abschließen und Zylinder von den Stehbolzen ziehen. Dabei **Achtung:** Es dürfen keine Kühlmittelreste ins Kurbelgehäuse gelangen; daher saugendes Tuch

*Abb. 273 Quartz-Motor Seitenansicht: 1 = Rotor Lichtmaschine, 2 = Thermostatgehäuse, 3 = Entlüftungsventil, 4 = Zündkerze, 5 = Zylinderkopf, 6 = Zylinder, 7 = Einlauf Wasserpumpe*

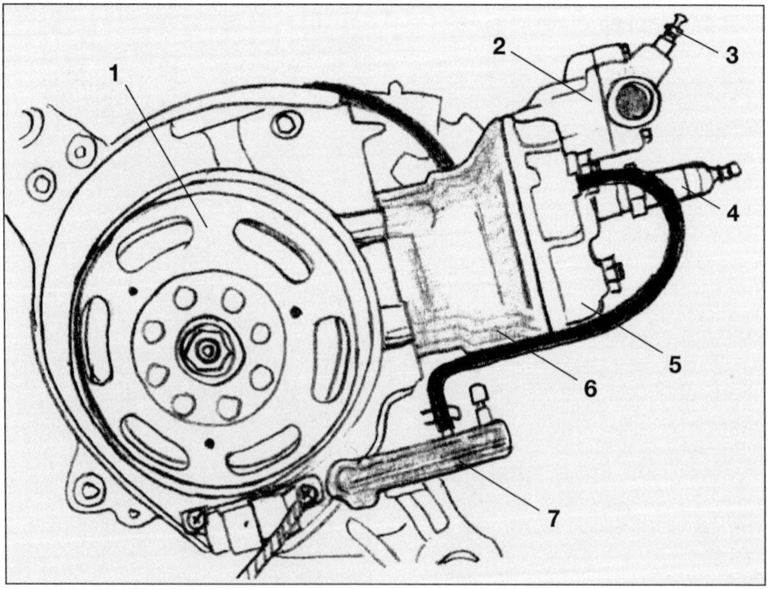


273

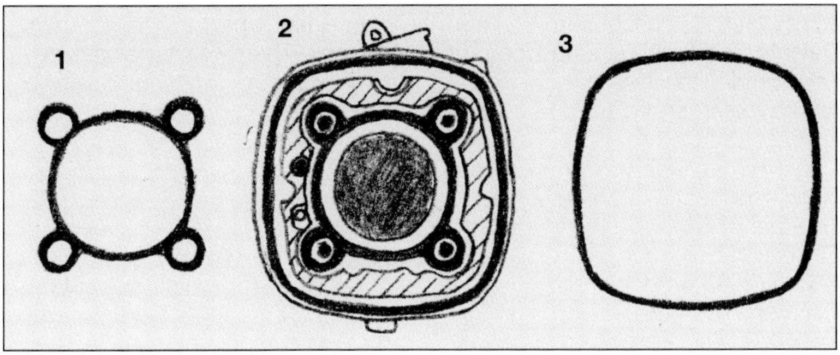


274

Abb. 274
Zylinderkopf Quartz mit Abdichtung:
1 = innerer Dichtring, 2 = Zylinderkopf von unten, 3 = äußerer Dichtring

bereithalten und unterlegen. Kolben aus dem Zylinder gleiten lassen. Reinigung, Inspektion und Zusammenbau wie in Motor-Kapitel Sfera alt. **Achtung:** Vor dem Aufsetzen des Zylinderkopfs beide Dichtungen erneuern; der Kühlmantel macht eine Außen- und Innendichtung erforderlich. Muttern kreuzweise mit Drehmoment 11 Nm anziehen. Auspuff und andere Teile anschließen.

**Wasserpumpe - Ausbau, Kontrolle - Quartz:** Die Wasserpumpe befindet sich unten im Motorgehäuse und wird von der Kurbelwelle über den Ölpumpenriemen und das Ölpumpenzahnrad angetrieben. Über einen Schlauch pumpt sie das Kühlmittel zum Zylinderkopf. An die Antriebswelle der Wasserpumpe kommt man nach Ausbau von Variator und Ölpumpe heran. Sie ist mit einem Sprengring gesichert (s. Graphik). Ring sowie den dahinter liegenden Dichtring und die Ausgleichsscheibe abnehmen. Verschraubung (Linksgewinde) mit Steckschlüssel SW 10 lösen und Welle mit Lagern aus dem Motorgehäuse ziehen. Lager prüfen und reinigen. Als Ersatzteil wird die Welle komplett mit den beiden Kugellagern geliefert. Den inneren Dichtring mit einem Spezialabzieher entfernen. **Wiedereinbau:** Lager und Dichtring einölen, Teile sorgfältig einschieben; die Entwässerungsbohrung darf

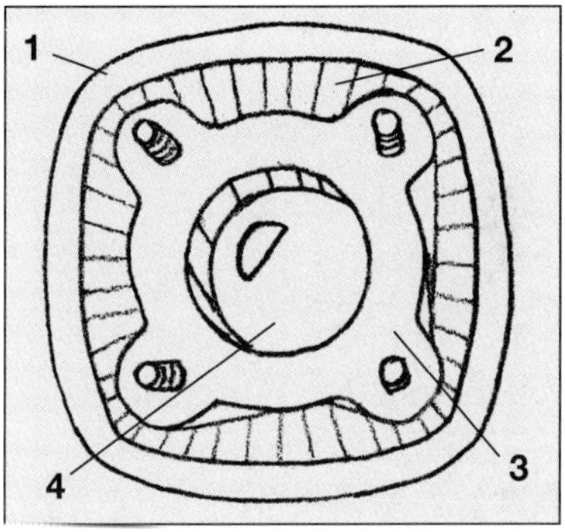


275

Abb. 275
Zylinder Quartz:
1 = Außenwand,
2 = Kühlmantel,
3 = Innenzylinder,
4 = Kolben

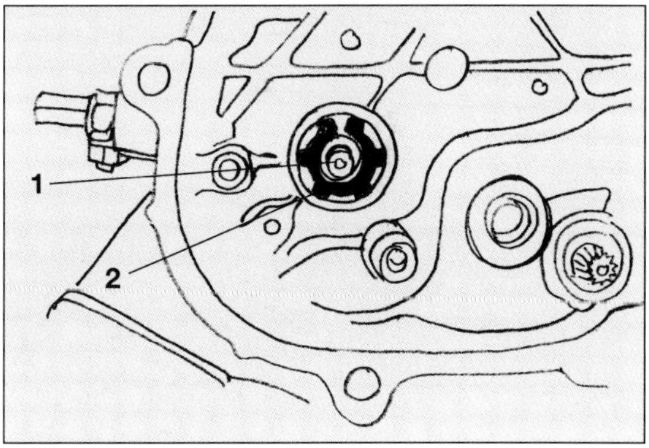


276

Abb. 276
Die Steuerungswelle der Wasserpumpe (1) ist mit einem Sprengring (2) gesichert und nach Ausbau der Ölpumpe zugänglich.

nicht verdeckt werden. Außen einen neuen Dichtring verwenden.
Zum **Ausbau des Wasserpumpenrads** muß leider der Motor komplett ausgebaut und zerlegt werden. (s. a. Hinweise unten und Motor-Kapitel "Sfera alt"). Zuerst Kühlmittel ablassen. Dann Lichtmaschinenverkleidung abnehmen und die

Schlauchverbindungen lösen. Zylinder ausbauen wie beschrieben und Motorgehäusehälften trennen wie im Motor-Kapitel Sfera Trommelbremse gezeigt. Wasserpumpe ausbauen und zerlegen. **Achtung:** Beim Wiedereinbau die Nylonscheibe erneuern, die im Flügelrad der Pumpe sitzt (Dichtring mit Röhrchen). Auf festen Sitz der Schlauchverbindungen achten. Pumpenrad mit 5 Nm anziehen.

**Abdichtung:** Tritt Kühlmittel aus der Entwässerungsbohrung aus, muß der Wasserpumpendichtring erneuert werden. Dazu den Zulauf-Wasserschlauch abziehen, Spezialwerkzeug in Position bringen und neuen Dichtungsring einsetzen (Werkstattsache). Schlauch aufsetzen und mit neuer Schelle sichern.

*Abb. 277 Triebwerksblock SKR: Typische Erkennungsmerkmale sind das geänderte Deckel-Design, der Luftfilter für die Keilriemenkühlung (links über dem Kickstarter) und die große "Airbox".*

**Antriebseinheit - Ausbau (Zusammenfassung) - Quartz:** Im wesentlichen werden Motor und Antrieb genauso aus- und eingebaut wie bei der Sfera der ersten Generation. Grundvoraussetzung: Demontage von Mittelabdeckung und Seitenverkleidungen. Zusatzarbeit: Ablassen des Kühlmittels und abklemmen der Kühlschläuche wie oben gezeigt. Danach sind - noch einmal kurz zusammengefaßt - folgende Arbeitsschritte nötig: Batterie abklemmen (zuerst Minus-, dann Pluspol); elektrische Verbindungen lösen; Benzinleitung und Unterdruckleitung vom Benzinhahn abklemmen (**Vorsicht:** Benzin ist giftig und explosiv; nicht über die Hände rinnen lassen); Kickstarter und Deckel des Antriebsgehäuses abnehmen; Seilzüge für Gas, Ölpumpe und Hinterradbremse aushängen; Luftfiltergehäuse, am besten auch Vergaser mit Einlaßkanal abmontieren; Auspuff ausbauen und Auspuffkrümmer vom Zylinder lösen; Hinterrad ausbauen; Mutter am vorderen Bolzen der Motorlagerung abschrauben und Bolzen ausziehen; Fahrzeug hinten abstützen und untere Federbeinbefestigung lösen; Antriebseinheit nach unten absenken.

277

**Antrieb, Kupplung - Quartz:** Bei Arbeiten am Antrieb sind die gleichen Grundsätze zu beachten wie bei der Sfera. Wir weisen nochmals darauf hin, daß die eigentliche Kupplung (= Element mit aufgeklebten Belägen) nur als komplette Einheit ausgewechselt werden darf; sie ist nämlich feingewuchtet. Auf die Beläge kein Öl oder Fett gelangen lassen, die Kupplung rutscht sonst. An der getriebenen Riemenscheibe des Quartz-Antriebs ist ab Werk keine Unterlegscheibe vorgesehen. Ölwechsel am Hinterradantrieb genauso vornehmen wie bei "Sfera 50 / 80 Trommelbremse" beschrieben. Bei der Füllmenge weichen wir von der vom Werk angebenen Menge (95 $cm^3$) ab: Wir füllen nur 70 $cm^3$ ein, sonst gibt es Probleme (s.a. Inspektionskapitel Sfera).

**Ölpumpe - Quartz:** Ölpumpe ausbauen wie bei "Sfera 50 / 80 Trommelbremse" beschrieben (Antriebsgehäusedeckel abnehmen, treibende Riemenscheibe und Variator ausbauen, Schläuche abziehen, Ölpumpe mit Antriebsriemen ausbauen). Zusätzlich Dichtungsring und Ausgleichsscheibe abnehmen. **Besonderheit:** Der von der Kurbelwelle angetriebene Ölpumpenriemem treibt auch die im Gehäuse liegende Kühlmittel-Pumpe an. Dabei nimmt das Antriebszahnrad der Ölpumpe die Wasserpumpenwelle über Klauen mit.

**Motor SKR 125/150 - Allgemeines:** Hier können wir es uns einfach machen: Motor und Antrieb der Modelle SKR 125 und 150 sind technisch identisch mit dem luftgekühlten Sfera-Zweitakt-Triebwerk. Natürlich sind die Zylinder - den größeren Hubräumen entsprechend - voluminöser, doch auf die Montage- und Wartungsarbeiten hat das keinerlei Einfluß. Ob Ausbau der gesamten Antriebseinheit oder Demontage von Lichtmaschine, Variator, Kupplung, Zylinder, Kolben, Vergaser, Starter und Getriebe: In allen Punkten gelten die gleichen Empfehlungen wie im Hauptteil dieses Buches "Sfera Trommelbremse". Eventuelle Abweichungen bei Füllmengen und Anzugs-Drehmomenten ergeben sich aus den entsprechenden Tabellen im Anhang. Auf einige kleine Besonderheiten gehen wir in den beiden folgenden Abschnitten ein.

**Luftfilter Vergaser SKR - Ausbau, Wartung:** Ähnlich wie der Quartz verfügen SKR 125 und 150 über eine voluminöse Airbox, die weit nach hinten reicht. Der Deckel ist mit sieben Kreuzschlitzschrauben befestigt. Der Schaumstoffeinsatz ist mehrfach wiederverwendbar und sollte alle 4000km oder einmal im Jahr in Seifenlauge ausgewaschen und mit Druckluft trockengeblasen werden. Anschließend leicht mit Nähmaschinen- oder Fahrradöl benetzen. **Achtung:** Motor nie ohne Luftfilter laufen lassen; die angesaugten Partikel wirken wie Schmirgel und führen zu übermäßigem Verschleiß von Kolben und Zylinder.

**Luftfilter Kühlung Antriebsriemen SKR - Ausbau, Wartung:** Die hohe Motorleistung der 125er und 150er Modelle hat Piaggio veranlaßt, den Antriebsriemen speziell zu kühlen. Die Kühlluft wird über einen Schacht angesaugt, der sich vorne auf dem Deckel des Antriebsgehäuses befindet. Zum Ausbau Schlauchbinder lösen und die einzelnen Elemente abheben. Den Filter in Seifenlauge waschen und mit Druckluft trocknen. **Achtung:** Diesen Filter - anders als den Vergaser-Luftfilter - auf keinen Fall mit Benzin oder Öl tränken!

*Abb. 278 SKR-Triebwerk mit geöffnetem Luftfilterkasten; das Schaumstoffelement muß regelmäßig gereinigt und getränkt werden.*

*Abb. 279 Filterelement der SKR-Keilriemenkühlung; es darf nicht getränkt werden, da Öl auf den Riemen gelangen könnte.*

*278*

*279*

# SFERA 125 VIERTAKT: MOTOR, ANTRIEB - ZERLEGEN, EINSTELLEN

*Wie bereits im Kapitel "Modellgeschichte" erwähnt, betrat Piaggio 1995 mit dem Sfera 125 Neuland. Als erster Roller des italienischen Herstellers war das 125er Sfera-Modell mit einem Viertaktmotor ausgerüstet. Auf dem Markt setzte sich dieses fortschrittliche, sparsame und umweltgerechte Fahrzeug leider nicht so durch wie erhofft, die Verkaufszahlen in Deutschland blieben recht niedrig.*
*Wir verzichten in diesem Kapitel auf eine üppige Bebilderung mit Fotos, erläutern aber mit präzisen Texten und klaren Zeichnungen alle wichtigen Arbeitsschritte für Zerlegung und Wartung des Motors. Der Triebwerksblock unterscheidet sich im eigentlichen Motorbereich (Zylinderkopf, Zylinder, Vergaser, Schmierung, div. Anbauteile) wesentlich von der bekannten Sfera-Zweitakt-Technik. Keilriemenautomatik mit Variator, Fliehkraftkupplung, Getriebe und Hinterradantrieb hingegen sind weitgehend identisch, sodaß hier die Hinweise und Erläuterungen im entsprechenden Kapitel "Sfera Trommelbremse" weiter vorn im Buch genutzt werden können.*

**Triebwerksblock - Komplettausbau aus dem Rahmen:** Es müssen im Prinzip die gleichen Arbeiten wie bei den luftgekühlten Zweitaktmodellen erledigt werden - das Wichtigste in Stichworten: Mittel- und Heckabdeckung sowie Seitenverkleidungen abnehmen; Minuspol von der Batterie abklemmen; Auspuff und Hinterrad abbauen; hintere Bremsbetätigung abschließen; Benzinschlauch vom Vergaser abnehmen und verschließen; Luftfilter und gegebenenfalls Vergaser abnehmen; Motoröl ablassen (Einzelheiten weiter hinten); elektrische Verbindungen und Seilzüge abschließen; Fahrzeug abstützen, Bolzen der vorderen Motoraufhängung lösen und herausziehen; untere Federbein-Befestigung abschrauben; Motor aus dem Rahmen heben.

*Abb. 280 Triebwerksblock Sfera 125: Einzylinder-Viertaktmotor mit obenliegender, kettengetriebener Nockenwelle, Naßsumpfschmierung, Unterdruck-Vergaser. Die Kraft wird wie bei allen modernen Piaggio-Rollern über Variator, Keilriemen, Fliehkraftkupplung und Untersetzungs-Getriebe aufs Hinterrad übertragen.*

*280*

281

Abb. 281 Viertakt-Motor und Antrieb mit abgenommener Gebläsehaube; links Radachse und Trommelbremse, Mitte Gebläserad auf Lichtmaschinenrotor, darüber der Mikuni-Unterdruck-Vergaser. Rechts Kerzenstecker, Ölkühler mit Zuleitungen, Ölablaßschraube, vordere Motor-Aufhängung.

**Wiedereinbau:** in umgekehrter Reihenfolge vorgehen; Gaszug und Bremszug einstellen; neues Motoröl einfüllen (Einzelheiten s. hinten); Motoraufhängungen mit Drehmoment 20 - 27 Nm anziehen; Minuspol der Batterie anklemmen.

**Zylinderkopf - Vorbemerkungen:**
Der Zylinderkopf des Piaggio-Viertakt-Motors besteht aus drei Baugruppen: Leichtmetallhaube und Luftleitblech, Nockenwellenträger mit Nockenwelle und Schlepphebeln, Zylinderkopf mit Ein- und Auslaßventil. Technisch handelt es sich um eine OHC-Konstruktion mit obenliegender Nockenwelle, die über eine Kette von der Kurbelwelle aus angetrieben wird und über einstellbare Schlepphebel auf die beiden im Kopf hängenden Ventile wirkt. Die Zerlegung ist piaggiotypisch einfach.

**Luftleitbleche, Ansaugkrümmer, Zylinderkopfhaube - Ausbau:**
Das auf dem Lichtmaschinenrotor befestigte Gebläserad führt dem Zylinder wie bei den Zweitakt-Sfera-Motorren über Luftleitbleche Kühlluft zu. Drei Bleche müssen demontiert werden. Zuerst die vier seitlichen Kreuzschlitzschrauben der Rotorabdeckung sowie die beiden Blechschrauben am Zylinderkopf lösen. Dann die Abdeckung im Bereich der Auslaßöffnung demontieren (2 Kreuzschlitzschrauben, Auspuff bereits abgenommen). Anschließend die Zylinderkopfhaube abnehmen - vier Sechskantschrauben. Nun - bei zuvor abgenommenem Vergaser - die beiden Schrauben ausdrehen, die den Ansaugkrümmer

Abb. 282 Zylinderkopfhaube und Gebläseluftführung; 1 = Öleinfüllschraube, 2 = Dichtung, 3 = Zylinderkopfhaube, 4 = Dichtung, 5 = oberes Luftleitblech, 6 = unteres Luftleitblech

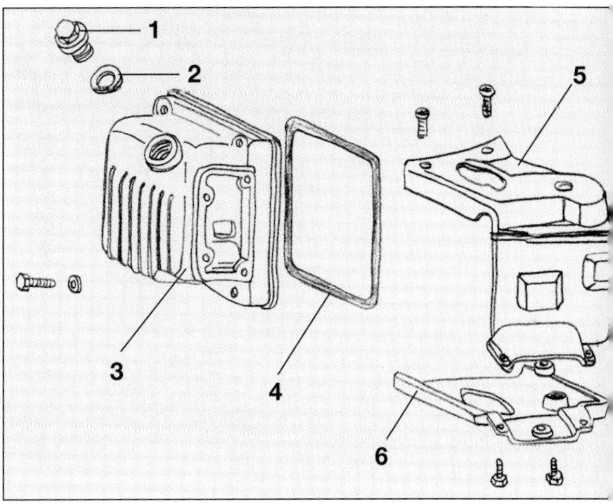


282

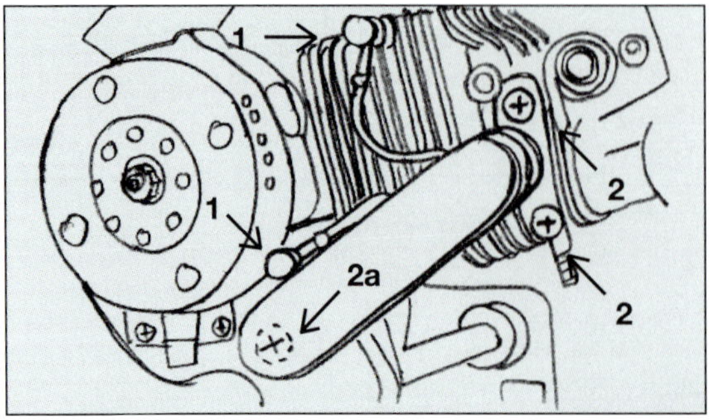


283

*Abb. 283*
*1 = Anschlüsse Zuleitungen Ölkühler,*
*2 = Befestigung Ölkühler (2a verdeckt)*

abnehmen. Dann den Ölkühler entfernen; dazu 3 Kreuzschlitzschrauben lösen und zusammen mit den drei Vibrationsdämpferscheiben aus Gummi-Nylon-Gewebe abnehmen.

**Nockenwelle mit Kugellagern - Ausbau, Prüfung:** Zuerst den Nockenwellenträger abnehmen; dazu

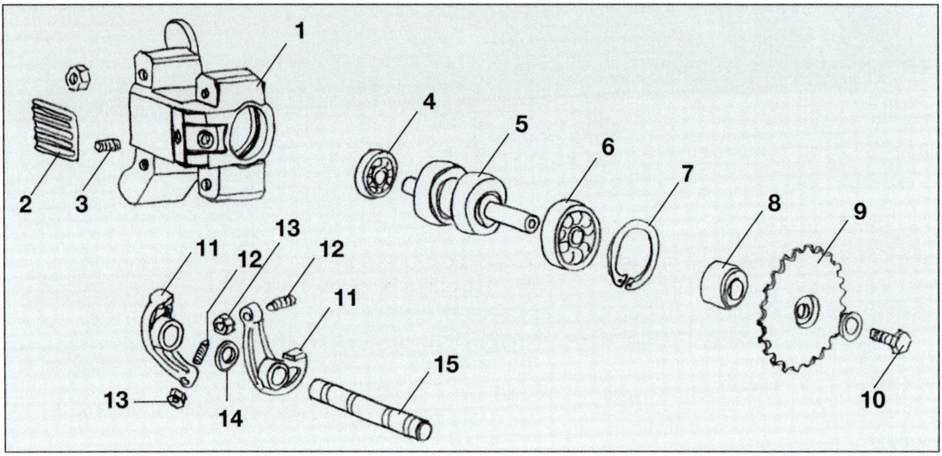


284

*Abb. 284*
*1 = Nockenwellenträger, 2 = Abdeckung, 3 = Sicherung Schwinghebelwelle, 4 = inneres Lager, 5 = Nockenwelle, 6 = äußeres Lager, 7 = Sprengring, 8 = Buchse, 9 = Antriebszahnrad, 10 = Sicherungsbolzen, 11 = Schwinghebel, 12 = Stellschrauben, 13 = Muttern dazu, 14 = Distanzscheibe, 15 = Schwinghebelwelle*

halten. Zuletzt das Abdeckblech des Zylinders abschrauben - drei seitlich angebrachte Kreuzschlitzschrauben.

**Kettenspanner, Zahnrad Nockenwelle, Ölkühler - Ausbau:** Der Kettenspanner ist mit zwei Sechskantschrauben am Zylinder befestigt; Schrauben ausdrehen und Kettenspanner abnehmen. Zahnrad der Nockenwelle blockieren (u.U. mit Spezialwerkzeug), Zentralbefestigung lösen, Kette abheben und Zahnrad entfernen. Der Ölkühler liegt rechts vor dem Rotor und ist über zwei Leitungen mit dem Ölkreislauf im Zylinder verbunden. Die beiden Leitungsanschlüsse lösen und zusammen mit den Dichtringen

die vier Zylinderkopfmuttern lösen und den Träger nach oben von den Zylinder-Stehbolzen abziehen. Nockenwelle zusammen mit dem großen Kugellager ausbauen; dazu das Distanzstück von der Wellenverzahnung abziehen und den großen Sprengring entfernen; dann die Nockenwelle komplett mit dem Kugellager aus dem Träger ziehen. Kugellager von der Nockenwelle mit einem geeigneten Abzieher abziehen. Das innere, ölkühlerseitige Kugellager mit einem Schlagdorn austreiben, der voll auf dem äußeren Lagerring aufsitzt, das Gehäuse aber nicht berührt; Gehäuse so unterstützen, daß es beim Schlagen nicht reißen kann. Beide Kugellager prüfen; sie müssen glatt und geräuschfrei rundlaufen, dürfen kein Spiel haben; anderenfalls auswechseln. Nocken der Nockenwelle auf Abnutzung (Pittingbildung, Riefen prüfen); bei sichtbarem Verschleiß austauschen.

**Schwinghebel - Ausbau, Prüfung:** Die Schwinghebel übertragen den von den Nocken erzeugten Hub auf die Ventile. Sie laufen auf einer Achse, die im Nockenwellenträger sitzt. Zuerst mit einem Innensechskantschlüssel den Stift ausdrehen, der die Schwinghebelachse im Nockenwellenträger von oben sichert. Schwinghebelachse seitlich herausziehen; die beiden Schwinghebel und ein Distanzring kommen dabei frei; Elemente so ablegen, daß sie später nicht vertauscht werden können. Schwinghebel mit starken Abnutzungserscheinungen auswechseln. Prüfen, ob die Ölbohrung zur Schmierung der beweglichen Elemente vollkommen frei ist. Verstopfungen mit Druckluft entfernen.

**Zylinderkopf - Ausbau, Ventile - Dichtigkeits-Prüfung:** Die Muttern auf den Stehbolzen wurden bereits beim Ausbau des Nockenwellenträgers gelöst. Nun muß noch der Sicherungsbolzen zwischen Kopf und Zylinder ausgedreht werden. Dann den **Zylinderkopf** vom Zylinder lösen, notfalls mit leichten Gummihammerschlägen nachhelfen. Dann Kopf über die Stehbolzen vom Zylinder abheben.

Die **Ventile** sind schräg hängend im Zylinderkopf angeordnet. Wenn die Ventile dicht und an den Sitzen nicht verschlissen sind, müssen sie nicht ausgebaut werden. Dichtigkeitsprüfung: Über Schlauch und Trichter etwas Benzin in die Einlaß- und Auslaßöffnung des Zylinderkopfs füllen. Wenn kein Benzin unten an den Ventilsitzen heraustropft, schließen die Ventile völlig dicht ab.

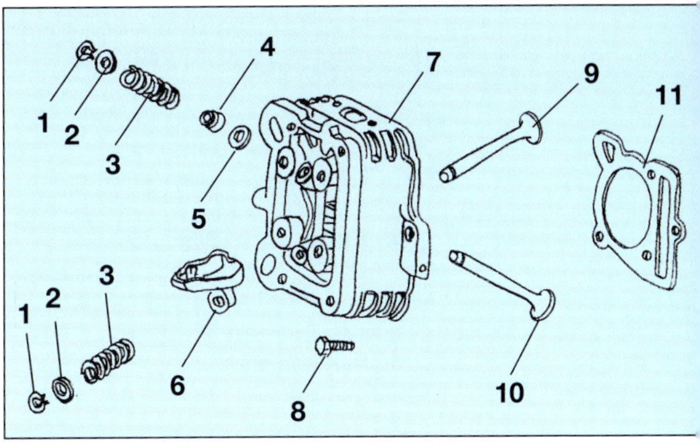


*285*

*Abb. 285*
*1 = Ventilsicherung, 2 = Druckteller, 3 = Ventilfeder, 4 = Ölschutz Einlaßventilführung , 5 = Scheibe,*
*6 = Halter, 7 = Zylinderkopf,*
*8 = seitliche Zylinderkopfsicherung,*
*9 = Einlaßventil,*
*10 = Auslaßventil,*
*11 = Zylinderkopfdichtung*

**Ventile, Ventilfedern - Ausbau, Prüfung:** Zum Ausbau der Ventile müssen die Ventilfedern zusammengedrückt werden, am besten mit einem Spezialwerkzeug. Bei zusammengepreßten Federn die Ventilteller abnehmen; Federn entlasten und entfernen; Ventile herausziehen. Die Länge der entspannten Federn messen; das Sollmaß beträgt für beide Federn 29,9 mm; Verschleiß-Grenzwert: 29,5 mm. **Ventile prüfen:** Sie dürfen an den Rändern nicht eingerissen, verbrannt oder verzogen sein. Verkrustungen gründlich entfernen, Ventile komplett reinigen. Die Stößel oder Schäfte dürfen oben nicht eingeschlagen sein. Den Durchmesser der Schäfte an mehreren Stellen radial mit der Mikrometerschraube messen. Toleranzwerte für Einlaßventil: 4,987 bis 4,972 mm; Abnutzungsgrenze: 4,96 mm; Toleranzwert Durchmesser für Auslaßventil: 4,960 mm; keine Abweichung zulässig.

**Zylinderkopf - Prüfung, Nachbearbeitung:** Oben auf der Ventilführung des Einlaßventils befindet sich eine Schutz- und Abdichtkappe. Sie muß für die Kontrolle der Ventilführung abgenommen werden. Beide Führungen gründlich und vorsichtig reinigen, es dürfen keine Kratzer entstehen. Anschließend Zylinderkopf umdrehen und Brennraum reinigen; dabei im Prinzip vorgehen wie im Kapitel “Sfera Zweitakt-Motor” gezeigt. Schlacke mit Kunststoff- oder Holzspachtel entfernen; keine scharfen Gegenstände, kein Schmirgelpapier verwenden!

**Zylinderkopf prüfen:** zuerst kontrollieren, ob keine Risse vorhanden sind. Dann prüfen, ob die Dichtfläche absolut eben ist; dazu ein geeichtes Flacheisen verwenden, Ebenheit rundum diagonal prüfen; höchstzulässige Verformung: 0,05 mm (Fühlerlehre verwenden).

**Ventilsitze, Ventilführungen prüfen:** Auch die Ventilsitze dürfen keine Schäden oder Risse zeigen. Zuerst Innendurchmesser der Ventilführung an den Enden der Arbeitsbereiche kontrollieren; der Toleranzwert beträgt für Ein- und Auslaßführung 5,0 bis 5,012 mm. Abnutzungsgrenzwert: 5,022 mm. Dann die Abdruckbreite der Ventile an den Ventilsitzen messen; der maximal zulässige Wert beträgt 1,8 mm.

**Achtung:** Wenn die Grenzwerte überschritten werden, muß der Zylinderkopf ausgewechselt werden. Ventile einschleifen: Kleinere Unebenheiten können durch Schleifen beseitigt werden, wenn die Grundwerte noch innerhalb der Toleranzen liegen; neue Ventile in jedem Fall auf die Ventilsitze einschleifen. Dazu Spezial-Schleifmittel auf die Ventilsitze auftragen. Ventil von unten einführen, Werkzeug zur Drehung des Schafts anbringen und Ventil unter leichtem Zug abwechselnd nach rechts und links drehen, bis eine hundertprozentige Angleichung erreicht ist; Dichtigkeit mit Benzin prüfen wie oben beschrieben.

**Zylinder, Kolben - Ausbau:** Nach Entfernen von Zylinderkopf und Zylinderkopfdichtung die zusätzliche Schraube am Zylinderfuß lösen. Dann den Zylinder vorsichtig über die Stehbolzen nach oben ziehen und Kolben dabei herausgleiten lassen. **Achtung:** Kolben nicht hart an die Kanten des Kubelgehäuses anschlagen lassen. Sauberen Lappen unterlegen und damit gleichzeitig verhindern, daß Schmutz ins Kurbelgehäuse eindringen kann. Die Zylinderfußdichtung abheben, Dichtungsreste vorsichtig mit einem Spachtel aus Kunststoff oder Hartholz entfernen. Kurbelgehäuse dabei abgedeckt halten. Haltering des Kolbenbolzens entfernen, Bolzen zur Seite drücken und Kolben abheben.

**Zylinder, Kolben - Prüfung:** Kolben und Zylinderwände dürfen keine Riefen, Freßspuren oder an-

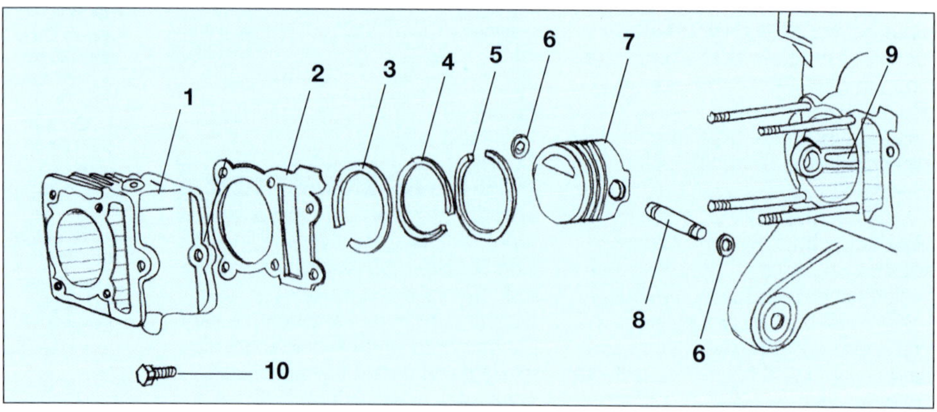

286

*Abb. 286*
*1 = Zylinder, 2 = Zylinderfußdichtung, 3 = Kompressions-Kolbenring, 4 = Mittel-Kolbenring, 5 = Ölabstreif-Kolbenring, 6 = Kolbenbolzen-Sicherungen, 7 = Kolben, 8 = Kolbenbolzen, 9 = Pleuelstange, 10 = seitliche Zylindersicherung*

dere Abnutzungen zeigen. Ölkohlereste mit Hartholzspachtel vom Kolbenboden abkratzen. Zum **Ausmessen** von Zylinder und Pleuelauge sind Meßuhren erforderlich. Bei Überschreitung der zulässigen Toleranzwerte (maximal 0,03 mm über Nennmaß, s.a. Anhang) muß der Zylinder auf das nächste Übermaß ausgeschliffen werden; dann muß natürlich auch ein Kolben mit Übermaß eingebaut werden (Zylinder vermessen und ausschleifen = Fachwerkstattsache).

Die drei **Kolbenringe** dürfen nicht mehr als 0,08 mm Spiel in der Nut haben; Messung mit Prüflehre zwischen Ring- und Nutkante durchführen. Das Stoßmaß zwischen den Kolbenringenden wird ermittelt, indem die Ringe einzeln in den Zylinder geschoben werden, Kolbenboden dabei als Preßwerkzeug benutzen (Sollmaße im Anhang). Sind die Ringe verschlissen, Kolben und Zylinder aber noch intakt, können die Ringe ausgetauscht werden (immer alle drei Ringe gemeinsam). Sie lassen sich durch leichtes Spreizen abnehmen, doch **Vorsicht:** das Material ist sehr zerbrechlich. Beim Wiedereinbau der Kolbenringe darauf achten, daß die Stoßenden jeweils um 120° zueinander versetzt sind; der mittlere Ring muß mit der zahnähnlichen Ausbuchtung nach unten zeigen. Die Grenzmaße für den Kolbenbolzen und Pleuelauge finden sich im Anhang (Messung Bolzen- und Pleuelauge im Kolben mit Meßuhr, Bolzen mit Mikrometerschraube).

**Zylinder, Kolben - Einbau:** Beim Zusammenbau des Motors mit dem Kolben beginnen. Die Markierung "SC" muß sich auf der Auslaßseite befinden. Kolbenbolzen einpressen und Haltering so einsetzen, daß die Öffnung längs zur Zylinderachse

287

288

*Abb. 287 Schnittmodell Zylinder und Zylinderkopf Viertaktmotor Sfera 125 (angefertigt von der Piaggio-Vertretung Schulz in Kommern); vorn das Einlaßventil, links die Zündkerze.*

*Abb. 288 Pleuelschaden bei einem Sfera-Viertakt-Motor, verursacht durch Fahren mit zu geringer Ölmenge; Folgeschäden durch abgerissene Metallteile entstanden in diesem Fall auch an Zylinder und Kurbelgehäuse; alle zentralen Motorteile mußten ausgetauscht werden.*

verläuft. Fachwerkstattsache ist der Einbau der **Zylinderfußdichtung;** denn es gibt keine Standarddichtung. Die nötige Stärke muß zu-

nächst mit Spezialwerkzeug und einer Meßuhr ermittelt werden. Dabei wird der Zylinder ohne Dichtung provisorisch eingebaut und mit einem Aufsatz versehen, der die Meßuhr trägt. Von der Messung hängt die Stärke der Dichtung ab, die Werte stehen in einer Tabelle (s. Anhang). Ein ziemlich einmaliger Vorgang, der die Wartungsfreundlichkeit des Piaggio-Motors in einem wichtigen Punkt auf unerfreuliche Weise einschränkt.
Ist die richtige Dichtung gefunden, werden Zylinder und Spezialwerkzeuge wieder abgebaut. Dichtung ansetzen und Zylinder vorsichtig über Stehbolzen und Kolben nach unten führen. **Achtung:** Bolzen am Zylinderfuß erst anziehen, wenn der Zylinderkopf mit Drehmoment abgezogen worden ist!

*Abb. 289 Nach jeder Demontage von Zylinderkopf und Zylinder müssen die Dichtungen erneuert werden. Im Bild Zylinder-Oberkante mit aufgelegter Zylinderkopfdichtung. Die Auflageflächen müssen absolut sauber sein.*

**Ventile, Ventilfedern - Einbau:** Zuerst die Schutzkappe oben auf die Einlaßventilführung setzen. Ventile im Stößelbereich leicht einölen und von unten in die Führungen schieben. Ölfangteller des Ablaßventils einsetzen. Die Federn aufsetzen und mit geeignetem Werkzeug zusammenpressen. Sicherungsteller einsetzen; dabei **Achtung:** Die Teller müssen sicher einrasten; sonst können die Federn herausspringen und Schäden am Zylinderkopf bzw. Verletzungen an Personen hervorrufen. Mit einem Kunststoff- oder Gummihammer leicht oben auf die Ventilstößel schlagen, damit sich die Ventile richtig setzen können; prüfen, ob die Ventile sauber anliegen und korrekt schließen. **Achtung Verletzungsgefahr:** Nicht zu stark auf die Stößel schlagen und dadurch womöglich die Sicherungsteller lösen; die Federn könnten herausspringen und Sie am Kopf treffen.

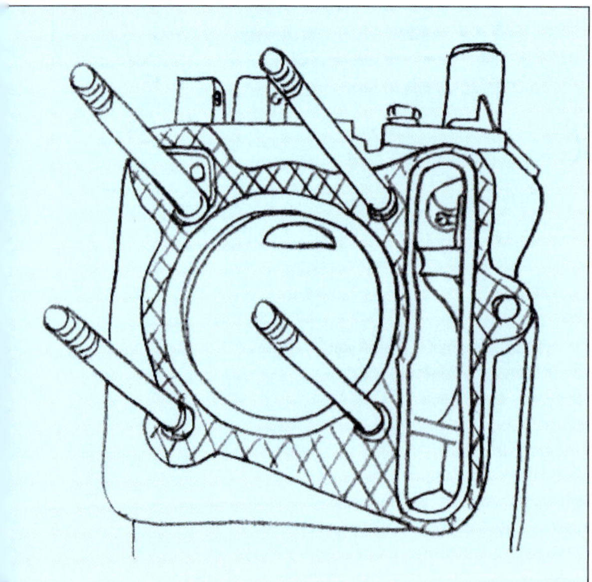

*289*

**Schwinghebel, Nockenwelle, Kugellager - Einbau:** Zuerst die beiden Schwinghebel in den Nockenwellenträger einbauen; dazu Schwinghebel korrekt positionieren und Schwinghebelachse einführen; dabei Achse von links durch Träger, Schwinghebel und Distanzscheibe führen. Achse so weit einführen, bis die umlaufende Einkerbung genau unter der **Blockierschraube** sitzt; Schraube mit 6 Nm anziehen.
Dann das kleine Lager in den Nockenwellenträger einbauen; dabei mit einem passenden Schlagdorn auf den äußeren Lagerring einwirken; keine Gewalt anwenden, Lager nicht verkanten. Das Lager bis zum Anschlag in seinen Sitz treiben. Das große Lager in einem Ölbad auf ca. 120° C erwärmen, mit einer geeigneten Zange aus dem Bad nehmen und bis zum Anschlag auf die Nockenwelle schieben. **Vorsicht:** Verbrühungsgefahr! Nockenwelle mit Lager in den Träger schieben und mit Seegering sichern; der Ring muß korrekt in der Nut sitzen. Distanzstück aufschieben.

290

**Zylinderkopf und Nockenwellenträger - Einbau:** Zuerst eine neue Zylinderkopfdichtung aufsetzen; alle Paßflächen sowie die Dichtung müssen absolut sauber und fett-/ölfrei sein. Zylinderkopf über die Stehbolzen bis zum Anschlag auf den Zylinder setzen; den seitlichen Sicherungsbolzen anbringen, aber noch nicht festziehen, da sich dadurch der Zylinder verziehen könnte. Nokkenwellenträger über die Stehbolzen schieben. Kopfmuttern leicht mit Motoröl benetzen, von Hand beidrehen und dann über Kreuz - wie auf der Graphik gezeigt - zunächst mit Drehmoment 10 Nm, dann mit 28 - 30 Nm anziehen. Erst jetzt die seitliche Sicherungsschraube festziehen, und zwar mit Drehmoment 12 - 14 Nm. Nockenwellen-Antriebsritzel und Steuerkette werden erst später aufgesetzt und eingestellt - s.u.

**Kettenspanner, Nockenwellenantrieb - Einbau, Einstellung:** Den Kettenspanner zusammen mit seiner Tragvorrichtung und einer neuen Dichtung einbauen und festschrauben. Anschließend die zentrale Verschraubung lösen und die Feder herausnehmen. Sperrklinke niederdrücken, damit die Spannvorrichtung ganz zurückweichen kann - Voraussetzung zum Einstellen der Steuerzeiten. Weitere Vorarbeit: Abnehmen des Gebläserades vom Rotor durch Lösen der drei Befestigungsschrauben. Jetzt kann das **Einstellen der Steuerzeiten** beginnen. Zuerst durch Drehen am Schwungrad den Kolben auf den oberen Totpunkt bringen. Dann die Strichmarkierung auf dem Schwungrad so stellen, daß sie der Markierungsnadel unten am Kurbelgehäuse gegenübersteht; eine gedachte Gerade läuft nach oben weiter zur

291

*Abb. 290*
*Die Ventile müssen hunderprozentig abdichten. Prüfen und Ausmessen wie im Text beschrieben.*

*Abb. 291*
*Piaggio-Besonderheit: Nockenwellenträger mit Nockenwelle und Schwinghebeln; durch den Schacht im Zylinderkopf (links unten) läuft die Steuerkette.*

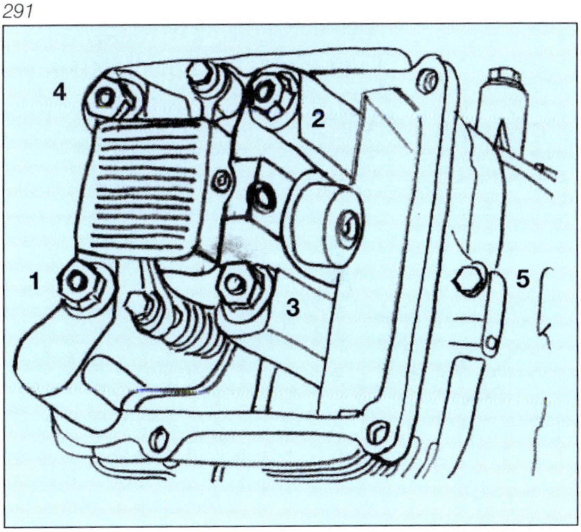


292

*Abb. 292*
*Die mit Öl benetzten Zylinderkopfmuttern müssen in der Reihenfolge 1 - 4 angezogen werden. Erst danach die seitliche Schraube (5) anziehen.*

*Abb. 293 Einstellung Steuerzeiten Teil 1: bei geschlossenen Ventilen müssen Markierung A und B genau fluchten.*

*Abb. 294 Einstellung Steuerzeiten Teil 2: Die Markierungen C und D müssen ebenfalls fluchten. Pfeil: den Sicherungsbolzen des Nockenwellenrads mit Drehmoment Nm 11-13 anziehen.*

Rotorverschraubung in der Mitte (s. Abb. 293). Nun die Nockenwelle so drehen, daß beide Ventile vollständig geschlossen sind; dies ist der Fall, wenn beide Stößel in höchster Position stehen; **Achtung:** Einstellschrauben müssen dabei vollständig entlastet sein!
Jetzt **Steuerkette** auf das Ritzel legen und Ritzel auf die Nockenwelle schieben, dabei **Achtung:** Die Strichmarkierung auf dem Ritzel muß genau mit der Markierung auf dem Träger fluchten. **Nockenwellenrad** in dieser Position blockieren; eine neue Unterlegscheibe und einen neuen Bolzen ansetzen; Bolzen mit Drehmoment 12 - 14 Nm anziehen.

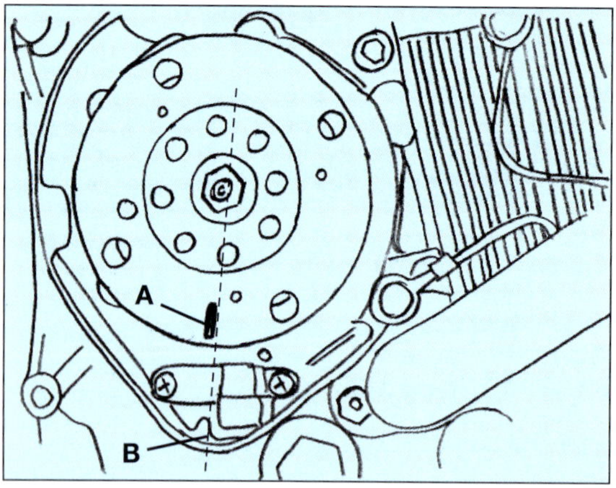


293

294

**Kettenspanner** zusammenbauen: Feder und Bolzen einsetzen, Bolzen festziehen. Zündkerze ausdrehen (falls noch nicht geschehen) und Kurbelwelle mehrmals von Hand ganz durchdrehen. Danach prüfen, ob sämtliche Markierungen noch exakt miteinander fluchten. **Achtung:** Wenn sich die Markierungen an Schwungrad und/oder Nockenwellenrad verstellt haben, müssen alle Einstellarbeiten noch einmal vorgenommen werden.

**Ventilspiel - Prüfung, Einstellung:** Kurbelwelle von Hand so lange drehen, bis die Markierungen an Nokkenwellenrad und Träger fluchten. Beide Ventile müssen geschlossen sein. Dann das Spiel beider Ventile zwischen Stößelende und Schwinghebelende messen; es muß bei beiden Ventilen 0,12 bis 0,15 mm betragen. Bei Abweichungen Spiel einstellen. Dazu die Muttern SW 8 an den Einstellschrauben etwas lösen und Stellschrauben so verdrehen, bis das Spiel stimmt. Muttern wieder anziehen, anschließend Spiel nochmals prüfen. **Achtung:** Schädlich ist vor allem zu geringes Spiel; besonders das Auslaßventil kann durchbrennen oder abreißen. Zu großes Spiel macht sich durch starkes Tickern im Zylinderkopfbereich bemerkbar.

**Luftleitbleche, Ansaugkrümmer, Zylinderkopfhaube - Einbau:** Zuerst die seitliche Abdeckung am Zylinderkopf anbringen und die drei Kreuzschlitzschrauben handfest anziehen. Ansaugkrümmer einbauen und Schrauben mit Drehmoment 11 - 13 Nm anziehen. Dichtungsring der Zylinderkopfhaube erneuern und Haube aufsetzen. Federscheiben wie in Abb. 297 gezeigt auflegen, ausrichten und die vier Schrauben über Kreuz mit Drehmoment 11 - 13 Nm anziehen.

295

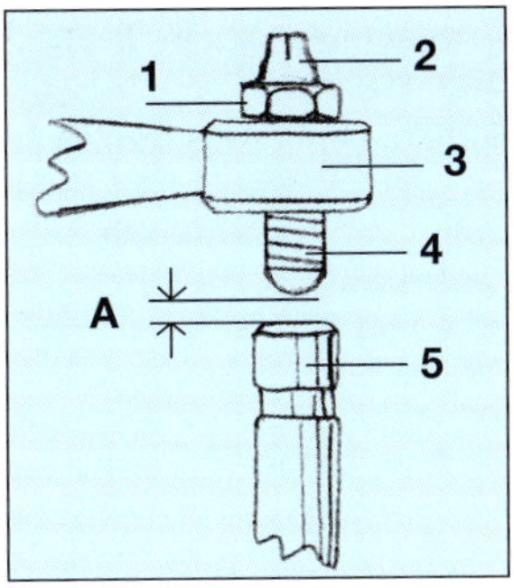


296

Abb. 295
Zum Einstellen des Ventilspiels müssen beide Ventile geschlossen sein. Die Markierungen auf Zahnkranz und Nockenwellenträger (Abb. 294) müssen fluchten. Prüflehre ansetzen, Vierkant der Einstellschraube blockieren, Mutter mit Gabelschlüssel SW 8 lösen.

**Ölkühler, unteres Luftleitblech, Gebläserad, Schwungradabdeckung - Einbau:** Vor dem Einbau des Kühlers die Ausrichtung der Ölleitungen prüfen; sie müssen spannungsfrei an den entsprechenden Bohrungen anliegen. Andernfalls Leitungen am Kühler lockern und ausrichten. **Achtung:** Werden die Leitungen unter Spannung eingebaut, können sie durchvibrieren, was einen Öldruckabfall und Motorschaden nach sich ziehen kann.
Für die **Ölkühlerbefestigung** möglichst neue Gummischeiben verwenden. Kühler am Zylinder anbringen und die beiden Kreuzschlitzschrauben handfest anziehen. Dann die Anschlüsse der beiden Ölleitungen mit neuen Dichtungen versehen und mit Drehmoment 13 - 15 Nm anziehen. **Unteres Luftleitblech** ansetzen und mit den beiden Kreuzschlitzschrauben befestigen. **Gebläserad** mit drei Schrauben befestigen. Zuletzt **Schwungradabdeckung** anbringen. Dabei darauf achten, daß die Aussparungen richtig in die benachbarten Blechteile greifen. Schrauben (vier am Rotor, zwei oben/unten am Zylinderkopf) mit Gefühl anziehen, keinesfalls Gewalt anwenden.

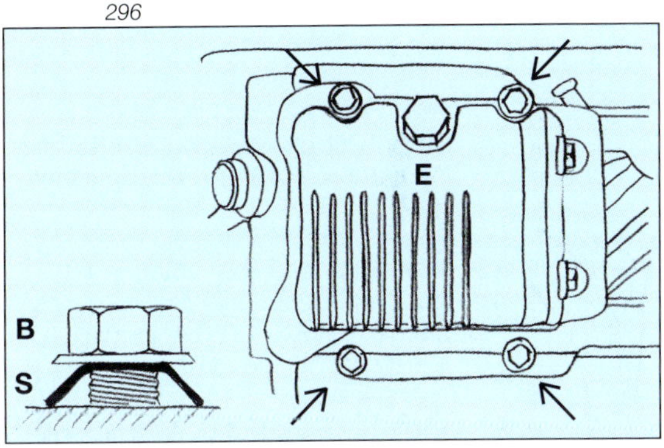


297

**Keilriemen-Automatik allgemein:** *Wie bei allen Rollern der Sfera-Generation wird auch beim Sfera 125 Viertakt die Kraft über eine Keilriemen-Automatiik mit Variator, Fliehkraftkupplung und Untersetzungsgetriebe aufs Hinterrad übertragen. Der Keilriemen unterliegt hier allerdings aufgrund der höheren Motorleistung größerem Verschleiß.*
*Die Ausführung der einzelnen Baugruppen unterscheidet sich nur in kleinen Details von dem, was wir von den Zweitaktmodellen her kennen. Unterschiedlich sind zum Teil Zahl und Anordnung von Dichtringen, Scheiben und Distanzhülsen. Wir beschränken uns hier auf ergänzende und zusammenfassende Hinweise. Beachten Sie bei Montagearbeiten stets auch die Seiten, die das Antriebssystem der Zweitakt-Modelle mit 50 und 80 Kubik behandeln.*

Abb. 296
Details der Ventileinstellung; 1 = Feststellmutter, 2 = Vierkant stellschraube, 3 = Schwinghebelende, 4 = Stellschraube, 5 = Ventilschaft, A = Spiel Einlaß und Auslaß 0,12 bis 0,15 mm

Abb. 297
Montage Zylinderkopfhaube: die vier Bolzen (Pfeile, B) anziehen. Auf richtige Position der Unterlegscheiben (S) achten. E = Öleinfüllverschluß

**Antriebsgehäuse-Deckel - Ausbau, Kickstarter - Ausbau, Prüfung:** Zunächst Kickstarter ausbauen. Der Deckel ist rundum mit elf statt 13 Schrauben gesichert. Deckel abschrauben und umdrehen. Innen befindet sich ein Spezialblech, das mit sechs Schrauben befestigt ist. Dahinter liegt das Kickstart-System. Es besteht wie üblich aus einer Welle mit Halb-Zahnkranz und einer Klaue, die in die Antriebs-Riemenscheibe eingreift. Alle Teile auf spielfreien Sitz und ausreichende Schmierung prüfen (Universalfett). Zur Zerlegung Seegering entfernen und Halb-Zahnkranz abziehen; dabei **Vorsicht:** die Rückholfeder ist stark vorgespannt! Fachwerkstätten besitzen ein Spezialwerkzeug zum Aus- und Einbau. Vor dem Einbau alle Teile dort, wo sie gleiten oder greifen, mit Universalfett schmieren.

**Variator, Kupplung, Antriebsriemen - Ausbau:** Die Arbeitsschritte sind die gleichen wie bei Sfera 50 / 80 mit Trommelbremse. Kurz zusammengefaßt: Zahnkranz der Antriebs-Riemenscheibe mit Spezialwerkzeug blockieren, Zentralmutter abschrauben, Riemenscheibe abnehmen, Antriebsriemen damit vorn freilegen; Kupplungsglocke blockieren wie bei Sfera 50 / 80 gezeigt, Zentralmutter abschrauben, Kupplungsglocke abnehmen, dann Fliehkraftkupplung mit Antriebsriemen abziehen. Antriebsriemen auf Verschleiß prüfen wie weiter vorn beschrieben; es dürfen keine Ölverschmutzungen, Risse oder andere Beschädigungen feststellbar sein. Piaggio empfiehlt, den Riemen spätestens alle 8000 km zu erneuern. Er ist abgenutzt, wenn die unverzahnte Außenseite auf 17,2 mm abgeschliffen ist.

298

*Abb. 298 Blick ins Innere des Variators; die Rollen müssen regelmäßig nachgefettet werden. Beim Wiedereinbau Rollen in die gleichen Lager setzen wie vorher.*

**Variator - Zerlegung, Wartung, Zusammenbau:** Zunächst die drei Schrauben und die Abdeckung entfernen. Dann den **Rollenabstandshalter** mit den Gleitschuhen und den Gummidichtring herausnehmen. Die sechs Rollen aus dem Gehäuse nehmen und auf Beschädigung bzw. Abnutzung prüfen. Sie sind abgenutzt, wenn der Außendurchmesser die Grenze von 18,5 mm erreicht hat. **Achtung:** Sollen die gleichen Rollen wieder eingebaut werden, müssen sie so abgelegt werden, daß beim Einbau Ausrichtung und Position nicht verwechselt werden können!

Auch die innen liegenden **Bronzelager** drüfen nicht zu stark abgenutzt sein; der Grenzwert für deren Innendurchmesser liegt bei maximal 22,035 mm. Die Laufbuche der Variatorscheibe muß erneuert werden, wenn der Außendurchmesser auf 21,90 mm abgenutzt ist. Vor dem Wiedereinbau der Rollen müssen die Bronzelager mit Spezialfett geschmiert werden (z.B. Fiat Jota F). **Achtung:** Werden die gleichen Rollen wieder eingebaut, müssen sie jeweils in ihren alten Sitz gelegt werden. Vor dem Wiedereinbau des Rollenabstandshalters die **Gleitschuhe** auf Verschleiß prüfen, u.U. ersetzen. Dann den Halter einsetzen, den (bei Verschleiß erneuerten) Dichtring auflegen und Deckel festschrauben.

**Fliehkraftkupplung, angetriebene Riemenscheibe - Zerlegung, Wartung:** Auch in diesem Punkt gibt es praktisch keine Neuerungen; wir fassen zusammen: Kupplungsglocke ausbauen wie beschrieben und auf Abnutzung oder Beschädigung (Riefen) prüfen; der Innendurchmesser darf 120,6 mm nicht überschreiten. Kupplung in einen Schraubstock spannen, Sicherungsblech aufbiegen und Zentralmutter mit einem Schlüssel SW 46 abschrauben.

**Achtung:** Kupplung steht unter Spannung! Daher die Platte nach unten drücken, bis die Mutter ganz gelöst ist; dann Feder langsam entspannen. Kupplung abheben.

**Riemenscheibe zerlegen:** Rückhaltering abziehen, Zapfen der Führungsrolle ausbauen und die beiden Halbscheiben trennen. Abnutzungs-Grenzwerte für die Buchse: außen 40,955 mm, innen 41,035 mm. Die Feder darf in entspanntem Zustand nicht kürzer sein als 121 mm. Die Kugellager auf der Buchse bei Verschleiß austreiben, neue Lager mit einem genau passenden Rohr aufschieben.

Die eigentliche **Kupplung** muß komplett ausgetauscht werden, wenn die (aufgeklebten) Beläge an der dünnsten Stelle bis auf 1 mm Stärke abgenutzt sind. Das Neuteil

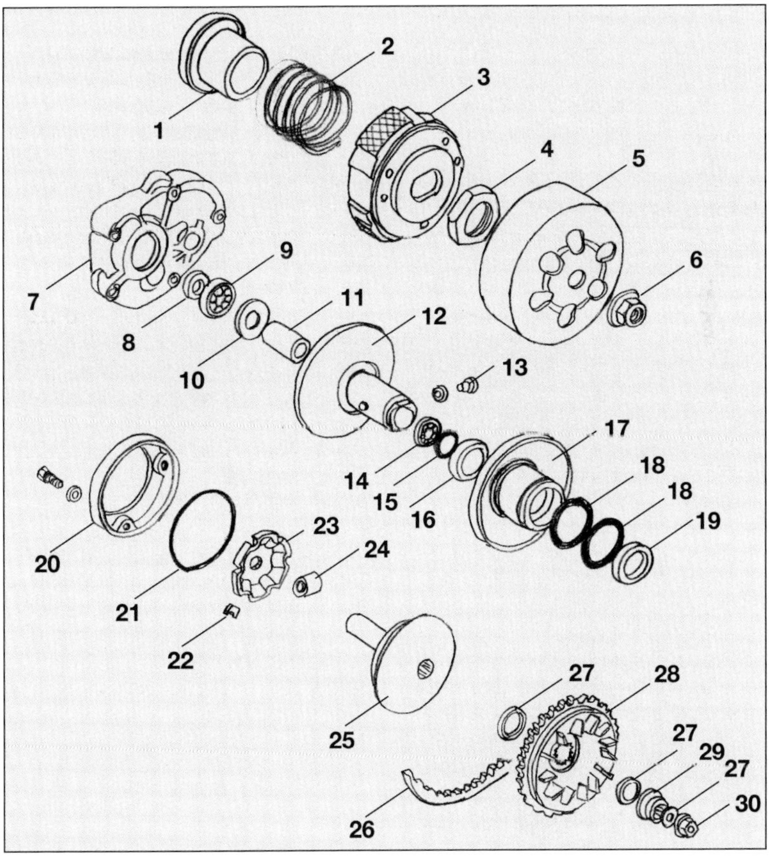


299

*Abb. 299 Antrieb mit Variator und Fliehkraft-Kupplung: 1 = Büchse, 2 = Feder, 3 = Kupplung mit aufgeklebten Belägen, 4 = Mutter, 5 = Kupplungskorb, 6 = Sicherungsmutter, 7 = Getriebedekkel, 8 = Scheibe, 9 = Lager, 10 = Dichtring, 11 = Buchse, 12 = getriebene Riemenscheibe mit Büchse innen, 13 = Sicherung, 14 = Lager, 15 = Dichtring, 16 = Ring, 17 = getriebene Riemenscheibe außen, 18 = Dichtringe, 19 = Ring, 20 = Abdeckring, 21 = Dichtring, 22 = Gleitschuh, 23 = Variatorgehäuse, 24 = Rolle (6 Stück), 25 = treibende Riemenscheibe innen, 26 = Antriebsriemen, 27 = Ring, 28 = treibende Riemenscheibe außen mit Zahnkranz und Lüfter, 29 = Druckstück, 30 = Sicherungsmutter*

*Abb. 300 Kompakt und wartungsfreundlich: der Motor-Antriebs-Block der Sfera 125. Der Deckel des Antriebsgehäuses ist mit elf Schrauben befestigt. Der elektrische Anlasser sitzt oben auf dem Gehäuse unterhalb des Vergasers. Serienmäßig außerdem wieder: der Kickstarter*

*300*

ist ab Werk feingewuchtet. Zusammenbau in umgekehrter Reihenfolge, Feder niederhalten, Mutter mit Drehmoment (Anhang) festziehen und sichern.

**Antrieb - Zusammenbau, Tips:** Variator, Antriebsriemen und Kupplung werden in umgekehrter Reihenfolge wie beim "Ausbau" beschrieben wieder montiert. Die Zentralmuttern an Variator und Kupplung müssen erneuert und mit flüssiger Schraubensicherung blockiert werden. Elemente blockieren, Muttern anziehen, dabei Anzugs-Drehmomente beachten (40 - 44 Nm, s.a. Anhang).
Beim Einbau darauf achten, daß der Riemen nicht geknickt oder beschädigt wird. Die Hälften der hinteren Riemenscheibe auseinanderdrükken, Antriebsriemen nach vorne schieben; bei der vorderen Riemenscheibe muß der Antriebsriemen im Inneren frei beweglich sein, da ansonsten die Anzugs-Drehmomente verfälscht werden können. Deckel des Antriebsgehäuses montieren, Schrauben handfest anziehen (entspricht 11 - 13 Nm).

**Getriebe - Ausbau, Zerlegung, Montage:** Das Getriebe der Sfera 125 Viertakt zeigt - abgesehen vom modifizierten Untersetzungsverhältnis - keine wesentlichen Unterschiede zu dem der Zweitakt-Modelle. Es läßt sich ebenso leicht zerlegen und prüfen. Kugellager prüfen wie mehrfach beschrieben; sie müssen frei rundlaufen. Zum Ausbau sind teilweise Spezialabzieher erforderlich. Wir weisen nochmals darauf hin, daß das Getriebegehäuse vor dem Einbau neuer Lager auf ca. 80° C erwärmt werden muß; Lager auf keinen Fall verkanten und mit Gewalt eintreiben.
Wellendichtringe prüfen, bei Verschleiß erneuern. Vor dem Zusammenfügen des Gehäuses die Dichtflächen sorgfältig reinigen; dabei keine scharfkantigen Metallwerkzeuge verwenden. Dichtflächen mit Loctite 501 bestreichen. Die fünf Schrauben mit Drehmoment Nm 11 - 13 anziehen.

# SFERA 125 VIERTAKT: ANLASSER, LICHTMASCHINE, ÖLPUMPE, ÖLWECHSEL, KURBELWELLE, MOTORGEHÄUSE

*Bei den Nebenaggregaten des Viertakt-Motors gibt es einige, teilweise gravierende Unterschiede zum Zweitakter. Der Anlasser ist oben auf dem Triebwerksgehäuse fixiert, die Ölpumpe arbeitet nach dem Druckumlaufprinzip und wird von einer Kette angetrieben. Die Lichtmaschine hingegen ist nach dem bekannten Schwungrad-Magnetzünder-Prinzip konstruiert und sitzt wie bei den übrigen Motoren rechts auf der Kurbelwelle.*

**Anlasser - Aus-/Einbau, Zerlegung, Prüfung:** Anders als bei der Zweitakt-Sfera sitzt der Anlasser oben auf dem Motorgehäuse, direkt hinter dem Vergaser - s.a. Foto Seite 122. Das kompakte Aggregat ist bei ausgebauten Verkleidungselementen oder ausgebautem Motor erreichbar. Auf jeden Fall zuerst die Batterie abklemmen. Dann Pluskabel vom Anlasser lösen (1 Kreuzschlitzschraube). Das Massekabel ist zusammen mit einer der vier Schrauben SW 8 befestigt, die den Anlasser auf dem Gehäuse fixieren. Schrauben ausdrehen und Anlasser abheben.

Zum **Ausbau des Vorgeleges** zunächst Antriebsgehäusedeckel abnehmen wie beschrieben. Das Vorgelege sitzt nicht unterhalb der Riemenscheibe, sondern oben in einer speziellen Ausbuchtung und läßt sich nach Ausbau des Anlassers einfach herausziehen. Die Buchse, in der das Vorlege läuft, ist dem Verschleiß ausgesetzt; der Innendurchmesser darf nicht größer werden als 8,03 mm. Die Vorgelegewelle ist abgenutzt, wenn der Grenzdurchmesser von 7,96 mm unterschritten ist.

**Anker und Schleifkohlen** sind in einer Einheit zusammengefaßt, die sich nach Lösen von zwei Kreuzschlitzschrauben auf der Anlasser-Rückseite herausziehen läßt. Bei abgenutzten Schleifkohlen Einheit komplett ersetzen. Beim Einsetzen in den Stator des Anlassermotors auf die Kerben bzw. Markierungen an Träger- und Gehäuserand achten. Beim Zusammenbau zuerst Vorgelege einsetzen, dann Anlasser montieren, die vier Befestigungsschrauben mit 11 - 13 Nm anziehen, Kabelverbindungen anbringen.

**Lichtmaschine - Aus-/Einbau, Zerlegung, Prüfung:** Nötige Vorarbeiten: Ausbau des Motors, Demontage von Gebläseabdeckung, Ventilator und Ölkühler wie beschrieben. Die einzelnen Schritte unterscheiden sich im Prinzip nicht von den Arbeiten am Zweitaktmotor. Beachten Sie daher auch die Fotos und Tips auf den entsprechenden Seiten "Sfera Trommelbremse".

Die wichtigsten Punkte nochmals **kurz zusammengefaßt:** Schwungrad blockieren, Zentralmutter lösen, Schwungrad (Rotor) mit passendem Abzieher abziehen (notfalls in Fachwerkstatt ausleihen). Dann die drei Kreuzschlitz-Halteschrauben des Stators und die zwei Inbusschrauben des unten liegenden Pickups

*Abb. 301 Vorgelege des elektrischen Anlassers bei abgenommenen Riemenscheiben; während der Starter bei den Sfera-Modellen der ersten Generation unten am Motorgehäuse sitzt, greift er bei den neuen Typen von oben ein.*

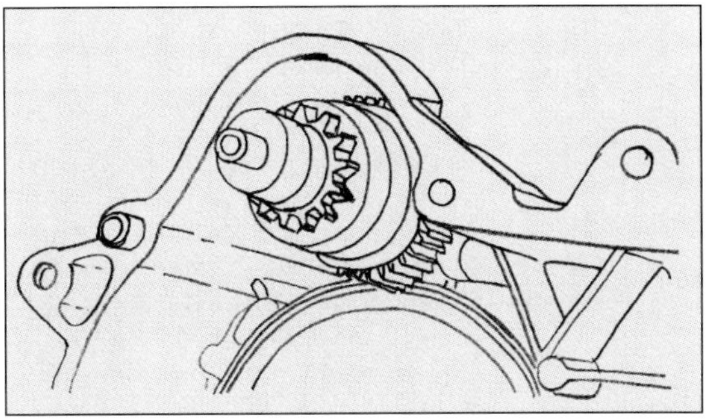

*301*

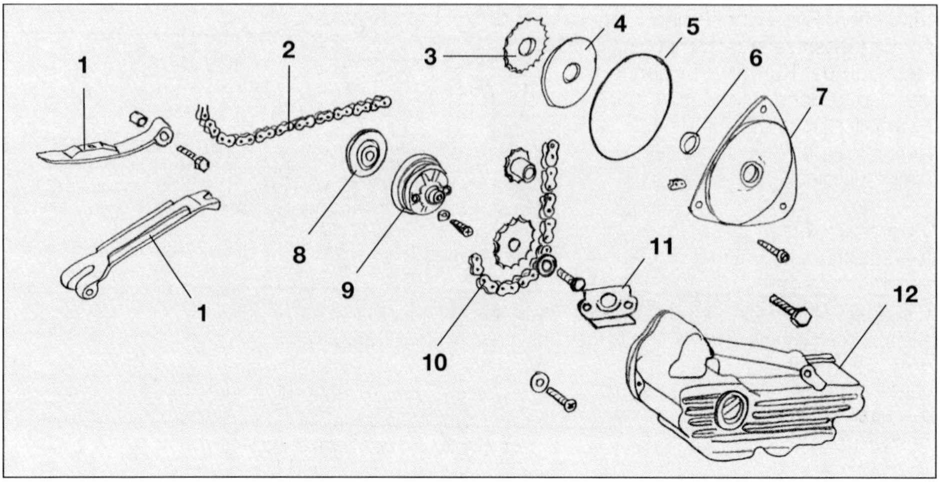


302

Abb. 302 Ölpumpe mit Antrieb, Steuerkette: 1 = Gleitschienen, 2 = Steuerkette Nockenwelle, 3 = Antriebsritzel Steuerkette, 4 = Scheibe, 5 = O-Dichtring, 6 = Ring, 7 = Abdeckplatte, 8 = Dichtung, 9 = Ölpumpe mit Gehäuse, 10 = Ölpumpenantriebskette mit Ritzeln, 11 = Halteplatte, 12= Ölwanne

Abb. 303 Bypass-Ventil komplett (1 ) mit O-Dichtring (2), ausgebaut

Abb. 304 Bypass-Ventil zerlegt; 1 = Gehäuse, 2 = Kugel, 3 = Hülse, 4 = Feder, 5 = Ring, 6 = Sprengring

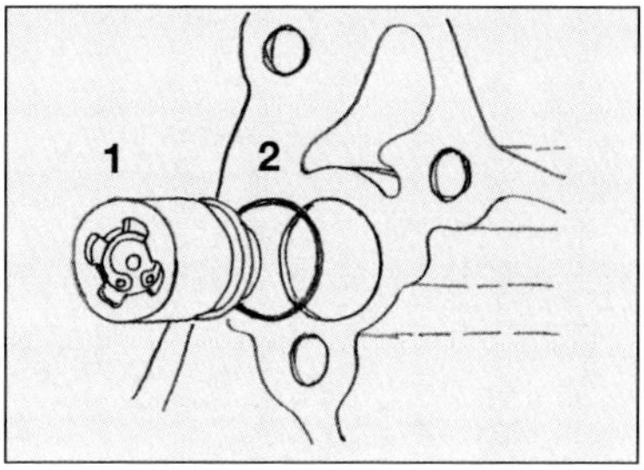


303

ausdrehen; Elemente abnehmen und zunächst einer Sichtprüfung unterziehen. Es dürfen keine verkohlten bzw. angeschmorten Stellen oder blanke Kabel zu sehen sein. Zum Durchprüfen der Bauteile ist ein Ohmmeter erforderlich. **Pickup:** Das Testgerät an das in den Stecker mündende braune und rote Kabel anschließen; es muß Strom mit einem Widerstand von 120 +/- 15 Ohm fließen. **Versorgungsspule** Schaltzentrale: Den Tester an das weiße und grüne Kabel anschließen. Der Strom muß einen Widerstand von 350 +/- 20 Ohm haben. Defekte Teile komplett auswechseln. Beim Wiedereinbau den Rotor über den Keil auf der Kurbelwelle schieben und satt einrasten lassen. Die Mutter mit 40 - 44 Nm anziehen.

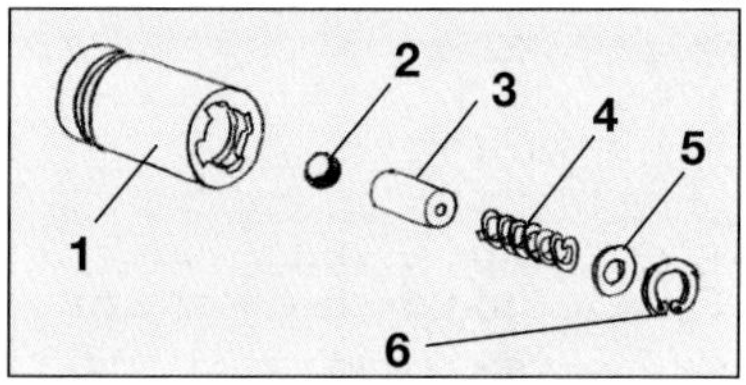


304

**Ölpumpe - Ausbau:** Die Ölpumpe befindet sich in der Ölwanne unterhalb der Kurbelwelle und wird über eine Kette angetrieben. Zuerst müssen Variator, Riemenscheiben, Kupplung und Antriebsriemen demontiert werden wie beschrieben. Dann Motoröl ablassen (genaue Beschreibung s. Abschnitt weiter hinten. **Ölwannenabdeckung** abschrauben; sie ist mit sechs Schrauben am Gehäuse befestigt. Abdeckung des Zahnkranzes an der Ölpumpe abnehmen (zwei Kreuzschlitzschrauben). Jetzt die runde **Kettenabdeckung** zusammen mit Dichtring und Kettenführung vom Kurbelgehäuse entfernen (drei Kreuzschlitzschrauben), Abstreifscheibe abnehmen.
Einen Kreuzschlitzschraubendreher in die Bohrung des Ölpumpenritzels stecken, auf diese Weise das **Ritzel blockieren;** Zentralschraube

ausdrehen, Ritzel abnehmen. Dann das Antriebsritzel zusammen mit der Kette von der Kurbelwelle ziehen. Die beiden Schrauben lösen, mit denen der Ölpumpenhalter am Gehäuse fixiert ist, Pumpe und Dichtung entfernen.

**Ölpumpe - Zerlegung, Prüfung:** Zuerst die Pumpe öffnen; dazu die beiden Schrauben auf der Rückseite lösen und Deckel abheben. Sprengring von der Rotorwelle entfernen. Mit Maßbalken und Fühlerlehre den Abstand zwischen Rotoroberfläche und Pumpengehäuse messen; Grenzwert: 0,09 mm. Das Spiel zwischen äußerem und innerem Rotorelement darf nicht größer als 0,12 mm sein. Grenzwert für das radiale Spiel zwischen Gehäuse und Rotoraußenkante: 0,20 mm.

**Bypass-Ventil Öldruck Aus-/Einbau, Prüfung:** Bei abgenommenem Ölwannendeckel wird auch das Bypass-Ventil sichtbar; es verhindert Überdruck im System und liegt links oben neben der Ölpumpe im Motorgehäuse und läßt sich einfach aus seinem Sitz herausziehen. Zur Kontrolle den Sprengring entfernen, Scheibe, Feder, Stift und Kugel aus dem Ventilgehäuse herausnehmen. Die Feder muß in entspanntem Zustand mindestens 14 mm lang sein. Alle Teile reinigen und wieder zusammenbauen. Den O-Dichtring im Motorgehäuse wechseln und das Ventil in seinen Sitz zurückdrücken.

**Ölpumpe - Zusammen- und Einbau:** Den Sprengring wieder auf die Rotorwelle setzen und darauf achten, daß er korrekt einrastet. Die Markierungen auf Innen- und Außenrotor so nach den Punkten auf der Gehäuserückseite ausrichten wie auf der Abbildung gezeigt. Abdeckung aufsetzen (Bohrungen sind asymmetrisch) und festschrauben. Eine neue Dichtung einführen, Ölpumpe einsetzen und mit dem Sicherungsblech fixieren.
**Kettenabdeckung** anbringen; zuvor Dichtring und Kettenführung prüfen; die Kettenführung so positionieren, daß die Kette korrekt gleiten kann. Abstreifscheibe und Ritzel auf die Kurbelwelle schieben, Kette auflegen. Dann Ölpumpenritzel zusammen mit der Kette aufsetzen,

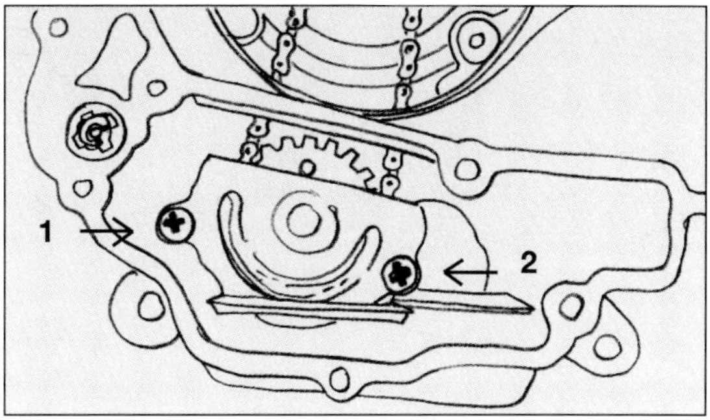


305

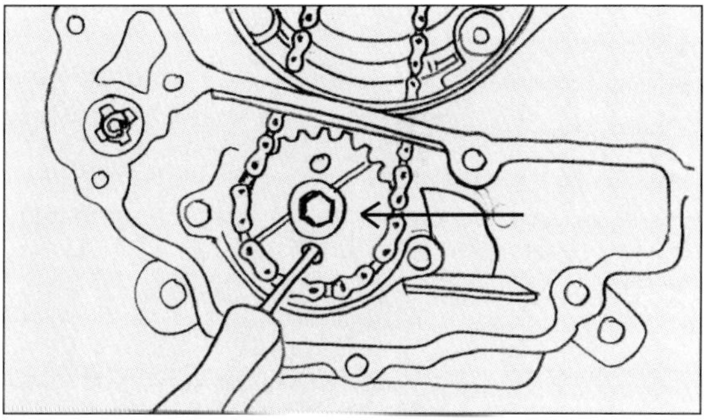

306

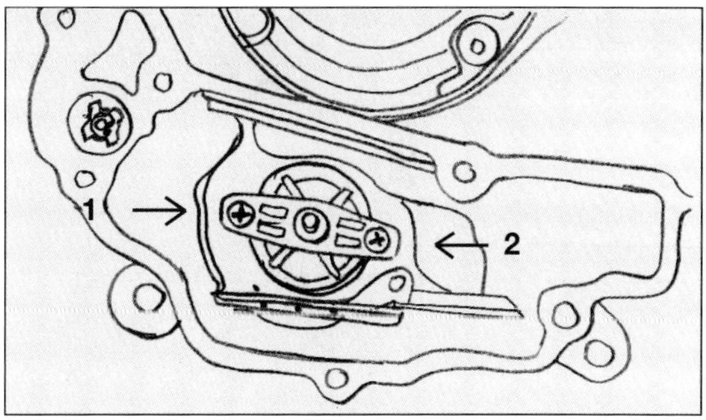


307

*Abb. 305 Ausbau Ölpumpe: Schrauben 1 + 2 lösen, Halter abnehmen*
*Abb. 306 Ritzel mit Schraubendreher blockieren, Bolzen lösen (Pfeil)*
*Abb. 307 Pumpenbefestigung lösen (Pfeile 1 + 2)*

blockieren wie beschrieben und Zentralschraube mit 12 - 14 Nm anziehen. Abdeckung des unteren Ritzels mit den beiden Kreuzschlitzschrauben befestigen. Nun die Kontaktflächen an Motorgehäuse und Ölwannenabdeckung sorgfältig reinigen und mit Loctite 510 bestreichen. Deckel aufsetzen und die sechs Schrauben mit 11 - 13 Nm anziehen. Zuletzt die runde Kettenabdeckung mit der korrekt angebrachten Kettenführung am Kurbelgehäuse befestigen.

*Abb. 308*
*Nach Ausbau von Zylinder und Lichtmaschine kann das rechte Gehäuseelement abgezogen werden. In der Mitte das rechte Kurbelwellenlager mit Sitz.*

*Abb. 309*
*Linke Gehäusehälfte mit Verschraubung und Halteplatte des linken Kurbelwellenlagers. Unten die Ölpumpendichtung.*

*308*

*309*

**Kurbelwelle - Aus-/Einbau, Prüfung, Motorgehäuse - Zerlegung:** Voraussetzung ist, daß Zylinder, Lichtmaschine, Anlasser, Antrieb und Ölpumpe demontiert worden sind. Zuerst wird die Steuerkette samt Ritzel und Gleitschuhen von der Kurbelwelle genommen; der Gleitschuh ist mit Schrauben SW 10 befestigt. Dann von der Lichtmaschinenseite her die acht Schrauben SW 8 lösen, mit denen die Gehäusehälften miteinander verbunden sind. **Gehäusehälften** vorsichtig trennen und dabei die generatorseitige Hälfte von der Kurbelwelle abziehen (s.a. Kapitel "Sfera Trommelbremse"). Danach kann die **Kurbelwelle** einfach aus der anderen Hälfte herausgezogen werden. Das generatorseitige Kugellager bleibt dabei zunächst auf der Kurbelwelle. Es läßt sich mit einem passenden Abzieher abziehen.

Das **Kurbelwellenlager** auf der Antriebsseite wird von einem Stahlring in Position gehalten; drei Torxschrauben lösen, Ring abnehmen und Kugellager aus dem Sitz ziehen. Prüfung des Lagers wie mehrfach beschrieben.

Die **Kurbelwelle** vor dem Wiedereinbau **prüfen und vermessen.** Das Seitenspiel zwischen Pleuelfuß und Kurbelwange darf nicht größer sein als 0,50 mm (Sollwerte liegen zwischen 0,14 und 0,41 mm). Zur Ermittlung des Pleuelstangen-Radialspiels die Kurbelwelle einspannen und Pleuel im oberen Totpunkt auf- und abbewegen; die Verschleißgrenze ist erreicht, wenn das Spiel größer als 0,035 mm ist (Sollwerte zwischen 0,015 und 0,025 mm). Das Fluchten der beiden Wellenachshälften kann nur mit Meßuhr und Spezialhalterung ermittelt werden; maximal zulässige Differenz: 0,03 mm.

**Zusammenbau:** Kurbelwelle einspannen und - falls nötig - das generatorseitige Kugellager mit einem Rohr, das genau auf den Innenring paßt, vorsichtig auf die Welle treiben. Fachwerkstätten pressen die Lager mit Hydraulikgeräten bis zum Anschlag auf die Welle. Zum **Einbau des antriebsseitigen Lagers** die Gehäusehälfte mit einer Heißluftpistole auf etwa 120° C erwärmen, dann Lager bis zum Anschlag einschieben. Sicherungsblech aufsetzen, die drei Schrauben mit flüssiger Schraubensicherung einsetzen und anziehen. Kurbelwelle einsetzen. Trennflächen der Gehäusehälften mit Flüssigdichtung Loctite 501 bestreichen, zusammenfügen und mit den acht Inbusschrauben sichern; Anzugsmoment 11 - 13 Nm. Zuletzt Ritzel, Steuerkette und Gleitschuhe anbringen, dabei auf korrekten Sitz aller Teile achten.

**Ölkreislauf Viertaktmotor - Allgemeines:** Der Piaggio-Viertaktmotor wird nach dem Druckumlaufsystem geschmiert. Die - von der Kurbelwelle aus - kettengetriebene Ölpumpe saugt das Öl an; dabei strömt es zuerst durch einen herausnehm- und auswaschbaren Metall-Feinfilter, dann durch die Pumpe zum Ölfilter mit auswechselbarer Kartusche. Von da fließt das Öl durch den Ölkühler, um anschließend Nockenwelle und Schwinghebel zu schmieren. Vom Zylinderkopf strömt der Schmierstoff schließlich zu Kurbelwelle und Pleuellager. Öldämpfe werden über den Luftfilter angesaugt und über den Vergaser wieder dem Brennraum zugeführt. Ein Bypass-Ventil in der Ölwanne verhindert Überdruck im System.

**Ölstandskontrolle:** Piaggio empfiehlt, die Ölstandskontrolle bei kaltem Motor vorzunehmen. Fahrzeug auf ebenem Untergrund abstellen, nicht aufbocken. Dann Motorölstand über das Kontrollfenster an der Ölwanne überprüfen. Der Spiegel muß zwischen MIN- und MAX-Marke liegen. Ist der Pegel bis zur MIN-Markierung abgesunken, muß **Motoröl der Mehrbereichs-Spezifikation SAE 15 W 50** aufgefüllt werden. Bei älteren Modellen dazu die Inspektionsklappe öffnen und Einfüllschraube am Zylinderkopf ausdrehen. Am besten Trichter verwenden. Bei neueren Typen sitzt der Einfüllstutzen neben dem Kontrolfenster. **Achtung:** Keinesfalls über die MAX-Marke nachfüllen; überschüssiges Öl wird rausgedrückt.

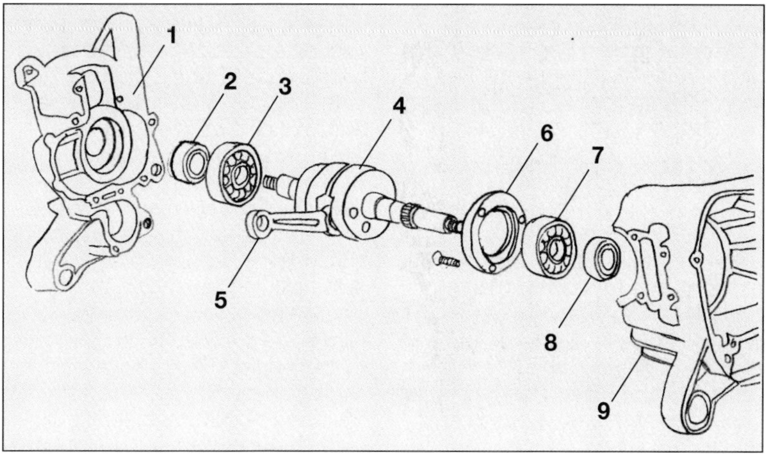


310

*Abb. 310 Kurbelwelle mit Lagerung: 1 = rechte Gehäusehälfte, 2 = Wellendichtring, 3 = Kugellager, 4 = Kurbelwelle, 5 = Pleuelstange, 6 = Lagerhalterung, 7 = Kugellager, 8 = Wellendichtring, 9 = linke Gehäusehälfte*

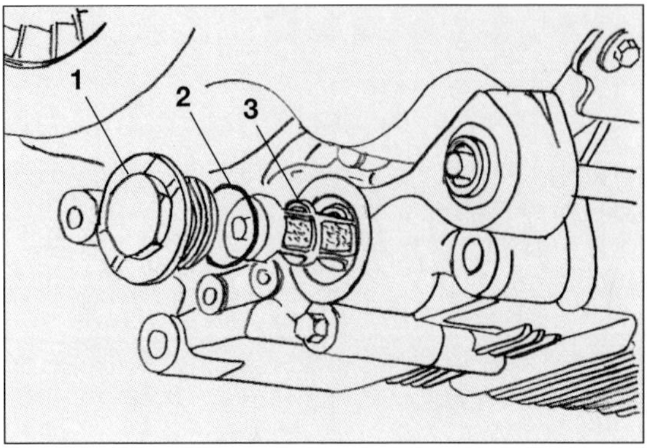

311

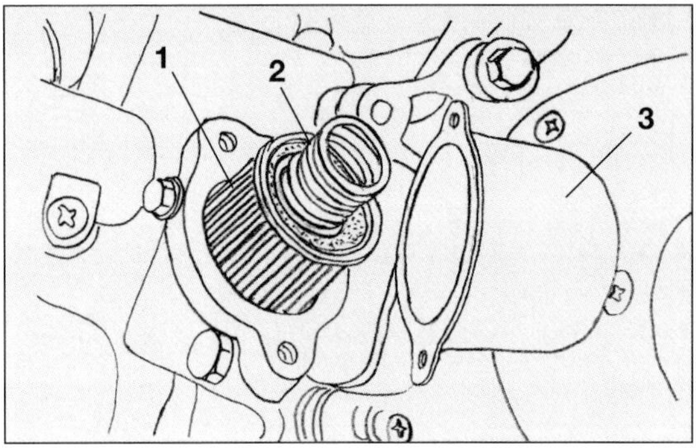

312

*Abb. 311 Ölablaßschraube (1) mit O-Dichtring (2) und Dauerfilter (3); Ring erneuern, Filter reinigen*

*Abb. 312 Wechsel-Ölfilter (1) mit Feder (2) und Deckel (3)*

**Öl und Filterwechsel:** Öl und Filtereinsatz müssen nach den ersten 1000, danach alle 4000 Kilometer gewechselt werden, und zwar bei betriebswarmem Motor. Fahrzeug aufbocken und Auffangwanne unter den Motor stellen. Einfüllstopfen abnehmen. Ablaßschraube mit einem Ringschlüssel SW 17 ganz ausdrehen und Motoröl abfließen lassen. **Achtung:** Undurchlässige Schutzhandschuhe anziehen, Verbrühungsgefahr! Wenn das Öl vollständig abgetropft ist, den zylindrischen Metall-Feinfilter ausbauen und mit Petroleum reinigen. Dazu mit einem Schlüssel SW 24 die Verschlußkappe ausdrehen, Feinfilter herausziehen. Beim Wiedereinbau den O-Dichtring überprüfen, notfalls ersetzen. Filterkappe mit Drehmoment 20 Nm festziehen.

Dann die **Ölfilterpatrone** am Zylinderfuß austauschen. Dazu die beiden Schrauben der Deckelbefestigung ausdrehen, Deckel, Feder und Patrone herausnehmen. O-Dichtringe kontrollieren, notfalls ersetzen. **Achtung:** Fehlende oder beschädigte Ringe lassen den Öldruck absinken, Motorschaden droht. Neue Filterpatrone einsetzen, Feder und Deckel anbringen.
Nun die **Ölablaßschraube** wieder in die Ölwanne drehen und mit 25 - 28 Nm anziehen. Frisches Motoröl einfüllen, und zwar exakt 850 $cm^3$ der Spezifikation SAE 15 W 50. Einfüllschraube ansetzen und mit 25-28 Nm anziehen. Nochmals den festen Sitz aller drei Verschlüsse prüfen. Dann Motor ein paar Minuten warmlaufen lassen und den Ölstand am Schauglas kontrollieren; der Pegel muß an oder knapp unter der MAX-Marke stehen.

**Hinterradantrieb - Ölkontrolle, Ölwechsel:** Nach den ersten 1000, danach alle 8000 Kilometer muß das Öl im Hinterradantrieb gewechselt werden. Dazwischen ist alle 4000 km eine **Kontrolle** vorzunehmen. Motor warmfahren, Roller auf ebenem Boden aufbocken. Motor abstellen und die oben am Antriebsgehäuse liegende Kontrollschraube ausdrehen (s.a. Sfera Trommelbremse). Der Ölstand muß bis zum unteren Rand der Öffnung reichen; anderenfalls Getriebeöl 85 W 90 nachfüllen. Dichtring erneuern, Schraube mit Gefühl festziehen. Zum **Ölwechsel** Wanne unterstellen, Kontroll- und Ablaßschraube öffnen, Öl abfließen lassen, Ablaßschraube mit neuem Dichtring einsetzen und festschrauben. Dann Getriebeöl 85 W 90 durch die Kontrollöffnung einfüllen, und zwar nur 65 statt der vom Werk empfohlenen 90 $cm^3$. Kontrollschraube mit neuer Dichtung einsetzen und anziehen.

## SFERA 125 VIERTAKT: VERGASER, BENZINHAHN, TANK

*Vergaser und Tankanlage sind beim Piaggio-Viertaktmotor logischerweise anders konstruiert als beim Zweitaktmotor. Auf Frischölpumpe und Frischöltank kann dank Druckumlaufschmierung verzichtet werden, der Vergaser muß sich nur um die Aufbereitung des Benzin-Luft-Gemischs kümmern. Es handelt sich um einen Mikuni-Unterdruck-Vergaser mit 24 mm Einlaß-Querschnitt und automatischem Choke. Auch der Benzinhahn arbeitet automatisch. Wir zeigen, worauf es bei Demontage und Wartung ankommt. Vergaser-Grunddaten stehen im Anhang.*

**Automatischer Choke - Aus-/ Einbau, Prüfung:** Zunächst linke Seitenverkleidung abnehmen. Das auch "Kaltstartventil" genannte Element wird von einem simplen Blech am Vergaser fixiert. Kreuzschlitzschraube lösen, Blech und Ventil abnehmen, Kabelstecker abziehen. Ventil und Nadel auf Abnutzung, Risse, Kerben oder sonstige Schäden überprüfen; schadhaftes Ventil komplett auswechseln.
Für die Funktionskontrolle benötigt man ein **Ohmmeter.** Der Motor muß kalt sein oder nach dem Abstellen mindestens zehn Minuten lang abgekühlt sein; die Außentemperatur sollt nicht unter 20° C liegen. Der Widerstand wird zwischen den beiden Anschlüssen gemessen und muß 35 +/- 5 Ohm betragen. Bei Unter- oder Überschreitung Ventil austauschen. Einbau in umgekehrter Reihenfolge.

**Vergaser - Ausbau:** Zuerst die Mittelabdeckung und die Seitenverkleidungen der Karosserie ausbauen wie im entsprechenden Kapitel beschrieben. Dann Kabel des Kaltstartventils, Unterdruckschlauch, Benzinleitung abnehmen. **Achtung:** Benzin ist (als Dampf) nicht nur explosiv, sondern auch hochgiftig u.a. wegen des darin enthaltenen Toluols. Hautkontakt vermeiden! Mutter und Kontermutter am Gaszugende lösen und Gaszug aushängen. Luftfiltergehäuse durch Lösen der Schelle vom Vergaser trennen. Schelle am Ansaugstutzen lösen und Vergaser abnehmen. Der Stutzen ist mit zwei Schrauben am Zylinderkopf befestigt.

**Luftfilter - Ausbau, Wartung:** Zum Ausbau des Luftfilters die linke Seitenverkleidung und die Inspektionsklappe demontieren; die fünf Schrauben des Gehäusedeckels ausdrehen, Schläuche abnehmen; Luftfiltereinsatz in Benzin reinigen, mit Druckluft ausblasen und leicht mit Fahrradöl tränken.

**Vergaser - Zerlegung, Prüfung:** Die Ablaßschraube unten an der Schwimmerkammer lösen und

*Abb. 313 Der Unterdruck-Vergaser des Viertakt-Motors ist nach Demontage von Verkleidung und Helmfach optimal zugänglich. Zum Ausbau Leitungen, Seilzüge und Ansaugstutzen abklemmen.*

*313*

Abb. 314
Details Vergaser Mikuni BS 24: 1 = Deckel, 2 = Feder, 3 = Düsennadel mit Zubehör, 4 = Membran mit Gasschieber, 5 = Automatik-Choke, 6 = Choke-Halter, 7 = Vergasergehäuse, 8 = Drosselklappe, 9 = Flexleitung zur Leerlaufeinstellung, 10 = Hauptdüse A, 11 = Hauptdüse B, 12 = Gemischeinstellschraube mit Feder, 13 = Starterdüse, 14 = Schwimmernadelventil, 15 = Schwimmer, 16 = Schwimmerwelle, 17 = Schwimmergehäuse, 18 = Ablaßschraube

Benzin ablassen. Nach Ausdrehen der beiden oben liegenden Kreuzschlitzschrauben den Deckel der Unterdruckkammer vom Vergaser heben. Druckfeder und Kolben mit Membran (Einheit) aus dem Gehäuse ziehen. Der Kolben darf keine Abnutzungspuren zeigen (Riefen,

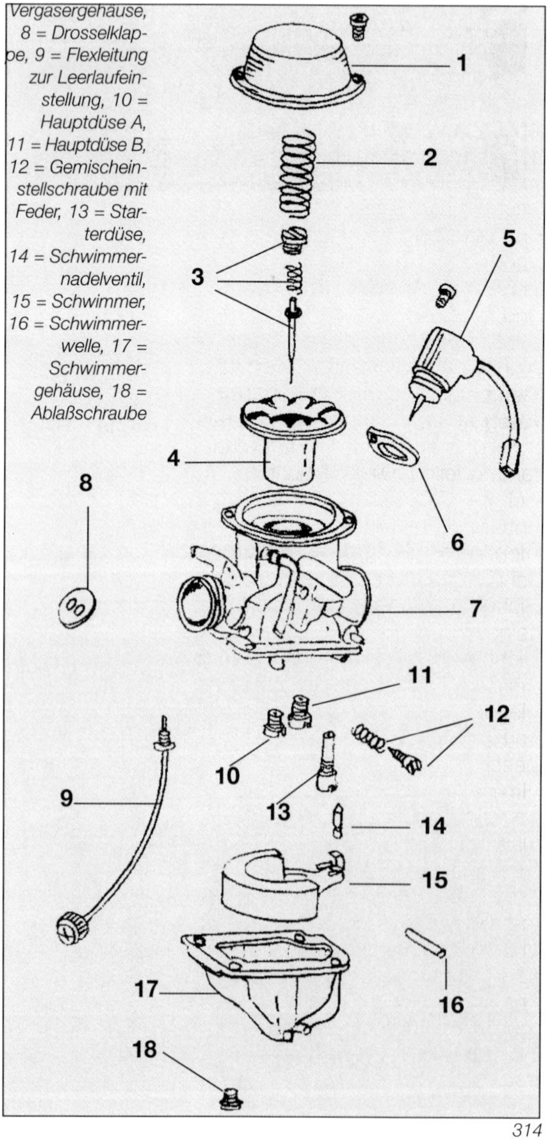


314

Kerben z.B.). Er muß klemmfrei, aber ohne übermäßiges Spiel in der Mischkammer laufen. Zeigt die Mischkammer Schäden oder ist sie ausgeschlagen, muß der Vergaser komplett ausgewechselt werden. Die Membran darf nicht den geringsten Riß haben.

Oberes Düsennadellager abschrauben, Nadel und Feder herausnehmen. Schwimmerkammer öffnen - drei Kreuzschlitzschrauben. Schwimmer, Welle und Nadelventil (eine weitere Schraube) ausbauen und überprüfen. Das Ventil muß korrekt öffnen und schließen, darf keine sichtbaren Schäden aufweisen. Der Schwimmer muß dicht, die Welle leichtgängig sein. Zuletzt Haupt-, Start- und Leerlaufdüse ausdrehen. Der Mikuni-Vergaser besitzt eine **Drosselklappe** für die Dosierung des Benzin-/Luftgemischs. Sie ist auf der Einlaßseite mit zwei Schrauben auf einer Welle befestigt. Das Ventil darf außen keine Kerben zeigen und muß perfekt öffnen und schließen. Beim Wiedereinbau sicherstellen, daß sich die Klappe ganz schließen kann (Leerlaufstellung), von Hand Klappe in Nullstellung bringen. Klappe festhalten, die beiden Schrauben mit Loctite einsetzen und festziehen.

**Vergaser - Reinigung, Zusammenbau:** Alle Elemente mit einem Reinigungsmittel säubern, alle Bohrungen, Kammern und Düsen mit Druckluft ausblasen. Montage der Einzelteile in umgekehrter Reihenfolge. Beim Einbau des Kolbens auf die richtige Position der Markierung achten. Beim Einbau des Deckels darauf achten, daß sich die Membran nicht verschiebt. Falls die Membran nicht richtig paßt, weil sie sich gedehnt hat, muß sie gründlich getrocknet werden.

Vergaser auf den Kopf stellen und Schwimmer einbauen; Schwimmer-

höhe messen = Abstand Kante - Vergaserrand bei leicht berührtem Nadelventil; die Sollhöhe beträgt 12,2 mm; bei Abweichungen den Schwimmer auswechseln. Schwimmergehäuse festschrauben.
**Vergaser - Einstellung:** Bei der Behelfs-Methode (etwa unterwegs) wird - bei heißem Motor - zunächst das Leerlaufgemisch reguliert. Die zugehörige Einstellschraube aus Messing sitzt unten im Gehäuse. Motor auf eine Drehzahl von ca. 1600/min$^{-1}$ bringen und Schraube eindrehen, bis der Motor abzusterben droht, dann etwa eine Umdrehung lösen; der Motor muß sauber rundlaufen.
Bei der professionellen Methode wird ein **Abgas-Testgerät** verwendet. Der CO-Wert darf bei einer Drehzahl von 1600/min$^{-1}$ die Marke 3,5 % nicht überschreiten. Zur Einstellung der Leerlaufdrehzahl (ebenfalls 1600/min$^{-1}$) muß der Motor Betriebstemperatur haben, wie sie beispielsweise nach zehnminütiger Fahrt erreicht ist. Der Leerlauf wird von Hand über die flexible Leitung mit Schraubkopf reguliert, leicht erreichbar auch bei montierten Seitenverkleidungen.

**Benzinhahn-Automatik - Prüfung, Ausbau:** Benzin- und Unterdruckleitung vom Vergaser abnehmen; Sicherheitshinweise beachten - s. Vergaser-Ausbau. Der Benzinhahn funktioniert nach dem Unterdruckprinzip; d.h. bei Unterdruck im Ansaugbereich (weitergeleitet durch einen Schlauch) fließt Benzin; der Fluß hört auf, wenn kein Unterdruck mehr vorliegt. Gemessen werden kann der Unterdruck nur mit einem Piaggio-Spezialmanometer, wie es die Fachwerkstatt besitzt.
Zum Ausbau des automatischen Benzinhahns zunächst Benzin über die Unterdruckleitung absaugen (benzinfeste Pumpe). Dann Benzin-

*315*

*Abb. 315*
*Der Leerlauf wird über die flexible Leitung reguliert, die unten im Bild gut zu erkennen ist. Der Zugang ist auch bei montierter Seitenverkleidung möglich.*

und Unterdruckschlauch vom Hahn nehmen. Mutter lösen und Hahn abnehmen. Benzinfilter abheben und mit Druckluft reinigen; Hahn mit Druckluft ausblasen. Zusammenbau in umgekehrter Reihenfolge.
**Benzintank, Geber Benzinuhr - Ausbau:** Hier gibt es keine wesentlichen Unterschiede zu den Zweitaktmodellen. Die wichtigsten Schritte: linke Seitenverkleidung, notfalls Hinterrad und Kotflügel abmontieren; die elektrischen Anschlüsse des Gebers abziehen, die Sicherungsscheibe gegen den Uhrzeigersinn drehen und Geber samt Dichtung aus dem Tank heben; dabei den Schwimmerarm nicht verbiegen; Benzintank ausbauen wie im Kapitel "Sfera Trommelbremse" beschrieben.
**Hinweis:** Auch hier wieder Hautkontakt mit Benzin vermeiden, Dämpfe nicht einatmen. Um ein Auslaufen des Sprits bei vollem oder halbvollem Tank zu verhindern, Fahrzeug nach links kippen. Schläuche vom Vergaser ziehen, zum Abstoppen des Benzinflusses abknicken und rasch durch Hineindrehen von Blechschrauben in die Schlauchenden verschließen.

# SFERA 125 VIERTAKT, QUARTZ, SKR 125/150: ELEKTRIK ALLGEMEIN - STÖRUNGEN

*Der Sfera 125 Viertakt ist - wie alle anderen modernen Piaggio-Roller - mit einer elektronischen Zündanlage ausgerüstet.* ***Vorsicht*** *bei allen Arbeiten an der elektronischen Zündung: Motor abstellen, spannungsführende Teile nicht mit bloßen Händen berühren. Vor Abklemmen oder Ausbau einzelner Elemente Minuspol der Batterie abklemmen. Merken Sie sich genau Position und Farben von Kabelsteckern und Kabeln, damit beim Zusammenbau nichts verwechselt wird. Beachten Sie bitte auch die entsprechenden Abschnitte in den verschiedenen Kapiteln "Sfera Trommelbremse".*

**Unregelmäßige Zündung - Kontrollarbeiten - Sfera 125:** Geprüft - und bei Defekt ausgewechselt - wird stets in folgender Reihenfolge: Zündkerze, elektronische Zündanlage, elektronische Zündspule, Schwungmagnet Lichtmaschine, Stator Lichtmaschine. Dabei zuerst Sichtkontrolle vornehmen und den festen und korrosionsfreien Sitz aller Steck- und Kabelverbindungen sowie der Masseanschlüsse prüfen. Besteht der Fehler fort, Zündanlage, Zündspule, Lichtspule und Pickup mit einem **Ohmmeter** durchmessen. Kabel und Sollwerte: 1. Kabel rot = 120 +/- 15 Ohm; Kabel grün / weiß (Lichtspule) = 350 +/- 20 Ohm; Hauptwicklung Zündspule / Masse = 0,5 +/- 0,01 Ohm; Sekundärwicklung 5000 +/- 200 Ohm. Pickup prüfen an Kabel rot / weiß. Fehlerhafte Teile können nicht repariert werden, sie sind auszuwechseln.

**Spannungsregler - Störungen, Kontrollarbeiten - Sfera 125:** Ob der Spannungsregler defekt ist, zeigt sich an ganz bestimmten Ausfallerscheinungen der Elektrik.
**Störung 1:** Lampen brennen dauernd durch; Stromfluß im Regler unterbrochen; Teil komplett tauschen.
**Störung 2:** Lichtanlage und elektrischer Choke fallen aus. Der Regler hat einen Kurzschluß. Zunächst die Stromversorgung der Lichtmaschine prüfen. Dazu das Kabel mit der violetten Schutzkapsel vom Regler abschließen, zwischen Kabel und Masse ein Wechselstrom-Voltmeter schalten. Motor starten; bei 3000/ $min^{-1}$ muß die Spannung zwischen 25 und 30 Volt liegen. Ist dies der Fall, kann der Defekt nur am Regler liegen - Teil auswechseln. Ist die Störung dann immer noch nicht behoben, liegt der Fehler in mangelhaften Kabelverbindungen.
**Störung 3:** Sicherung brennt durch, Batterie wird nicht mehr aufgeladen. Der Regler hat einen Kurzschluß und muß ebenso wie die Sicherung ausgewechselt werden.

*Abb. 316 Sfera 125 Viertakt: alle Elektrik- und Elektronik-Elemente sind bei abgenommener Verkleidung zugänglich; oben die Batterie, darunter am Rahmen Blinkgeber, Regler, Elektronik-Zündbox (v. links).*

*316*

**Störung 4:** Die Batterie wird nicht aufgeladen. Grund: Stromunterbrechung im Regler. Lichtmaschine überprüfen. Dazu den Multistecker vom Regler abziehen und ein Wechselstrom-Voltmeter zwischen den Stecker des blau-grauen Kabels und Masse schalten. Motor starten; die Spannung muß bei 3000/min$^{-1}$ wieder zwischen 25 und 30 Volt liegen. In diesem Fall ist der Regler defekt. Stellt sich nach Austausch keine Besserung ein, Batterie abklemmen und folgende Messung durchführen: Wechselstrom-Voltmeter zwischen Stecker des gelben Kabels am Regler und Anschluß des roten Batteriekabels schalten. Die Spannung muß bei 3000/min$^{-1}$ 26 bis 30 Volt betragen.

**Anlasser - Kontrollarbeiten - Sfera 125:** Der elektrische Anlasser des Viertaktmotors arbeitet mit 12 Volt (bei Batterie 12V - 9Ah), hat eine Leistung von 500 Watt, dreht gegen den Uhrzeigersinn und wirkt das an anderer Stelle beschriebene Vorgelege auf Riemenscheibe mit Ritzel und Kurbelwelle. Bei Versagen die elektrischen Verbindungen an Batterie, Starterknopf und Anlasser prüfen, vor allem die Masseanschlüsse. Ansonsten Anlasser ausbauen wie im Motor-Kapitel beschrieben. Zerlegen und Zustand der Schleifkohlen prüfen. Unter Umständen Stromaufnahme in einer Fachwerkstatt prüfen lassen.

**Spannungsregler - Störungen, Kontrollarbeiten - SKR 125 / 150:** Die typischen Störungen sind ähnlich wie beim Viertaktmotor, Kontrollen und Arbeiten aber laufen etwas anders ab. Der Spannungsregler sitzt hinter der Frontverkleidung.
**Störung 1:** Die Lampen brennen durch. Dann ist der Stromfluß im Regler unterbrochen; das Teil muß komplett ausgetauscht werden. Zunächst bei laufendem Motor Batteriespannung mit einem Voltmeter prüfen; die Spannung muß zwischen 14,0 und 14,5 Volt liegen. Ist dies nicht der Fall, Motor abstellen und Zündschlüssel auf "ON" drehen. Voltmeter zwischen Klemme "C" des Reglers und Masse schalten; die Spannung muß zwischen 11,0 und 13,2 Volt liegen. Anderenfalls Regler austauschen.
**Störung 2:** Die Batterie wird nicht geladen. Grund: Stromunterbrechung im Regler. Lichtmaschine überprüfen. Dazu den Multistecker vom Regler abziehen und ein Wechselstrom-Voltmeter zwischen die Klemmen "G" und "G" des Reglers schalten. Motor starten; die Spannung muß bei 2000/min$^{-1}$ zwischen 27 und 31 Volt liegen. Ist dies der Fall, ein Ohmmeter zwischen eine der "G"-Klemmen und Masse schalten; der Widerstand muß mindestens 1,0 Ohm betragen. Anderenfalls Regler austauschen.
**Störung 3:** Die Sicherung brennt durch, die Batterie wird nicht aufgeladen. Anlage wie unter 2. prüfen, Sicherung auswechseln.

317

*Abb. 317 Sfera 50/2 mit Scheibenbremse: kaum Unterschiede zum Trommelbremsmodell; oben die Batterie, am Rahmen Regler, Blinkgeber, Anlasserrelais.*

318

Abb. 318 Zündelektronik beim SKR: oben links Zündspule, darunter Zündkerzenstecker, rechts Elektronik-Zündbox.

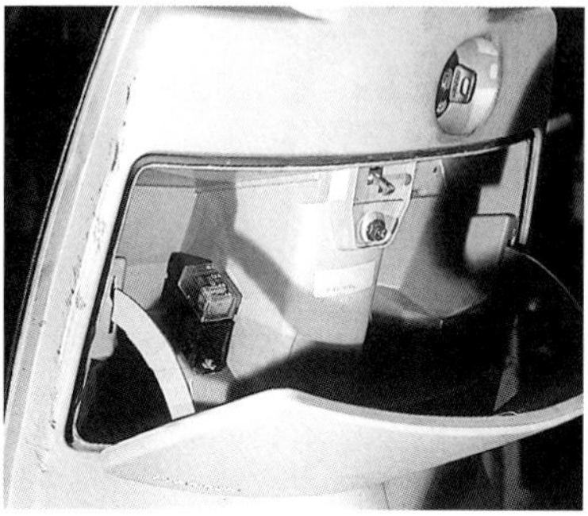

319

Abb. 319 Beim SKR befinden sich im Handschuhfach Zusatzsicherungen; von oben: 10 A für Beleuchtung, Licht, 7,5 A für Blinker, Bremslicht, Hupe, Starterknopf, Kontrollen Ölstand, Blinker; 4 A (2 Stück) für Automatik-Choke, Benzinuhr, Ladekontrolle, Benzinreserveleuchte, Vergaserheizung

**Störung 4:** Batterie wird unzureichend aufgeladen. Anlage wie unter 2. prüfen. Wird dabei keine Abweichung festgestellt, ein Ampèremeter zwischen Batterie-Pluspol und rotes Batteriekabel schalten; Motor starten. Bei einer Drehzahl von 2000/ $min^{-1}$ und einer Batteriespannung von 13,5 V (Messung per Voltmeter zwischen Plus- und Minuspol der Batterie) muß die Stromstärke 8,5 Ampère betragen. Bei niedrigerem Wert Regler auswechseln.

**Anlasser - Kontrollarbeiten - SKR 125 / 150:** Genauso vorgehen wie im entsprechenden Abschnitt "Sfera 125 Viertakt" beschrieben. Anlasser-Leistung bei Batterie 12 V - 7 Ah: 350 Watt.

**Hauptsicherung - Kontrollarbeiten - SKR 125 / 150:** Motor abstellen, Sicherung herausnehmen und Steckverbindung trennen. Ein Ohmmeter an die beiden Zungen der sicherungsseitigen Klemme anschliessen; der Wert muß zwischen 12 und 20 Ohm liegen; anderenfalls Sicherung ersetzen. Jetzt ein Voltmeter an die beiden Zungen der anderen Klemme anschließen; es darf keine Spannung anliegen, auch dann nicht, wenn der Zündschlüssel auf "ON" steht. Zuletzt Motor starten und Spannung nochmals prüfen; sie muß jetzt 11 - 13 Volt betragen. Bei Abweichungen 4A-Sicherung oder den Regler ersetzen.

**Nebensicherungen SKR 125 / 150:** Die Klemmleiste für die Nebensicherungen befindet sich vorn links im Gepäckfach. Vier Sicherungen sind vorhanden: 10 A für Beleuchtung und zugehörige Kontroll-Lampen; 7,5 A für Blinker, Bremslicht, Hupe, Starter, Ölstandsanzeiger, Blinkerkontrolle; 2 x 4 A für automatischen Choke, Benzinuhr, Benzinreserve, Batterieaufladung, Vergaservorwärmung. Niemals eine Sicherung mit falschem Wert einsetzen oder Sicherung durch Draht überbrücken; schwere Schäden an der Elektrik können die Folge sein.

**Automatischer Choke - Kontrollarbeiten - SKR 125 / 150:** Im Prinzip ebenso verfahren wie im Abschnitt "Sicherung": Sicherung entfernen, Ohmmeter an die Zungen des Kabelsteckers zum Choke anschließen; der Wert muß zwischen 25 und 35 Ohm liegen. Bei abgestelltem Motor und Zündung "ON" darf keine Spannung anliegen. Bei laufendem Motor muß die Spannung wieder 11 - 13 Volt betragen.

**Zündeinstellung - Kontrolle - Zweitakt-Modelle:** Die Arbeiten werden im Inspektions-Kapitel "Sfera Trommelbremse" beschrieben. Es ist eine Stroboskoplampe erforderlich, die Kontrolle muß bei 4000/ $min^{-1}$ durchgeführt werden. Das Modell Quartz verfügt über ein Sichtfenster mit Markierungen auf der Gebläseradabdeckung. Die Einstellwerte finden Sie im Anhang.

## DAS STX-WARTUNGSSYSTEM FÜR ALLE MODELLE DER SFERA-/SKR-BAUREIHE

*Wir haben für Sfera, Quartz und SKR einen detaillierten Wartungsplan ausgearbeit und dabei die Werksvorschriften um eigene Empfehlungen erweitert.*

**Bitte beachten:** Motor niemals in geschlossenen Räumen oder Garagen laufen lassen - Vergiftungsgefahr! Hautkontakt mit Benzin vermeiden, Dämpfe nicht einatmen. Altöl, gebrauchtes Kühlmittel und alte Bremsflüssigkeit an der Sondermüll-Sammelstelle abgeben.

***1000** = Grundinspektion nach 1000 km oder 2 Monaten*
***4000** = Inspektion alle 4000 km oder 12 Monate*
***8000** = Inspektion alle 8000 km oder 24 Monate*
***Überholung** = Arbeiten bei Überholung*
***Zweitakter / Viertakter / alle Modelle:** wird speziell vermerkt*

**Motor 1000 alle Modelle:**
Befestigung Vergaser prüfen; Leerlaufkontrolle, evtl. Vergaser u. Gaszug einstellen; wird volle Leistung nicht erreicht: Zylinderkopf, Zylinder, Kolben, Kolbenringe prüfen
**4000 Zweitakter:**
Brennraum/Zylinderkopf, Kanäle/Zylinder, Kolben, Auspuff von Rückständen befreien; nur bei Leistungsabfall: Zylinder, Kolben, Kolbenringe auf Verschleiß prüfen; Gaszug einstellen. **8000 Zweitakter:** bei Leistungsabfall Zylinder, Zylinderkopf, Kolben, Kolbenringe und Auspuff auf Verschleiß und Beschädigungen prüfen. **Überholung alle Modelle:** Reinigen, Entkrusten aller Teile

**Motoröl, Ölfilter Viertakmotor Sfera 125 1000, 4000:** Öl- und Filterwechsel; SAE 15 W 50

**Ventilspiel Viertaktmotor Sfera 125 1000, 4000:** prüfen, einstellen

*Abb. 320 Nostalgie auf vier, moderne Technik auf zwei Rädern: Der Autor bei einer Probefahrt in England mit dem 1995 vorgestellten Viertakt-Roller Sfera 125.*

*320*

**Vergaser 1000 alle Modelle:** auf festen Sitz prüfen; **8000 alle Modelle:** Leerlauf, Gemischabstimmung und Gaszug prüfen, evtl. einstellen

**Benzinleitungen 4000, 8000 alle Modelle:** Zustand von Benzinzufuhr und Unterdruckleitung prüfen; poröse oder rissige Leitungen ersetzen

**Luftfilter 4000, Überholung alle Modelle:** Schaumstoff-Element ausbauen, mit Wasser und Seife auswaschen, mit Preßluft oder an der Sonne trocknen; anschließend leicht einölen (Nähmaschinen- oder Fahrradöl); **8000 alle Modelle:** Filterelement ersetzen (auch bei starker Verschmutzung); bei häufigem Fahren auf staubigen Straßen täglich reinigen

**Luftfilter Kühlung Antriebsriemen SKR 125 / 150: Variator 4000:** ausbauen, mit Wasser und Seife auswaschen, mit Preßluft trocknen, nicht tränken

**Ölpumpe 1000, 4000 Zweitakter:** Ölzufuhrleitungen auf Luftblasen prüfen, Pumpenfunktion prüfen, evtl. entlüften; **alle 20.000 km oder 3 Jahre - Zweitakter:** Antriebsriemen auswechseln
**Getriebe 1000, 8000, Überholung alle Modelle:** Öl wechseln; Mengen und Spezifikationen s. Wartungsteil und Anhang; **4000 alle Modelle:** Ölstand prüfen, gegebenenfalls auffüllen; **SKR, Sfera/2, Sfera 125:** bei Prüfung und Wechsel Öl auffüllen bis zur Unterkante Einfüllöffnung

**Zündkerze 1000, 4000, Überholung alle Modelle:** Verkrustungen entfernen, Elektrodenabstand kontrollieren (korrekt: 0,5 - 0,6 mm); **8000 alle Modelle:** ersetzen; dabei unbedingt Wärmewert beachten

**Batterie 1000, 4000 alle Modelle:** Säurestand prüfen, evtl. destilliertes Wasser auffüllen, Pol-Korrosion beseitigen, Pole fetten

**Lenkung 1000, 4000, Überholung alle Modelle:** Freigängigkeit und Spiel des Lenkkopflagers prüfen, evtl. einstellen; **alle 30.000 km und bei starker Beanspruchung:** einstellen, fetten

**Trommel-Bremsanlage vorn/hinten 1000, 4000 je nach Modell:** Funktion prüfen, Seilzüge einstellen; Bremshebelgelenke fetten. **8000:** Bremsbelagstärke vorn und hinten kontrollieren, u.U. Backen wechseln; Bremstrommeln auf Rundlauf und Riefen prüfen

**Hydraulik-Bremsanlage 1000, 4000 je nach Modell:** Bremsflüssigkeitsstand prüfen, ergänzen; Zustand und Dichtigkeit aller Leitungen, Schläuche und Anschlüsse prüfen; **Bremsbelagstärke prüfen 8000:** Bremsbelagstärke kontrollieren, u.U. Plaketten wechseln; Bremsscheibe auf Rundlauf und Riefen prüfen; **Bremsflüssigkeit 8000 oder einmal im Jahr, nach Arbeiten an Hauptbremszylinder oder Bremszange:** erneuern (DOT 4), Bremse entlüften; **Bremsschläuche alle vier Jahre:** erneuern, vor allem, wenn sich Risse oder Schäden zeigen; **Hauptbremszylinder, Bremszange alle zwei Jahre:** Dichtringe erneuern

**Bowdenzüge Vergaser, Bremsen 1000, 8000 alle Modelle:** prüfen, einstellen, fetten (Ausnahme: teflonbeschichtete Züge), Hebelgelenke schmieren

**Antriebsriemen 8000 alle Modelle:** auf Beschädigung und Verschleiß prüfen, notfalls ersetzen (Abnutzungsgrenze Sfera 125: Riemenbreite 17,2 mm); **SKR 125/150 alle 15000 km:** Antriebsriemen ersetzen

**Variator 8000, Überholung alle Modelle:** ausbauen und Rollen fetten; **SKR 125/150 alle 15000 km:** Gleitschuhe und Rollen ersetzen, notfalls auch Gehäuse; kein Lösemittel anwenden
**Kickstarterritzel Überholung alle Modelle:** mit Universalfett fetten

**Kupplungseinheit Überholung alle Modelle:** gleitende Metallteile einfetten; kein Fett auf Beläge gelangen lassen

**Muttern und Schrauben Fahrgestell, Motorbefestigung, Radbefestigung, Radaufhängung 1000, 4000, Überholung alle Modelle:** festen Sitz prüfen, Anzugsdrehmomente prüfen; Bowdenzüge nach Schäden und Knickstellen absuchen

**Vorderradaufhängung 4000 alle Modelle:** Tachowellengehäuse fetten; **8000 alle Modelle:** Kugellager, Tachowellenantrieb, Tachowellengehäuse fetten, Bremse einstellen; Radlager **alle 30.000 km** neu fetten; **Quartz:** Tachogehäuse und Radnabe fetten, allerdings nur bei Überholung
**Federbein Schwinge 4000 alle Modelle:** Funktion prüfen, auf Ölverlust kontrollieren

**Beleuchtung, Blinker, Hupe 1000, 4000 alle Modelle:** Funktion, Verglasungen und Dichtungen kontrollieren

**Räder, Reifen, Reifenluftdruck 1000, 4000 sowie möglichst einmal im Monat - alle Modelle:** Zustand von Rädern, Radlagern und Reifen prüfen; Reifenluftdruck kontrollieren; Einzelwerte s. techn.

*Abb. 321 Zwei Roller-Generationen im Vergleich: Sfera 50 Serie 1 mit Trommelbremse und Vespa PK 50 XL 2, beide Baujahr 1991. Während die kleine Vespa technisch im wesentlichen noch dem Urmodell von 1946 entspricht, handelt es sich bei der Sfera um ein modernes Konzept, das auch nach der Jahrtausendwende noch mithalten kann.*

*321*

Daten; Befestigung der Rad-/Achsmuttern prüfen

**Kühlanlage Quartz alle 20000 km:** Kühlmittelstand kontrollieren; **alle zwei Jahre:** Kühlmittel wechseln (nur Marken-Produkte verwenden, die besten Korrosionsschutz garantieren)

**Probefahrt 1000, 4000, Überholung alle Modelle:** alle Funktionen sowie Fahrstabilität, Bremsen, Ansprechen der Fliehkraft-Kupplung, Motorlauf prüfen

**Stillegung über einen Zeitraum von mehr als zwei Monaten:** Fahrzeug reinigen, anschließend Motor warmfahren, damit sich keine Säurerückstände im Auspuff bilden. Lackierte und verchromte Teile polieren, nicht lackierte Metallteile dünn mit Korrosionsschutzfett bestreichen. Benzin aus Tank, Leitungen und Schwimmerkammer über einen Trichter in einen Kanister ablassen. Zündkerze ausbauen, in die Öffnung 10 bis 15 $cm^3$ Motoröl SAE 10W30 oder 20W40 spritzen, Kickstarter zwei- bis dreimal durchtreten, Kerze wieder einbauen. Batterie ausbauen und trocken sowie kühl lagern, alle vier Wochen nachladen. Reifenluftdruck um 0,3 bar erhöhen und Fahrzeug so aufbocken, daß beide Räder entlastet sind. Alle Bowdenzüge ölen (außer teflonbeschichteten). Plastiktüte über Auspuffendrohr ziehen. An feuchten Orten oder in Meeresnähe alle Metallteile leicht einölen, dabei Öl nicht auf Gummi oder Sitz gelangen lassen. Diese Hinweise gelten sowohl für Zweitakt-, als auch für Viertaktmodelle.

*Abb. 322 Sfera 50 der ersten Serie in der Verlags-Werkstatt: Wir haben das Fahrzeug bis zur letzten Schraube zerlegt. Die Hinweise in diesem Buch basieren nicht nur auf Werksanleitungen, sondern auf unseren eigenen Erfahrungen mit den Rollern von Piaggio.*

322

# SFERA 50, 80 AB 1990, SFERA-BAUREIHE ALLGEMEIN: KONTROLL- UND INSPEKTIONSARBEITEN, ELEKTRIK

*Die Inspektionsarbeiten in diesem Kapitel wurden am Beispiel der Sfera 50 mit Trommelbremse ausgeführt. Entsprechende Arbeiten an den übrigen Zweitakt-Modellen der Baureihe laufen ähnlich oder genauso ab. Eine Ausnahme macht nur der 125er Viertakt-Motor; die passenden Hinweise finden Sie in den Sfera 125-Kapiteln. Arbeiten am Antrieb (Getriebeölwechsel z.B.) wiederum sind bei allen Zwei- und Viertaktern weitgehend gleich; die (geringfügigen) Abweichungen werden in den vorstehenden Modell-Kapiteln beschrieben.*

**Zündkerze, Kerzenstecker - Ausbau, Prüfung Elektrodenabstand:** Um an Kerze und Zuleitung herankommen zu können, müssen Mittelabdeckung oder Inspektionsklappe abgebaut werden. Den Kerzenstekker abziehen, dabei nicht am Kabel reißen. Innen muß der Stecker frei von Feuchtigkeit oder Korrosion sein; er muß stramm auf der Kerze sitzen. Korrosion durch Kratzen oder Schmirgeln beseitigen. Auch ein Kontaktspray sorgt (vorübergehend) wieder für gute Leitfähigkeit. Zündkerze mit Steckschlüssel SW 20,5 ausbauen (Abb. 323).
**Achtung:** Der Motor muß unbedingt kalt sein! **Vorsicht:** Schlüssel nicht verkanten, der aus Porzellan bestehende Isolierkörper ist zerbrechlich (gilt auch für den Einbau). Nun die Zündkerze prüfen. Kerze mit beschädigtem Isolator oder verbrannter Außenelektrode sofort ersetzen. Das **"Kerzengesicht"** gibt Auskunft darüber, ob der Motor einwandfrei arbeitet:
**Isolierkörper** rund um die Mittelelektrode **glänzend schwarzbraun,** feuchter Ölkohle- und Rußbelag: Gemisch zu fett, Ölpumpe fördert zu viel Öl; Motor lange mit zu niedriger Drehzahl gefahren.
**Isolierkörper verrußt:** zu geringer Luftanteil im Gemisch; Kerze hat zu hohen Wärmewert und bleibt zu kalt; unter Umständen Leerlaufdüse mit kleinerem Querschnitt in den Vergaser einsetzen, Kerze mit niedrigerem Wärmewert verwenden.
**Isolierkörper extrem hell,** weiß oder mit Schmelzperlen besetzt, Elektroden teilweise abgebrannt: Motor wird zu heiß, Motorschaden droht durch abfallende Zündkerzenteile. Ursachen: Oktanzahl des Benzins zu niedrig, Vorzündung zu groß, Vergasereinstellung zu mager, Kerze mit zu niedrigem Wärmewert. Abhilfe: höheroktanigen Sprit (Super bleifrei) tanken, Zündzeitpunkt zurücknehmen, Vergaser korrekt einstellen, richtige Zündkerze verwenden.
Jetzt die **Kerze reinigen**: Ölkohleablagerungen an Elektroden und

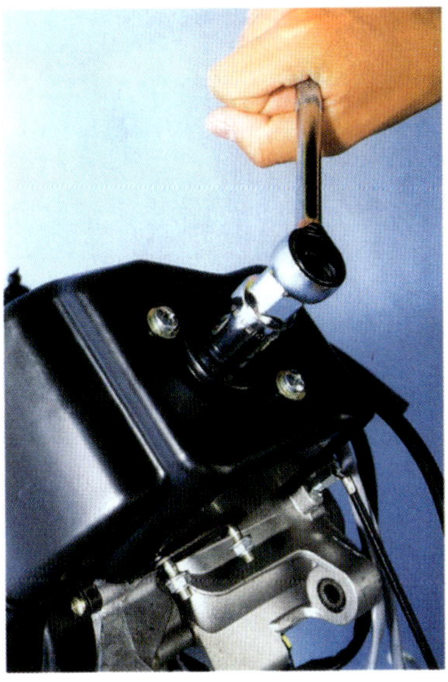

323

*Abb. 323 Die Zündkerze muß regelmäßig überprüft werden. Beim Ausbau den Schlüssel unter keinen Umständen verkanten, sonst bricht der aus Porzellan bestehende Isolierkörper. Korrodierten oder beschädigten Kerzenstecker so schnell wie möglich erneuern, am besten samt Zündkabel.*

*Abb. 324*
*Gereinigt wird die Kerze mit einer Stahldraht- oder Messingbürste.*

*Abb. 325*
*Der Elektrodenabstand sollte 0,5 bis 0,6 mm betragen. Gemessen wird mit einer Fühlerlehre.*

*Abb. 326*
*Kerze zuerst immer mit der Hand einsetzen, damit das Gewinde im Leichtmetall-Zylinderkopf nicht beschädigt wird; erst zum Festziehen Schlüssel benutzen.*

Isolierkörper mit einer Draht- oder Messingbürste entfernen (Abb. 324). Kerze möglichst mit Druckluft sauber blasen. Den **Elektrodenabstand** mit einer handelsüblichen Lehre messen und gegebenenfalls neu einstellen. Piaggio empfiehlt einen Abstand von **0,5 bis 0,6 mm.** Zum Korrigieren des Abstands Meßblatt zwischen die Elektroden schieben (Abb. 325 ) und die äußere Elektrode vorsichtig nachbiegen, indem man z.B. mit einem leichten Hammer auf sie klopft. Der Abstand ist korrekt, wenn sich das Meßblatt nur noch schwer hin- und herbewegen läßt. Unbedingt den Zustand des Dichtrings prüfen; er darf keinerlei Schäden aufweisen und muß vollkommen sauber sein.

**Zündkerze - Austausch, Einbau:** Bei abgebrannten Elektroden, spätestens aber alle 8000 km muß die Kerze ausgewechselt werden.
**Achtung: Die Verwendung einer falschen Zündkerze kann zu schweren Schäden führen; Einbau nur bei kaltem Motor!**
Piaggio empfiehlt für Sfera 50 und 80 nur folgende Kerze: **Champion N2C**.
Vor dem Einschrauben der gereinigten Kerze die Dichtfläche am Zylinderkopf säubern. Dabei darauf achten, daß kein Schmutz in die Bohrung fällt. **Kerze stets zunächst mit der Hand einschrauben,** sonst besteht die Gefahr, daß sie verkantet und dabei das Gewinde im Zylinderkopf beschädigt (Abb. 326). Erst zum Schluß Schlüssel ansetzen (ebenfalls ohne Verkanten) und Kerze mit Gefühl anziehen. Zu starkes Anziehen kann zu Beschädigungen des Zylinderkopfs führen. Übliches Anzugs-Drehmoment: 24 Nm.
Schwergängige Kerzengewinde mit etwas Graphit bestreichen, auf keinen Fall Fett verwenden, die Kerze würde festbrennen. Niemals den Dichtring entfernen; die Kerze ragt dann zu weit in den Brennraum, es kommt zu Glühzündungen, die Elektroden schmelzen ab. Folge: Motorschaden.

**Zündeinstellung prüfen:** Die Sfera-Motoren sind mit elektronisch gesteuerten Zündanlagen aus-

*324*

*325*

*326*

gerüstet, die im Prinzip wartungsfrei sind. Bei Zündstörungen jedoch ist es sinnvoll, zunächst einmal zu prüfen, ob die Grundeinstellung stimmt. Erst danach ist es angebracht, nach anderen Ursachen zu suchen.
Am Gebläsedeckel ist ein **Kontrollsteg** angebracht. Er muß bei der Stroboskop-Kontrolle mit der **Markierung** auf dem Gebläserad, das sich mit der Kurbelwelle dreht, exakt fluchten. Wir markieren ihn mit Tipp-Ex, damit er besser zu erkennen ist. Zuerst müssen der rechte Seitendeckel und die Batterieabdeckung abgenommen werden. Elektronische Prüfgeräte gibt es für wenig Geld im Fachhandel; wir benötigen ein Stroboskop, das mindestens 11.000 Blitze pro Minute erzeugt. Achtung: Alle Anschlußarbeiten unbedingt bei abgestelltem Motor und ausgeschalteter Zündung vornehmen! Anderenfalls drohen schwere Elektrikschäden.
Das rote Kabel des Stroboskops wird an den Pluspol, das schwarze Kabel an den Minuspol angeschlossen. (Das grüne Kabel bleibt unberücksichtigt; grundsätzlich aber die Anschlußhinweise des Stroboskopherstellers beachten). Den Induktivclip des Stroboskops legen wir ans Zündkabel (Kerzenstecker nicht abnehmen). Nun den Motor starten und den Lichtblitz auf die Markierung am Gebläsedeckel richten und Drehzahl auf mindestens 4000 U/min-1 erhöhen. Die Zündeinstellung ist korrekt, wenn die Markierung auf dem Gebläserad mit der Marke auf dem Deckel fluchtet (Abb. 327).
Wird eine Abweichung von mehr als 1° 30 festgestellt, muß die Zündung durch Verdrehen des Lichtmaschinen-Stators neu eingestellt werden. Dazu muß der Rotor abgezogen werden wie im Motor-Kapitel beschrieben. Die nötige Vorzündung beträgt beim 50er Motor (80er in Klammern) 16 (20)° +/- 1° vor OT, und zwar bei 4000 U/min-1.

**Elektronische Zündanlage und Lichtmaschine - Kontrolle:**
Wichtige Vorbemerkung: **Alle Arbeiten, bei denen elektrische Verbindungen gelöst werden müssen, dürfen nur bei abgestelltem Motor erfolgen;** anderenfalls wird die Anlage zerstört. Beim

327

*Abb. 327*
*Mit einem handelsüblichen, auch auf Einzylindermotoren einstellbaren Stroboskop kann die Zündeinstellung bei laufendem Motor kontrolliert werden; dabei keine stromführenden Teile anfassen - Hochspannung! Mit Tipp-Ex den Kontrollsteg am Gebläsedeckel markieren.*

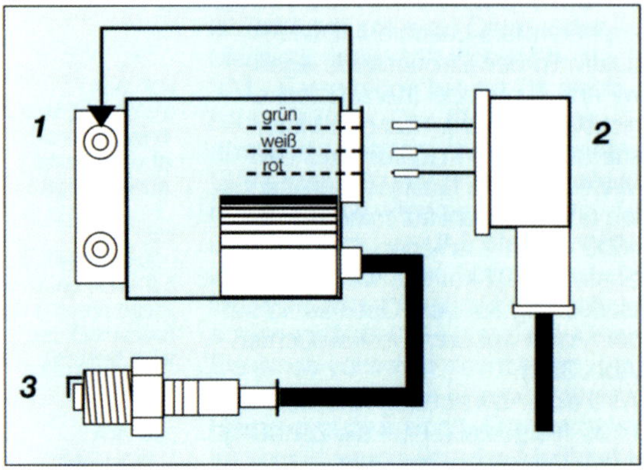

328

Abb. 328
So sind Hauptkabel und Zündkerze mit der Zündbox verbunden; 1 = elektronische Zündbox, 2 = Hauptkabelverbindung, 3 = Zündkerze; Zeichnungen: STX, Quelle: Piaggio

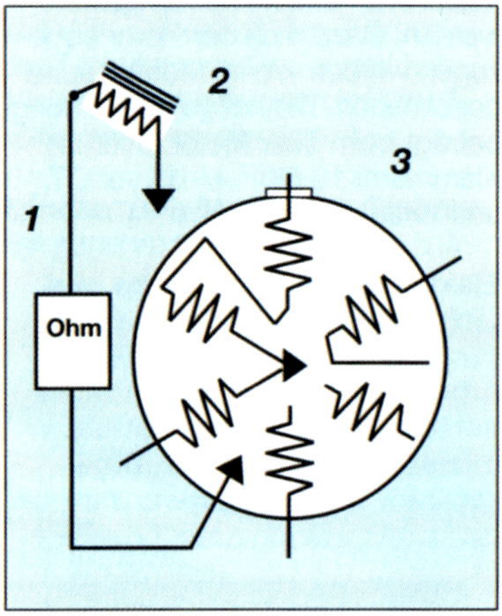

329

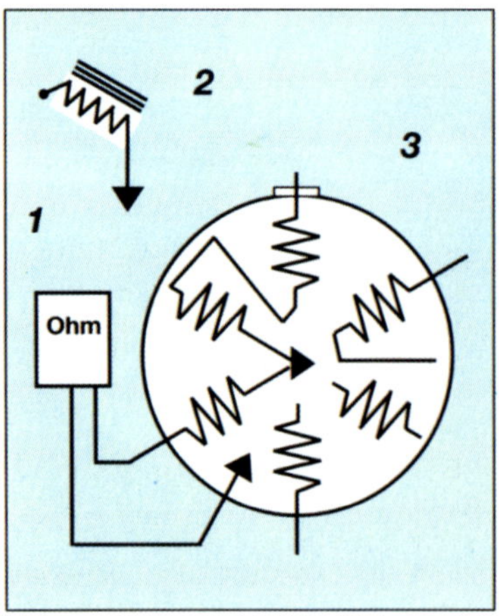

330

Abb. 329, 330
Einsatz eines Ohmmeters zur Kontrolle von Pickup (Bild oben) und Zündanker mit sechs Spulen (unten); 1 = Ohmmeter, 2 = Pickup, 3 = Zündanker;

Seite 143:

Abb 331
Blick auf Spannungsregler, seine Befestigung und Verkabelung.

Abb. 332
Kabelführung am Rahmenheck.

Wiederanschließen der Kabel Anschlüsse und Farben nicht vertauschen (s.a. Motor-Kapitel und zugehörige Abb.).
Treten Zündaussetzer auf, kann ein Defekt der **elektronischen Zündanlage** vorliegen. Sie ist mit zwei Muttern SW 8 am Rahmen befestigt, besitzt einen Masseanschluß und eine dreiadrige Kabelverbindung mit den Farben rot, weiß, grün (Abb. 328). Zunächst Masseanschluß und Kabelverbindung prüfen; die Anschlüsse dürfen nicht locker oder korrodiert sein. Die Elektronikzentrale kann nicht repariert, sondern nur komplett gewechselt werden; eine herkömmliche Zündspule gibt es nicht.
Läuft der Motor dann immer noch nicht, muß die **Lichtmaschine** überprüft werden. Dies überläßt man am besten einer Fachwerkstatt, die über das erforderliche Ohmmeter verfügt (Einzelheiten auch im Motor-Kapitel). Nachdem der Rotor abgezogen worden ist, erfolgt zuerst wieder die Sichtkontrolle; alle Verbindungen müssen in Ordnung sein. Schwungmagnet (Rotor), Zündanker (Stator) und Pickup werden getrennt mit dem Ohmmeter durchgemessen. Bei Abweichungen müssen die defekten Teile komplett ersetzt werden (Abb. 329, 330).

**Regler - Kontrolle:** Der Regler befindet sich links oben am Rahmenheck und ist nach Demontage der linken Seitenverkleidung bequem erreichbar (Abb. 331). Ein deutlicher Hinweis auf einen **Reglerdefekt** ist das **Durchbrennen der Lampen;** der Regler ist dann unterbrochen: Bei **Totalausfall der Lichtanlage und des elektrischen Chokes** liegt ein Kurzschluß im Regler vor. Zuerst aber überprüfen wir, ob alle Steckverbindungen sowie der Masseanschluß in Ordnung sind.

Die Gummikappen, die vor Schmutz und Feuchtigkeit schützen, dürfen weder beschädigt sein, noch schlecht sitzen. Wenn die Lampen durchbrennen, muß der Regler in jedem Fall ausgetauscht werden. Bei Ausfall der Lichtmaschine muß zunächst geprüft werden, ob der Schwungmagnet richtig mit Strom versorgt wird - in der Regel Werkstattsache. Man hängt das Kabel mit der violetten Markierung vom Regler ab und schaltet zwischen Kabel und Masse ein Voltmeter für Wechselstrom; die Spannung muß bei 3000 U/min-1 zwischen 25 und 30 Volt liegen. Ist dies nicht der Fall, ist der Regler defekt und muß ausgetauscht werden. Führt dies nicht zum Erfolg, **kann der Fehler nur in einer schlechten Kabelverbindung liegen** (Abb. 332).
Liegt ein **Defekt im Gleichspannungsteil des Reglers** vor, zeigt sich das auf zweierlei Weise: Die **Sicherungen brennen durch** (Regler-Kurzschluß) und/oder die **Batterie wird nicht mehr aufgeladen** (Regler-Unterbrechung). Bei Fall eins hilft nur der Austausch von Regler und Sicherungen. Bei Fall zwei muß wieder die Werkstatt einspringen. Sie schaltet ein Ampèremeter zwischen Regler und Batterie, das bei 3000 U/min-1 und einer Batteriespannung von 13 Volt eine Stromstärke von 1,5 bis 2,0 Ampäre anzeigen muß; bei niedrigeren Werten muß der Regler ersetzt werden. Ist der Fehler danach nicht behoben, kann's nur am Schwungmagneten liegen: Er muß bei 3000 Umdrehungen 25 bis 30 Volt Spannung abgeben.

331

332

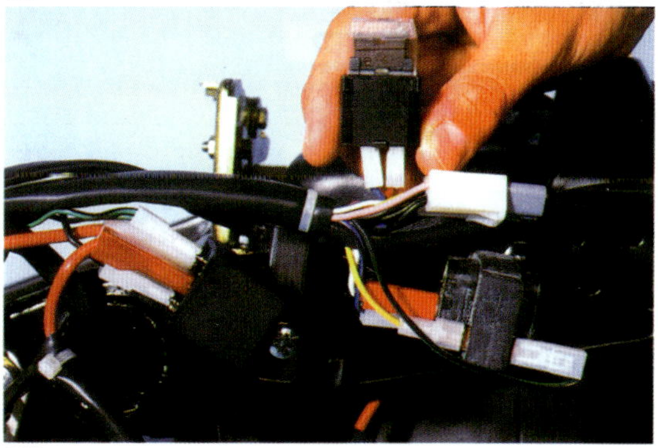

333

**Sicherung - Kontrolle, Austausch:** Die elektrische Anlage der Sfera ist durch eine Zentralsicherung geschützt, die sich unter der Sitzbank im Batteriefach befindet (Abb. 333). Es handelt sich um eine **7,5-Ampère-Sicherung.** Wenn sie ausgewechselt werden soll, muß die Batterie ausgebaut werden (s. unten). Bei einer defekten Sicherung stets auch den Verursacher des

*Abb. 333*
*Die Zentralsicherung befindet sich im Batteriefach unter der Sitzbank.*

Schadens ermitteln und den Fehler beheben; sonst brennt die neue Sicherung gleich wieder durch. **Achtung: Niemals die Sicherung mit Draht überbrücken oder Sicherungen mit höherer Kapazität verwenden. Dies kann zu schweren Elektrikschäden und sogar zu Bränden führen!**

**Batterie - Inbetriebnahme, Trockenladung:** Bei Neufahrzeugen ist die Batterie originalverpackt beigelegt. Sfera 50: 12V-4Ah, Sfera 80: 12V-5Ah. Neue, auch Ersatz-Batterien, sind in der Regel trocken und müssen vor dem Einbau mit Säure gefüllt und geladen werden.
Dazu zunächst einige **Sicherheitshinweise:** Der Elektrolyth besteht aus giftiger und stark ätzender Schwefelsäure. **Kontakt mit Haut und Augen unbedingt vermeiden. Vorsicht, die Säure greift auch Kleidung sowie den Lack des Fahrzeugs an.** Bei Haut- oder Augenkontakt betroffene Stellen mindestens 15 Minuten lang mit reichlich Wasser spülen, danach sofort Arzt aufsuchen. Wird Säure - etwa von Kindern - verschluckt, zur Verdünnung sofort Wasser oder Milch trinken. Anschließend geschlagenes Ei oder Pflanzenöl einnehmen; Arzt rufen. **Achtung: Batterien erzeugen explosive Gase; offenes Feuer, Funken oder Zigaretten fernhalten.** Batterie nur in gut belüfteten Räumen aufladen. Augen bei Arbeiten an der Batterie stets schützen.
Die Batterie besitzt unterhalb des Pluspols ein kurzes Entlüftungsrohr; Verschlußkappe abnehmen. Dann die Verschlußstopfen (sechs einzelne Kappen oder elastischer Reihenverschluß) abnehmen. Nun möglichst mit einer Pipette oder aus Original-Kunststofflasche heraus die sechs Zellen mit **Schwefelsäure für Akkumulatoren** füllen (im Fachhandel erhältlich), bis das Niveau 5 mm über den oberen Rand der Platten reicht (dazu auch Strichmarkierung an Batterien mit transparentem Gehäuse beachten). Bei Temperaturen ab 15° Celsius muß das spezifische Gewicht 1,26 betragen (s.a. Säurestand prüfen). **Anschließend Batterie zwei Stunden lang stehen lassen.**
Danach die Batterie laden. Zuächst Plus-, dann Minuspol mit dem Ladegerät verbinden (Abb. 334). Am besten ein Ladegerät mit Ladekontrolle und automatischer Abschaltung verwenden; es beendet den Ladevorgang, wenn die Zellenspannung etwa 2,7 Volt erreicht hat und das spezifische Gewicht bei 1,27 liegt. In der Regel ist die Batterie nach vier bis fünf

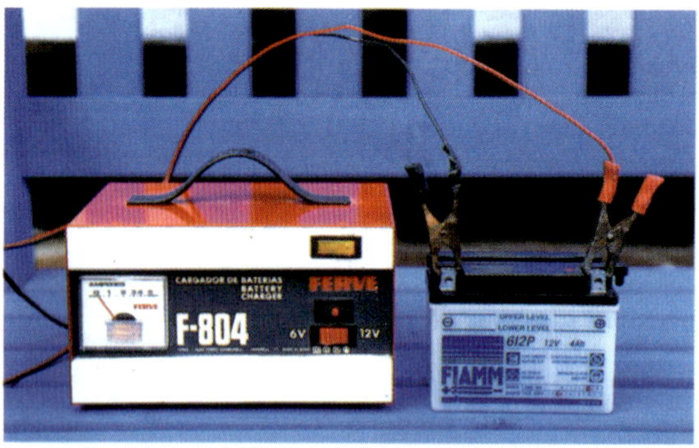

334

*Abb. 334 Zum Laden der Batterie Verschlußstopfen abnehmen; beim Anschließen Pole nicht verwechseln.*

335

*Abb. 335 Die Pole müssen regelmäßig gereinigt und mit Spezialfett gegen Korrosion geschützt werden.*

Stunden geladen. Zuleitungen abnehmen und Säurestand kontrollieren; liegt das Niveau über der oberen Strichmarkierung (5 mm über Platte), überschüssige Säure vorsichtig absaugen. Zu niedrigen Säurestand mit destilliertem Wasser ausgleichen (s.a. Säurestand prüfen). Verschlußkappen aufsetzen und Batterie mit einem Tuch trocken reiben, vor allem um die Pole herum.

**Batterie - Ein- und Ausbau, Polpflege:** Die Sfera-Batterie ist wartungsfreundlich in einem Fach unter der Sitzbank untergebracht. Ein Deckel schützt sie vor Schmutz und Beschädigung. Kreuzschlitzschraube lösen und Deckel abnehmen. **Einbau:** Die Batterie muß sauber, trocken und geladen sein. Säurestand prüfen und notfalls korrigieren (s. unten). **Polpflege:** Vor dem Einbau einer gebrauchten Batterie Pole sorgfältig reinigen und mit Drahtbürste oder Schmirgelpapier von korrodiertem Material befreien (stumpf-grauer Belag). Pole und Anschlußklemmen der Kabel müssen immer blank und sauber sein (Abb. 255).
**Batterie einsetzen und anschließen;** dabei unbedingt auf die richtige Kabelverbindung achten. Zuerst das **schwarze Massekabel am Minuspol** („-") anschließen, Schraube fest anziehen. Dann das **rote Kabel am Pluspol** („+") anschließen, Schraube fest anziehen. Beide Pole dünn mit Vaseline oder Spezial-Polfett bestreichen, das verhindert Korrosion. Nicht vergessen: **Entlüftungsschlauch** auf den Entlüftungsstutzen unterhalb des Pluspols stecken; unteres Ende ins Freie führen. Durch den Schlauch können die entstehenden Gase entweichen.
**Ausbau:** Entlüftungsschlauch abziehen und am Fahrzeug lassen. Dann zuerst Minuspol, dann Pluspol abklemmen; Batterie herausheben.

**Batterie - Säurestand prüfen, regulieren:** Wichtig für eine lange Lebensdauer der Batterie und ein allzeit zuverlässiges Anspringen des Motors ist die regelmäßige Kontrolle des Säurestands (im Sommer alle sechs bis acht, im Winter alle vier Wochen). Dazu muß die Batterie ausgebaut werden wie oben beschrieben. Das Gehäuse besteht aus durchsichtigem Kunststoff und weist zwei Strichmarkierungen auf - eine untere für die Minimalgrenze, eine obere für den Maximalstand. Liegt der Säurepegel in einer oder mehreren der sechs Zellen dicht über oder sogar unter der Minimalgrenze, muß er reguliert werden. Dazu die Verschlußkappen abnehmen und mit einer Pipette oder einer anderen gut dosierbaren Vorrichtung destilliertes Wasser bis zum oberen Markierungsstrich nachfüllen. Nützlich auch: ein kleiner Trichter. **Achtung: Niemals normales Leitungs- oder Regenwasser verwenden;** es enthält Mineralien und Salze, die für die Batterie schädlich sind. **Keinesfalls die Maximalmarke überschreiten.** Sonst tritt bei laufendem Motor an den Verschlußstopfen oder aus dem Entlüftungsschlauch Säure aus; Korrosion an Fahrwerks-, Motor oder Elektrikelementen ist die Folge. Beim Einfüllen übergelaufene Säure vorsichtig mit Lappen aufnehmen; dabei Hände und Augen schützen!
**Hinweis:** Muß häufig (etwa alle vier Wochen) Wasser nachgefüllt werden, liegt meist ein Defekt der elektrischen Anlage vor - es wird zu viel Strom verbraucht; dies führt zu einer raschen Zerstörung der Batterie. Elektrik systematisch prüfen (siehe weiter oben).

**Batterie - Ladezustand prüfen, nachladen:** Zeigt die Batterie Ermüdungserscheinungen (Anlasser dreht schwach etc.), muß der Ladezustand kontrolliert werden. Dazu zunächst Batterie ausbauen und Säurestand regulieren wie oben beschrieben. Mit einem handelsüblichen **Säureheber** läßt sich in wenigen Minuten prüfen, in welchem Zustand sich die Batterie befindet. Dazu alle Verschlußkappen abnehmen und Zellen nacheinander durchprüfen: Spitze des Prüfgeräts in die Säure der jeweiligen Zelle senken, Gummibalg zusammendrücken und Säure ansaugen (Abb. 336). Dabei wird ein kleiner Schwimmer in Bewegung gesetzt. Je größer das spezifische Gewicht der Säure, desto höher steigt der Schwimmer im Schauglas nach oben. Markierungsstriche gestatten das Ablesen des spezifischen Gewichts. Bei einer Temperatur von mindestens 15° und voll geladener Batterie muß es 1,26 bis 1,28 betragen. Bei niedrigeren Werten (im Extremfall 1,12) muß sofort nachgeladen werden.

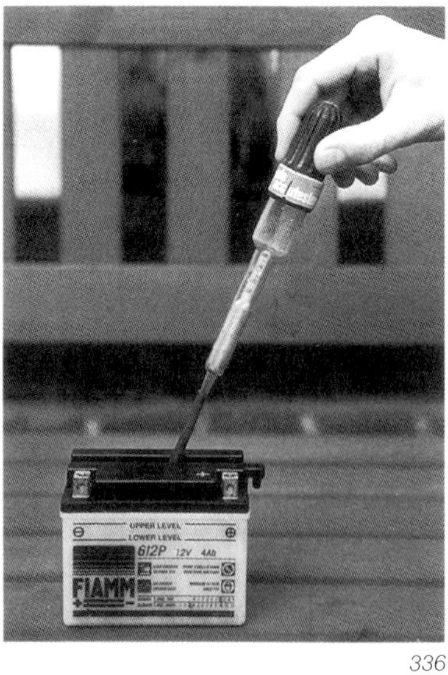


*Abb. 336 Mit einem Säureheber läßt sich schnell prüfen, in welchem Zustand sich die Batterie befindet.*

336

Dazu nochmals Säurestand kontrollieren, Verschlußstopfen abgenommen lassen und Pole mit dem Ladegerät verbinden (Minus mit schwarzem, Plus mit rotem Kabel). **Darauf achten, daß die richtige Spannung (12 Volt) am Ladegerät eingestellt ist.** In der Regel ist der Ladevorgang nach vier bis fünf Stunden abgeschlossen, d.h. die Spannung je Zelle beträgt 2,6 bis 2,8 Volt. Erreicht die Spannung nach maximal acht Stunden nicht den erforderlichen Wert oder steigen beim Laden keine Blasen in den Zellen auf, ist die Batterie kaputt. Sie muß auch ersetzt werden, wenn sich weiße Ablagerungen an den Platten zeigen (Sulfatierung) und wenn sich korrodiertes Material von den Platten gelöst und am Boden abgesetzt hat.

Nach dem Aufladen Säurestand mit dem Säureheber kontrollieren (s.o.). Batterie reinigen, verschließen und einbauen wie oben beschrieben; Entlüftungsleitung anschließen!

**Achtung: Während des Ladens entwickeln sich giftige Dämpfe;** deshalb Batterie nur in gut belüftetem Raum laden. Die aufsteigenden Gase reißen winzige Säuretropfen mit. Batterie deshalb so aufstellen, daß Gegenstände nicht bespritzt werden können; notfalls Batterie seitlich mit Pappe abdecken. Batterie niemals laden, ohne Verschlußstopfen abzunehmen - Explosionsgefahr!

Wird das Fahrzeug - etwa im Winter - für längere Zeit nicht bewegt, muß die Batterie **regelmäßig nachgeladen** werden; sie entlädt sich vollständig in zwei bis drei Monaten; eine Tiefentladung kann zur Zerstörung führen. Zwischen den Ladevorgängen Batterie ausgebaut in einem trockenen und frostfreien Raum aufbewahren; nicht im Fahrzeug lassen.

**Kompression prüfen:** Mangelhafte Kompression im Zylinder ist eine Folge übermäßiger Abnutzung und führt zu starkem Leistungsverlust. Bei einem Zweitaktmotor wie dem Sfera-Triebwerk können verschlissene oder beschädigte Kolbenringe, eine riefige und ausgeriebene Zylinderwand oder Undichtigkeiten zwischen Zylinderkopf und Zylinder die näheren Ursachen sein. Geprüft werden kann die Kompression mit Geräten, die preisgünstig im Fachhandel zu haben sind.
Und so wird's gemacht: Motor einige Minuten lang warmlaufen lassen, dann abstellen. Fahrzeug aufbocken und Mittelabdeckung abbauen. Kerzenstecker abziehen und Zündkerze herausdrehen. Anschließend Hohlwelle des Kompressionsprüfers in die Zündkerzenbohrung einführen und mit der Hand festschrauben (Abb. 337).
**Achtung: Hinterrad muß frei drehen können!** Zündung einschalten, Vollgas geben und Motor mit dem elektrischen Anlasser so lange durchdrehen, bis der vom Manometer oder Schreiber angezeigte Druck nicht mehr weiter ansteigt.
Wenn Kolben, Zylinderkopf und Zylinder in Ordnung sind, muß die **Kompression zwischen 8,5 und 12,0 kg/cm²** liegen. Liegt der Druck unter 8,5 kg, müssen die Ursachen ermittelt werden (Demontage-Erläuterungen siehe Motor-Kapitel). Zuerst Gebläsehaube abnehmen und prüfen, ob die Zylinderkopfschrauben mit dem vorgeschriebenen Drehmoment angezogen sind.
Defekten Kolbenringen kommt man auf die Spur, ohne den Zylinder abnehmen zu müssen: Etwas Motoröl (Castrol TTS Synthetic z.B.) in die Zündkerzenbohrung spritzen und dann zweite Messung durchführen. Wird eine höhere Kompression angezeigt als beim ersten Mal, dichten die Ringe nicht mehr richtig ab; (das eingespritzte Öl erzeugt vorübergehend eine bessere Abdichtung, der Druck steigt). Bei einer Kompression von weniger als 8,0 kg/cm² müssen Kolben und Zylinder überholt werden.

**Getriebeöl - Ölstandskontrolle:** Das Getriebeöl der Sfera muß in regelmäßigen Abständen kontrolliert bzw. gewechselt werden - Ölstandskontrolle alle 4000 km (oder einmal im Jahr), Wechsel nach den ersten 1000 km (oder nach zwei Monaten) sowie alle 8000 km (oder alle zwei Jahre) bzw. nach einer Getriebe-Demontage (s.a. Hinweise im Motor-Kapitel).
**Achtung: Das Fahren mit zu wenig, verschmutztem oder falschem Öl führt zu einer frühzeitigen Abnutzung der bewegten Getriebe-Teile und kann zu schweren Schäden führen. Auch zuviel Öl ist schädlich.**
Piaggio empfiehlt folgende Getriebeölsorten: IP PONTIAX FZG 80W-90, ESSO GEAR OIL CZ 85W-90. Der Fachhändler weiß, welche Sorten und Spezifikationen darüber hinaus zulässig sind. Abgesehen von IP PONTIAX sollte generell SAE

337

*Abb. 337 Der Kompressionsprüfer wird in die Zündkerzenbohrung geschraubt. Vorher muß die Mittelabdeckung entfernt werden.*

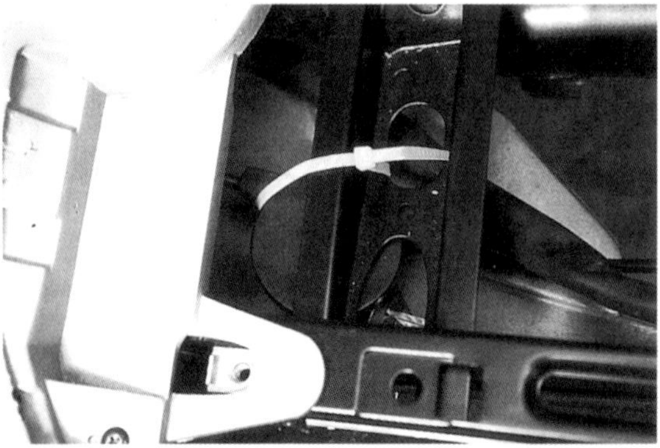

341

342

343

**Tip:** Springt der Motor nicht an, weil er Luft ansaugt, Luftfilterkasten abnehmen, Ansaugstutzen zuhalten und Starter betätigen; durch den erhöhten Unterdruck wird das zerstäubte Benzin mit Macht in den Brennraum befördert.

**Luftfilter - Reinigung:** Alle 4000 km - beim Fahren auf staubigen Straßen öfter - muß das Luftfilterelement ausgebaut und gereinigt werden. Der Ausbau des kompletten Luftfiltergehäuses wurde bereits im Motor-Kapitel beschrieben. Zur Reinigung zuerst die linke Seitenverkleidung abnehmen. Dann die fünf Kreuzschlitzschrauben lösen, die den Deckel des Luftfiltergehäuses fixieren (Abb. 344). Deckel und Filterelement abnehmen (Abb. 345). Praktisch ist, daß man das Schaumstoff element reinigen und wiederverwenden kann. Es wird einfach in einer Seifenlösung ausgewaschen und dann an der Sonne oder mit Preßluft getrocknet. Dabei den Luftstrahl so dosieren, daß er den Schaumstoff nicht durchlöchert. Den trockenen Filter leicht einölen; das geht am besten mit Öl aus der Sprühdose (spezieller Luftfilter-Spray) oder einem Pinsel.
**Keineswegs zuviel Öl auftragen, es darf nichts abtropfen!** Piaggio empfiehlt ein Benzin-Öl-Gemisch im Verhältnis von 10 : 1; wir raten wegen der giftigen Benzoldämpfe, die Benzin freisetzt, davon jedoch ab. Filter so einsetzen, daß er sauber abdichtet, Deckel aufsetzen und festschrauben.
Filter nach 8000 km (s. Piaggio-Empfehlung Wartungsplan) nur wechseln, wenn er sich nicht mehr reinigen läßt.
**Achtung: Den Motor nie ohne Luftfilter laufen lassen! Staub und feiner Schmutz dringen dann ungehindert bis in den Zylinder vor und wirken dort wie Schmirgelpapier.** Klar, daß Kolben und Zylinder sich dann extrem schnell abnutzen.

**Vergaser - allgemeine Tips:** Ausbau und Zerlegung des Dell'Orto-Vergasers wurden bereits im Motor-Kapitel beschrieben. Beachten Sie auch die dort abgebildete Spreng-Zeichnung. Grundsätzlich gilt, daß der Vergaser in allen Einzelteilen hundertprozentig in Ordnung sein muß, wenn der Motor korrekt laufen soll. Zu den **häufigsten Schäden gehören undichter Schwimmer, verstopfte Düsen, klemmender Gasschieber, defekte Abdichtungen und falsche Einstellung.**
Ratsam ist es, den Vergaser von Zeit zu Zeit auszubauen, komplett zu zerlegen, in Lösungsmittel zu reinigen und dann mit Preßluft auszublasen; Abbildung 84 auf Seite 38 zeigt im Detail den fachgerechten Ausbau von Gasschieber und Düsennadel. Vor allem Düsen und Kanäle müssen gründlich selbst von kleinsten Schmutzpartikeln befreit werden (s.a. Motor-Kapitel). Beim Zusammenbau darauf achten, daß sich der **Gasschieber frei bewegen** läßt. Wenn er klemmt, obwohl keine Kanten oder Riefen feststellbar sind, ist das Gehäuse schuld. Dann muß der Vergaser komplett ausgetauscht werden. Auf der anderen Seite kann durch normale Abnutzung auch ein zu großes Spiel entstanden sein. Dann genügt es oft, nur den Gasschieber zu wechseln. **Achtung: Beim Zusammenbau stets neue Dichtungen verwenden;** sie verhindern, daß explosives und giftiges Benzin austreten und Schaden anrichten kann.
Wichtig: **keine anderen Teile verwenden als vom Hersteller vorgeschrieben.** In Deutschland erlischt die Allgemeine Betriebserlaubnis bei Einbau größerer Düsen oder gar eines anderen Vergasers. Die folgende Übersicht enthält die **technischen Daten des Sfera-**

344

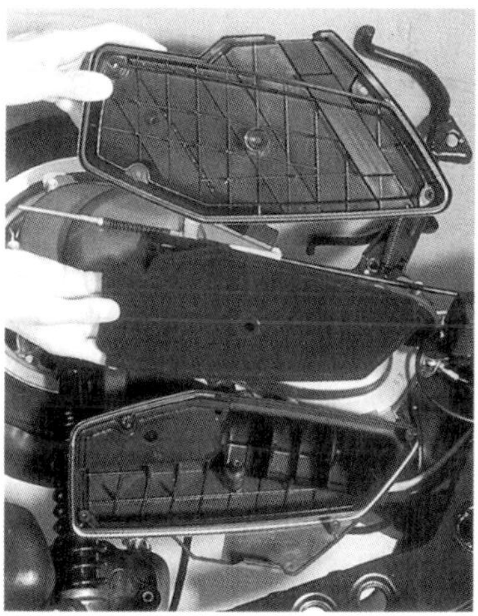

345

**Vergasers;** vorn die Angaben für den 50er Motor, in Klammern die 80er Daten:
**Vergasertyp:** Dell'Orto PHVA 12 (PHVA 17,5); **Durchlaß:** 12 (17,5) mm; **Hauptdüse:** 56/100 (65/100); **Leerlaufdüse:** 34/100 (34/100); **Diffusor:** FA 211 (FA 211); **Startdüse:** 50/100 (50/100); **Gasschieber:** Dell'Orto 40 (13840.40.64); **Düsennadel und Position:** SA2, 3. Kerbe von oben (A7, 3. Kerbe von oben).

**Vergaser - Leerlauf- und Gaszug-Einstellung:** Ein unrunder

*Seite150:*

*Abb. 341*
*Mit einem Schlauchbinder wird die Verteilerdose fixiert, damit sich die Grundeinstellung nicht verändern kann.*

*Abb. 342*
*Ausgebauter Benzinhahn; gut zu erkennen der Feinfilter aus Kunststoff.*

*Abb. 343*
*So wird die Entlüftungsschraube der Ölpumpe gelöst.*

*Abb. 344, 345*
*Der Deckel des Luftfiltergehäuses ist mit fünf Schrauben befestigt; nach dem Abnehmen kann der Einsatz gereinigt oder gewechselt werden.*

oder zu schneller Leerlauf gehört zu den häufigsten Störungen bei Zweitaktmotoren - vor allem dann, wenn die Laufleistung schon hoch ist. Beim Sfera-Motor ist die Leerlauf-Einstellung denkbar einfach. Doch **Achtung:** Sie darf **nur bei betriebswarmem Triebwerk** durchgeführt werden. Fahrzeug aufbocken, Motor starten und zwei Minuten im Leerlauf arbeiten lassen (fur gute Belüftung sorgen; Auspuffgase sind giftig). Dann die Sitzbank hochklappen, die Kreuzzschlitzschraube an der Wartungsklappe lösen und Klappe abnehmen. Das „Schaufenster" macht den Vergaser gut zugänglich, eine Handlampe erleichtert die Arbeit. Am besten Gummiabdeckung des Vergasers abnehmen; dies ist aber nicht unbedingt erforderlich.

Dann zuerst das **Spiel des Gaszugs** prüfen; es sollte an der Bowdenzugmündung nicht mehr als 1,0 mm betragen. Reguliert werden kann es durch die Einstellschraube vorn am Gehäuse; zunächst die Kontermutter mit einem Schlüssel SW 8 lösen, dann Einstellschraube so verdrehen, bis das Spiel stimmt. Kontermutter wieder festziehen.

Der **Leerlauf** wird mit der großen, schwarzen Randelschraube hinten am Vergasergehäuse eingestellt (Abb. 346; s.a. Abb. 162-165). Die korrekte Leerlaufdrehzahl beträgt in der Regel 1800 bis 2000 Umdrehungen pro Minute (Ausnahmen s. Daten S.159); dabei darf sich das Hinterrad auf keinen Fall drehen. Die Drehzahl-Obergrenze ist erreicht, wenn das Hinterrad soeben zu drehen anfängt. Zur Erhöhung der Drehzahl die Rändelschraube im Uhrzeigersinn, zur Absenkung gegen den Uhrzeigersinn drehen.

*Abb. 346 Der Leerlauf wird mit der schwarzen Rändelschraube hinten am Vergaser eingestellt.*

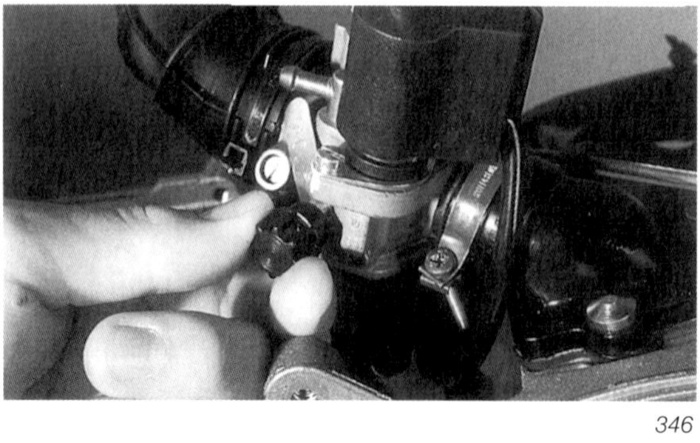

346

**Kraftstoff-/Luftgemisch einstellen:** Das **Luftgemisch** wird bei allen **Zweitaktern** von der ersten Sfera 1990 bis zum neuesten NRG über die **Luftregulierschraube** eingestellt. Sie befindet sich in Fließrichtung der Ansaugluft vor dem Gasschieber. Wird sie herausgedreht (also gegen den Uhrzeigersinn), strömt mehr Luft ein, und das Gemisch wrid magerer. Umgekehrt wird es fetter, wenn die Schraube im Uhrzeigersinn gedreht wird; die Grenzen in beiden Drehrichtungen sind erreicht, wenn der Motor Tendenz zeigt, abzusterben. In der Regel wird die Luftschraube um 1,5 Umdrehungen herausgedreht. Genaue Daten s.a. jeweilige Betriebsanleitungen. (Bei bestimmten **Viertakt-Modellen** sitzt die Luftregulierschraube im Luftstrom hinter dem Gasschieber.)

Manche **Viertakt-Modelle** verfügen alternativ oder zusätzlich über eine **Kraftstoff-Regulierschraube.** Hier wird - anders als oben beschrieben - das Gemisch fetter, wenn gegen den Uhrzeigersinn gedreht wird.

Falls die **Gummiabdeckung** abgenommen wurde: die Kappe sorgfältig aufsetzen; dabei darauf achten, daß die Vorwärmleitung paßgenau zur Gebläsehaube führt. Die einzelnen Segmente der Kappe müssen sich genau um den Vergaser legen, weil sonst die Vorrwärmung nicht funktioniert. Wartungsklappe einbauen.

# WERKZEUGEINSATZ: WAS MAN BRAUCHT, WIE MAN'S MACHT

Das serienmäßige Bordwerkzeug der Sfera ist - wie bei den meisten Rollern - nur ein Notbehelf. Es taugt kaum zum Zündkerzenwechsel, versagt erst recht, wenn beispielsweise die Räder abgenommen werden müssen. Gleichwohl muß man nicht viel Geld ausgeben, um für den Umgang mit der überwiegend recht zierlichen Sfera-Technik gerüstet zu sein. Ein Kasten mit Umschaltknarre und Stecknüssen SW 8 bis SW 24 sowie ein Sortiment diverser Schlitz- und Kreuzschlitz-Schraubendreher tun's für den Hausgebrauch allemal. Wer indes öfter privat oder gar professionell schraubt, kommt nicht umhin, in eine gehobenere Werkstatt-Ausrüstung zu investieren.
Wir empfehlen folgende **Grundausstattung:** Werkbank mit Schraubstock, Stecknuß-Satz SW 6 bis 24 mit kleiner und großer Umschaltknarre sowie den zugehörigen Adaptern 1/4- und 1/2-Zoll, Ring- und Gabelschlüssel-Satz SW 6 bis 24 (auch in kombinierter Schlüsselausführung zu haben), Innensechskantschlüssel SW 3 - 10, Zündkerzenschlüssel, vier Schlitz-Schraubendreher mit Schneidenbreiten 2, 3/4, 5/7, 9/0, drei Kreuzschlitz-Schraubendreher klein, mittel und groß, Kombizange, Wasserpumpenzange, Spitzzange, Seegeringzange, Dorn 8 mm, Schlosserhammer klein und mittel, Kunststoffhammer, Draht- und Messingbürste, Hand-Fettpresse, Bowdenzugöler, Batteriesäure-Prüfer, Batterie-Ladegerät, Fühlerlehre, Hakenschlüssel für Lenkkopfmutter, Fußluftpumpe mit Manometer. Unentbehrlich für Arbeiten an Motor, Antrieb und Fahrwerk sind außerdem zwei **Drehmomentschlüssel** (ca. 10 bis 60 und 30 bis 140 Nm) - keine billige Anschaffung, falls es sich um automatische Schlüssel handeln soll, die bei Erreichen des eingestellten Wertes überspringen. Wer bis zur Kurbelwelle vordringen will, braucht außerdem eine Heißluftpistole; mit ihr werden bestimmte Elemente vor der Montage erwärmt. Gute Dienste bei Reparaturarbeiten an der Elektrik leistet ein Quetschverbinderset mit Kabelschuh- und Abisolierzange. In einer Top-Werkstatt dürfen darüber hinaus Stroboskop-Prüfgerät und elektronisch geregelte Bohrmaschine nicht fehlen.
Nun zum **Umgang mit dem Werkzeug.** Unerfahrene Hobbyschrauber greifen oft zum falschen Schlüssel: Mit einem Gabelschlüssel sollten Muttern oder Schrauben nur an sonst unzugänglichen Stellen festgezogen werden; besser sind Ring- oder Steckschlüssel bzw. Stecknüsse. Sie rutschen nicht so leicht ab, verletzten nicht die Schraubenkanten. Bei Schraubendrehern gilt: nur Werkzeuge mit unbeschädigten und scharf gekanteten Klingen ver-

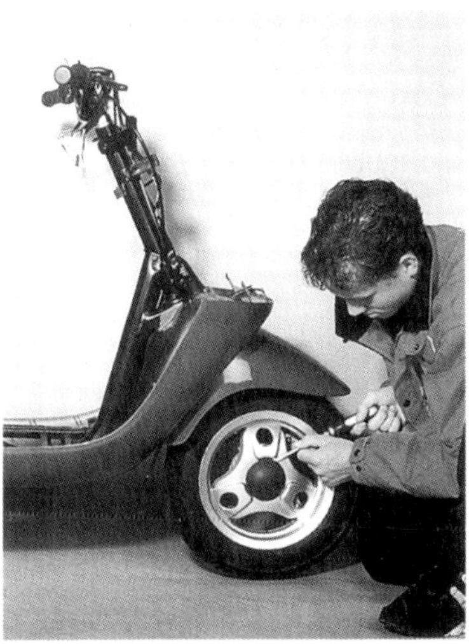

347

*Abb. 347*
*Auch für einfache Arbeiten empfiehlt sich paßgenaues Werkzeug. Darauf achten, daß keine Verletzungsgefahr besteht und daß lackierte Fahrzeugteile nicht verkratzt werden.*

wenden. Abgenutzte und rund gedrehte Klingen rutschen aus den Schraubenschlitzen heraus, zerstören letztlich die Führung - die Schraube läßt sich nur noch durch zeitaufwendiges Ausbohren entfernen. Das geht dann im Prinzip so: Zuerst Schaftende glatt feilen, in der Mitte körnen und mit einem kleinen Bohrer vorbohren. Dann mit exakt passendem Bohrer nacharbeiten. Anschließend muß ein neues Gewinde geschnitten werden, in der Regel in drei Stufen. Immer auch einen Schraubendreher verwenden, der möglichst bündig paßt. Ist die Klinge zu klein, besteht Abrutsch- und Verletzungsgefahr! Wer den Schraubendreher als Meißel benutzt, beschädigt Werkzeug und Werkstück. Bei Arbeiten am Fahrwerk oder beim Montieren von Motorteilen wie Zylinder, Zylinderkopf oder Lichtmaschine möglichst einen Drehmomentschlüssel verwenden. Generell sollten alle Schrauben, die in Leichtmetallteile gedreht werden (Motorgehäuse z.B.) drehmomentkontrolliert festgedreht werden.

**Niemals versuchen, festsitzende Muttern mit Gewalt zu lösen:** Die Schraube reißt ab, die Ecken von Muttern werden rund gedreht. Korrodierte Schraubverbindungen lösen sich meist, wenn ein guter Rostlöser einige Zeit eingewirkt hat; billiges Nähmaschinen- oder Fahrradöl tut Wunder. Es kann auch helfen, einen Schraubendreher anzusetzen und dem Griffende einen kräftigen Hammerschlag zu verpassen - oft löst sich die Schraube dann. Wichtig: **verschmutzte Fahrwerks- und Motorteile reinigen,** bevor die Schraubarbeit beginnt. Gut sind Spezialreiniger, die keine Giftstoffe oder gefährlichen Lösemittel enthalten. Keinesfalls Benzin verwenden - es enthält krebserregendes Benzol und giftiges Toluol!

Während der Arbeit unbedingt **auf Sicherheit achten:** Armbanduhren, Armbänder, Ringe und Halsketten sollten stets abgelegt werden. Auch flatternde Kleidungsstücke wie weite Jacken oder Schals können beim Schrauben gefährlich werden.

Die Sfera bietet so viel Stauraum, daß die Mitnahme eines selbst zusammengestellten Werkzeugsets keine Probleme bereitet. **Wir empfehlen für unterwegs:** je zwei verschieden starke Schraubendreher Schlitz und Kreuzschlitz, Kombischlüssel Ring/Gabel SW 8 bis SW 19, Steckschlüssel SW 24 für Radausbau, Zündkerzenschlüssel, Hakenschlüssel, Mehrzweckzange, multifunkionales (Taschen-)Messer. Nützlich sind auch ein Stück Draht, Elektrokabel, einige Kabelklemmen, ein kleines Sortiment Maschinenschrauben M 6 und Blechschrauben 4,0 x 20 bis 25.

*Abb. 348 Eine Umschaltknarre mit passenden Stecknüssen ist für viele Arbeiten am Roller unentbehrlich.*

*Abb. 349 Komplettes Werkzeug- und Montage-Set von Helicoil zum Ausbohren und Reparieren von beschädigten Gewinden.*

348

349

## TIPS ZUR BEREIFUNG: FAHREN, KAUFEN, PFLEGEN, KONTROLLIEREN

***Fahren: stets Respekt vor scharfen Kanten***

Von den Reifen hängt in entscheidendem Maße die Sicherheit ab. Vernünftige Behandlung und regelmäßige Kontrolle sind daher unerläßlich. Besonders schädlich für den empfindlichen Unterbau ("Karkasse") sind das Fahren mit zu geringem Luftdruck sowie das rücksichtslose Queren von Bordsteinen und scharfen Kanten. Oft entstehen dabei unsichtbare Schäden, die im Extremfall zu einem Reifenplatzer führen können (Abb. 350). **Also beachten: Reifenluftdruck regelmäßig prüfen, Reifen schonend behandeln.** Großen Einfluß auf Lebensdauer und Bodenhaftung hat die Gummimischung. Sie ist von Fabrikat zu Fabrikat, von Typ zu Typ unterschiedlich. Auskunft erteilen seriöse Reifenfachhändler sowie Piaggio-Spezialisten. Fest steht, daß harte Gummimischungen den Reifen länger leben lassen, dafür aber keine besonders gute Rutschfestigkeit bei Nässe garantieren.

**Tip für Anfänger:** Wenn es länger nicht geregnet hat, bildet sich bei einsetzendem Niederschlag ein schmieriger Film aus Gummiabrieb, Öl und Staub auf der Straße, der erst allmählich abgewaschen wird. Also zu Beginn des Regens besonders vorsichtig fahren, gefühlvoll Gas geben und bremsen, großen Sicherheitsabstand zu anderen Fahrzeugen halten und hohe Schräglagen vermeiden. **Besonders tückisch bei Nässe:** Fahrbahnmarkierungen und Zebrastreifen aus aufgespritztem Kunststoff, Bitumenausbesserungen auf der Straße (zu erkennen an der schwarz-glänzenden Oberfläche), Kanaldeckel und Brückenfugen.

***Neukauf: keine Mischbereifung***

Wer nicht nur bei schönem Wetter fährt, sollte sich genau die **Profilierung** ansehen: Eine Mittelnut oder Rille am Vorderrad schützt besser vor Aquaplaning als ein Mittelsteg. Auch verhalten sich bei Nässe kräftig profilierte Pneus gutmütiger als Konstruktionen mit geringem Negativ-Profil-Anteil. Auf keinen Fall hinten ein anderes Reifenfabrikat aufziehen als vorne. Wie bereits im Reparaturteil erwähnt, ist von einer Reifenmontage im Do-it-yourself-Verfahren bei der Sfera abzuraten. Teilbare Felgen wie bei Vespa, Quartz und auch SKR sind leider nicht vorhanden. Die schlauchlosen Reifen der

*Abb. 350*
*Wer dermaßen hart an scharfe Bordsteinkanten heranfährt, fügt dem teuren Reifen unter Umständen irreparable Schäden zu.*

*350*

Niederquerschnitts-Dimensionen 90/90-10 und 100/80-10 lassen sich nur mit einer Spezialmaschine ab- und aufziehen - Werkstattsache.

### *Luftdruck: häufige Prüfung*

Gefährlich (und teuer) lebt, wer den **Luftdruck** vernachlässigt. Wir empfehlen eine Kontrolle alle vier Wochen, vor größeren Fahrten und beim Wechsel auf das Fahren mit/ohne Sozius. Wichtig ist, daß der Reifendruck nur bei kalten Reifen kontrolliert wird; bei erwärmtem Pneu - und das ist schon nach wenigen Kilometern der Fall - zeigt das Meßgerät zu hohe Werte an (vor allem im Sommer). **Achtung: Chronischer Unterdruck führt zu instabilem F.rhalten vor allem in Kurven, hohem Verschleiß und in extremen Fällen sogar zu Laufflächenablösungen infolge Überhitzung.**

Piaggio schreibt für die Sfera 50 und 80 folgende Reifenluftdruckwerte vor: **Vorderrad 1,2 bar, Hinterrad solo 1,7 bar, mit Sozius 2,5 bar.** Bei längeren Fahrten mit voller Zuladung empfiehlt es sich, den Luftdruck vorn um 0,2 und hinten um 0,4 bar zu erhöhen (Abb. 351). Die Reifen werden dann weniger stark gewalkt, erhitzen sich nicht so sehr, verschleißen weniger schnell und bieten mehr Stabilität. Beim Fahren auf unbefestigten Pisten (Strand, Feldwege) hingegen kann es nützlich sein, den Luftdruck um einige Zehntel abzusenken. Auf festem Untergrund dann nicht vergessen, die Werte wieder zu erhöhen!

### *Profiltiefe, Beschädigungen: Sichtkontrolle*

Niemals sollte eine **Mindestprofiltiefe von 2 mm** unterschritten werden. Die meisten modernen Pneus sind mit Abnutzungsanzeigern versehen, die eine schnelle Kontrolle gestatten. Es handelt sich dabei um 2 mm dicke Erhöhungen im Negativprofil (also in der Rille); liegen die Anzeiger in gleicher Höhe mit dem Positiv-Profil, müssen die Reifen gewechselt werden (Abb. 352). Regelmäßig kontrolliert werden muß auch, ob die Reifen an den Flanken oder im Bereich der Lauffläche Beschädigungen aufweisen (Schnitte, Risse, Blasen, Profilablösungen etc.) **Beschädigte Reifen sofort austauschen.** Das gilt auch dann, wenn sich nach Vollbremsungen sogenannte „Bremsplatten" gebildet haben. Nutzen sich die Reifen ungleichmäßig ab (Sägezahnbildung z.B.), sind Federung und Dämpfung nicht in Ordnung - also prüfen und reparieren.

### *Räder, Felgen: Zustand prüfen*

Nicht nur die Reifen, auch die aus einer Leichtmetallegierung gefertigten Räder bedürfen regelmäßiger Kontolle. Empfindlich ist vor allem der Felgenbereich, auf dem die Reifen sitzen. Sind die Felgenhörner deformiert oder eingedellt - z.B. durch hartes Bordsteinfahren - ist das ganze Rad reif für den Schrott. Beschädigte oder verzogene Räder müssen schnellstmöglich ausgetauscht werden - Unfallgefahr!

Den Rundlauf des Rades kann man leicht selbst überprüfen.

Zunächst die **Vorderradkontrolle:** Maschine aufbocken und Vorderrad von Hand in Drehung versetzen. Mit der anderen Hand einen Stift oder ein Stück Kreide so ans Steuerrohr legen, daß die Felge den Stift beim Drehen in mindestens einem Punkt berührt (Abb..353). Anschließend Rad so lange weiterdrehen, bis sich der größtmögliche Abstand zwischen Stift und Felge einstellt. Jetzt diesen Abstand messen, dies ist dann das Maß des Seitenschlags. Die Toleranzgrenze liegt bei nur 0,5 mm. Ist der Schlag größer, muß

das Rad ausgetauscht werden.
**Hinterradkontrolle:** Maschine aufbocken und Heck so abstützen, daß sich das Hinterrad frei drehen kann. Motor starten und mit leicht erhöhter Drehzahl laufen lassen, damit das Rad langsam rotieren kann. **Achtung: Motor nicht in geschlossenen Räumen oder Garagen laufen lassen - Vergiftungsgefahr!** Stift oder Kreide wie beschrieben an Federbein anlegen und Seitenschlag bestimmen.
Ob die Räder **richtig ausgewuchtet** sind, läßt sich mit Hausmitteln nur unzureichend prüfen; die innere Reibung in Lagern und Antrieb ist zu groß für eine Unwuchtbe stimmung von Hand. Am besten Räder immer bei der Montage neuer Reifen auswuchten lassen. Auch dann, wenn sich beim Fahren eine Unwucht zeigt (Höhenschlag), Reifen-Fachwerkstatt zu Rate ziehen. Daß die zentralen Radbefestigungen regelmäßig geprüft werden müssen, wurde bereits mehrfach erwähnt. **Drehmomente und saubere Versplintung beachten!**

351

*Abb. 351*
*Weil der Reifenluftdruck regelmäßig kontrolliert werden muß, ist die Anschaffung einer Fußluftpumpe sinnvoll.*

*Abb. 352*
*Mit einer einfachen Lehre läßt sich die Profiltiefe jederzeit genau ermitteln.*

*Abb. 353*
*Ein Stück Kreide ist nützlich, wenn Rundlauf und Seitenschlag von Rad und Reifen geprüft werden sollen.*

352

353

# TECHNISCHE DATEN, EINSTELLDATEN - ALLE MODELLE

| **Modell** | **Sfera 50/1** | **Sfera 80** | **Sfera 50/2** | **SKR 125** | **SKR 150** | **Quartz** | **Sfera 125** |
|---|---|---|---|---|---|---|---|
| **Bauperiode** | 1990-1995 | 1990-1995 | 1995-1997 | 1993-1997 | 1993-1998 | 1992-1996 | 1995-1997 |
| **Motor** | | | | | | | |
| *Bauart* | Einzylinder-Zweitakt, gebläseluftgekühlt, mit Antrieb verblockt | | | | | flüss.gekühlt | Viertakt luftgek. |
| *Hubraum cm$^3$* | 49,4 | 74,7 | 49,4 | 124,0 | 150,0 | 49,4 | 124,0 |
| *Bohr.xHub mm* | 40,0 x 39,3 | 46,5 x 44,0 | 40,0 x 39,3 | 55,0 x 52,0 | 60,6x52,0 | 40,0 x 39,3 | 57,0 x 48,6 |
| *Verdichtung* | 10,9 : 1 | 10,4 : 1 | k.A. | 10,2 : 1 | k.A. | 10,7 : 1 | 10,6 : 1 |
| *Leistung PS/kW* | 3,3(2,4) | 7,5(5,5) | 3,8(2,8) | 13,6(10,0) | 14,3(10,5) | 4,5(3,3) | 12,2(9,0) |
| *b.Drehz./min$^{-1}$* | 6250 | 7250 | 6000 | 7250 | 7500 | 7000 | 7500 |
| *Maximales Drehmoment Nm* | | | | | | | |
| *b.Drehz./min$^{-1}$* | *k.A.* | k.A. | 4,7 / 5500 | 13,1 / 7000 | 14,0 / 7000 | 3,3 / 6750 | 9,8 / 6500 |
| *Einlaßsystem* | Zweitakter: Membran zwischen Vergaser und Kurbelgehäuse | | | | | | --- |
| *Ventilsteuerung* | --- | --- | --- | Sfera 125: Steuerkette, obenlieg.Nockenwelle, 2 Ventile (ohc) | | | |
| *Kurbelwelle* | kugelgelagert - alle Modelle | | | | | | |
| *Schmierung* | Zweitakter: Getrenntschmierung aus Öltank, zahnriemengetr. Ölpumpe | | | | | | Druckumlauf |
| *Zündung* | alle Modelle: kontaktlos elektronisch | | | | | | |
| *Zündkerze* | Champ. N2C | Champ. N2C | Champ. N2C | Champ N2C | Champ N2C | Champ N2C | Cha. RG 4 HC |
| *Vergaser* | D'O PHVA 12 | PHVA17,5 | Weber 12 | Mikuni VM 20 | Mikuni VM 20 | D'O PHVA 12 | Mikuni BS 24 |
| *Abgasanlage* | Zweitakter: Stahlblech ohne/mit ungereltem Katalysator | | | | | | Stahlblech |
| *Starter* | Kick- und Elektrostarter | | | | | | |
| *E-Start.-Leist.* | 0,15 kW | 0,25 kW | 0,25 kW | 0,35 kW | 0,35 kW | 0,35 kW | 0,5 kW |
| *Lichtmaschine* | alle Modelle: Schwungradmagnetzünder | | | | | | |
| *Batterie* | 12V - 4Ah | 12V - 5Ah | 12V - 4Ah | 12V - 7Ah | 12V - 7Ah | 12V - 4Ah | 12V - 9Ah |
| **Kraftübertragung** | | | | | | | |
| *Primärtrieb* | Direktantrieb über Variator links auf der Kurbelwelle | | | | | | |
| *Kupplung* | Fliehkraftkupplung auf Getriebeantriebswelle | | | | | | |
| *Getriebe* | Zahnradgetriebe mit Antriebs- und Abtriebswelle, Zwischenrad | | | | | | |
| *Übersetz. 1/* | 34,85-14,22 | 23,1-7,67 | k.A. | 16,77-16,47 | k.A. | 35,74-14,22 | 22,43-7,44 |
| *Sekundärtrieb* | Keilriemen auf Fliehkraftkupplung, Untersetzungsgetriebe, Abtriebswelle/Hinterachse | | | | | | |
| **Fahrwerk, Bremsen** | | | | | | | |
| *Rahmen* | Stahl-Zentralrohrrahmen mit angeschweißten Preßstahlträgern | | | | | | |
| *Aufbau* | Kunststoff-Karosserie mit abschraubbaren Einzelelementen | | | | | | |
| *Vorderradführ.* | Steuerrohr, gezogene Kurzschwinge, hydraulisch gedämpftes Federbein | | | | | | |
| *Hinterradführ.* | Triebsatzschwinge aus Leichtmetall, Anlenkung: Achse, Gummielemente; hydr. gedämpftes Federbein | | | | | | |
| *Bremse vorn* | Trommel | Trommel | Scheibe | Scheibe | Scheibe | Scheibe | Scheibe |
| *Durchm. mm* | 110 | 110 | 195 | 195 | 195 | 195 | 195 |
| *Bremsbetät. vo.* | Seilzug/Hand | Seilzug/Hand | hydr./Hand | hydr./Hand | hydr./Hand | hydr./Hand | hydr./Hand |
| *Bremse hinten* | Trommel | Trommel | Trommel | Trommel | Trommel | Trommel | Trommel |
| *Durchm. mm* | 110 | 110 | 110 | 110 | 110 | 110 | 110 |
| *Bremsbetät. hi.* | Seilzug/Hand | Seilzug/Hand | Seilzug/Hand | Seilzug/Hand | Seilzug/Hand | Seilzug/Hand | Seilzug/Hand |
| *Räder, Bauart* | Leichtmetall | Leichtmetall | Leichtmetall | Leichtmetall | Leichtmetall | Leichtmetall | Leichtmetall |
| *Reifen vorn* | 90/90 - 10 | 90/90 - 10 | 100/80 - 10 | 100/80 - 10 | 100/80 - 10 | 100/80 - 10 | 100/80 - 10 |
| *Reifen hinten* | 90/90 - 10 | 90/90 - 10 | 110/80 - 10 | 110/80 - 10 | 110/80 - 10 | 100/80 - 10 | 130/70 - 10 |
| **Fahrleistungen** | | | | | | | |
| *Vmax km/h* | 50 | 80 | 50 | 100 | 102 | 50 | 90 |
| *Treibstoff* | Super bleifrei ROZ 98 (E5) | | | | | | |
| *L/100 km durch.* | 4,0 | 4,4 | 4,0 | 5,0 | 5,4 | 4,0 | 3,0 |
| *Motoröl* | Zweitakter: vollsynthetisch Castrol TTS-IS, Biolube XTS, AGIP 2T Racing | | | | | | SAE 15W/50 |
| *Reichweite km* | 130 | 118 | 188 | 160 | 148 | 175 | 250 |

| Modell | Sfera 50/1 | Sfera 80 | Sfera 50/2 | SKR 125 | SKR 150 | Quartz | Sfera 125 |
|---|---|---|---|---|---|---|---|
| **Maße und Gewichte** | | | | | | | |
| *Länge mm* | 1705 | 1705 | 1760 | 1750 | 1750 | 1710 | 1760 |
| *Breite o.Sp. mm* | 700 | 700 | 700 | 710 | 710 | 700 | 700 |
| *Höhe o. Spiegel* | 1070 | 1070 | 1080 | 1120 | 1120 | 1120 | 1080 |
| *Sitzhöhe mm* | 770 | 770 | 770 | 780 | 780 | 780 | 770 |
| *Benzintank Liter* | 5,2 | 5,2 | 7,5 | 8,0 | 8,0 | 7,0 | 7,5 |
| *Öltank Liter* | 1,42 | 1,42 | 1,42 | 1,5 | 1,5 | 1,42 | --- |
| *Radstand mm* | 1200 | 1200 | 1230 | 1250 | 1250 | 1220 | 1230 |
| *Leergewicht kg* | 82 | 85 | 89 | 95 | 95 | 88 | 104 |
| *Zuladung kg* | 188 | 185 | 181 | 195 | 195 | 202 | 186 |
| *zul.Ges.gew. kg* | 270 | 270 | 270 | 290 | 290 | 290 | 290 |
| **Vergaserdaten** | | | | | | | |
| *Typ* | Dell'Orto PHVA 12 ... | PHVA 17,5 | Weber 12 | Mikuni VM 20 | Mikuni VM 20: | D'O PHVA 12 | Mikuni BS 24 |
| *Einlaßquerschn.* | 12,0 mm | 17,5 mm | k.A. | 20,0 mm | Typ 301 | k.A. | 24,0 mm |
| *Hauptdüse* | 56 / 100 | 65 / 100 | k.A. | 82,5 / 100 | k.A. | k.A. | 87,5 / 100 |
| *Leerlaufdüse* | 34 / 100 | 34 / 100 | k.A. | 35 / 100 | k.A. | k.A. | 20 / 100 |
| *Zerstäuber* | FA 211 | FA 211 | k.A. | D8 / 426 | k.A. | k.A. | A>4 (774) |
| *Startdüse* | 50 / 100 | 50 / 100 | k.A. | 40 / 100 | k.A. | k.A. | 40 |
| *Gasschieber* | 13840.40.64 | 13840.40.64 | k.A. | 13685.40.64 | k.A. | k.A. | --- |
| *Membran kompl.* | --- | --- | --- | --- | --- | --- | Fi N229016 |
| *Düsennadel* | SA2 3. Rille | A7 3 Rille | k.A. | 3CK01 3.Rille | k.A. | k.A. | 4 C Z 6 - 3 |
| **Beleuchtung** | | | | | | | |
| *Fern-/Fahrlicht* | 35/35 W | 35/35 W | 35/35 W | 2x 35/35 W | 2x 35/35 W | 2x 35/35 W | 35/35 W |
| *Standlicht* | 4 W | 4 W | 4 W | 4 W | 4 W | 4 W | 4 W |
| *Rück-/Bremsli.* | 5/21 W | 5/21 W | 5 + 5/21 W | 5/21 W | 5/21 W | 5/21 W | 5 + 5/21 W |
| *Blinker vo./hi.* | 10/10 W | 10/10 W | 10/10 W | 10/10 W | 10/10 W | 10/10 W | 10/10 W |
| *Kontrollampen* | 1,2 W | 1,2 W | 1,2 + 2,0 W | 1,2 W | 1,2 W | 1,2 W | 1,2 + 2,0 W |
| *Hauptsicherung* | 7,5 A | 7,5 A | 7,5 A | 7,5 A | 7,5 A | 7,5 A | 7,5 A |
| **Füllmengen, Reifenluftdruck** | | | | | | | |
| *Getriebeöl $cm^3$* | 65 | 65 | 65 | 70 | 70 | 65 | 65 |
| *Getr.öl Spez.* | 80W-90 | 80W-90 | 85W90 | 85W-90 | 85W-90 | 85-W90 | 85W-90 |
| *Motoröl Liter* | Getrennschmierung mit vollsynthetischem Öl | | | | | | 850 $cm^3$ |
| *Bremsflüssigkeit* | --- | --- | DOT 4 | DOT 4 | DOT 4 | DOT 4 | DOT 4 |
| *Luftdruck vo.bar* | 1,2 | 1,2 | 1,2 | 1,2 | 1,3 | 1,2 | 1,5 |
| *Luftdruck hi. bar* | 1,7 | 1,7 | 1,7 | 1,7 | 1,8 | 1,6 | 1,8 |
| *Luftdr. hi. belad.* | 2,5 | 2,5 | 2,5 | 2,2 | 2,3 | 2,5 | 2,0 |
| **Einstell- und Elektrik-Daten** | | | | | | | |
| *Leerlaufdrehzahl* | 1800-2000 | 1800-2000 | 1800-2000 | 1800-2000 | 1800-2000 | 1800-2000 | ca. 1000 |
| *Gaszugspiel* | 1,0 mm | 1,0 mm | 1,0 mm | 1,0 mm | 1,0 mm | 1,0 mm | 1,0 mm |
| *Bremsheb.spiel* | 4,0-5,0 mm | 4,0-5,0 mm | 4,0-5,0 mm | 4,0-5,0 mm | 4,0-5,0 mm | 4,0-5,0 mm | 4,0-5,0 mm |
| *Bremsbelag mi.* | 1,5 mm | 1,5 mm | 1,5 | 1,5 | 1,5 | 1,5 | 1,5 |
| *Elektrodenabst.* | 0,5-0,6 mm | 0,5-0,6 mm | 0,5-0,6 mm | 0,5-0,6 mm | 0,5-0,6 mm | 0,5-0,6 mm | 0,5-0,6 mm |
| *Vorzündung v. OT/$min^{-1}$* | 16°/4000 | 16°/4000 | 16°/4000 | 19°/4000 | 19°/4000 | 16°/4000 | 10°/1600 |

# DREHMOMENT-RICHTWERTE - ALLE MODELLE*

*** zusätzliche Werte für Sfera 125 s. Seite 162**

| **Modell** | **Sfera 50/1** | **Sfera 80** | **Sfera 50/2** | **SKR 125** | **SKR 150** | **Quartz** | **Sfera 125** |
|---|---|---|---|---|---|---|---|
| **Motor** | *Drehmomentwerte in Nm für Anziehen in zwei Stufen* | | | | | | |
| Kickstarter-Befestigung | 12 - 13 | 12 - 13 | 12 - 13 | 12 - 13 | 12 - 13 | 12 - 13 | 12 - 13 |
| Anlasser am Gehäuse | 12 - 13 | 12 - 13 | 11- 13 | 12 - 13 | 12 - 13 | 12 - 13 | 11 - 13 |
| Auspuffkrümmer am Zylinder | 12 - 13 | 12 - 13 | 12- 13 | 24 - 27 | 24 - 27 | 9 - 11 | 11 - 13 |
| Auspufftopf am Krümmer | 12 - 13 | 12 - 13 | 12 - 13 | 22 - 24 | 22 - 24 | 10 - 12 | 22 - 24 |
| Auspufftopf am Gehäuse | 22 - 24 | 22 - 24 | 22 - 24 | 24 - 27 | 24 - 27 | 22 - 24 | 24 - 27 |
| Kurbelgehäusehälften | 12 - 13 | 12 - 13 | 12 - 13 | 12 - 13 | 12 - 13 | 12 - 13 | 11- 13 |
| Ventilator auf Schwungrad | 3,5 - 5 | 3,5 - 5 | 3 - 4 | 3 - 4 | 3 - 4 | 3 - 4 | 3 - 4 |
| Schwungrad auf Kurbelwelle | 40 - 44 | 40 - 44 | 40 - 44 | 48 - 52 | 48 - 52 | 40 - 44 | 40 - 44 |
| Zylinderkopf/Zylinder Befest. | 10 - 11 | 10 - 11 | 10 - 11 | 20 - 22 | 20 - 22 | 10 - 11 | 28 - 30 |
| Rad Wasserpumpe | --- | --- | --- | --- | --- | 4 - 5 | --- |
| Zündkerze | 35 - 40 | 35 - 40 | 35 - 40 | 35 - 40 | 35 - 40 | 35 - 40 | 35 - 40 |

Zylinderkopf/Zylinder luft- oder flüssiggekühlt Befestigung **ZIP, TPH, Storm, NRG:** 10-11 Nm

| **Modell** | **Sfera 50/1** | **Sfera 80** | **Sfera 50/2** | **SKR 125** | **SKR 150** | **Quartz** | **Sfera 125** |
|---|---|---|---|---|---|---|---|
| **Antrieb** | | | | | | | |
| Antriebsgehäusedeckel | 11 - 13 | 11 - 13 | 11 - 13 | 11 - 13 | 11 - 13 | 11 - 13 | 11 - 13 |
| Kupplungsglocke/Mutter | 40 - 44 | 40 - 44 | 40 - 44 | 48 - 52 | 48 - 52 | 40 - 44 | 40 - 44 |
| Variator/Mutter | 40 - 44 | 40 - 44 | 40 - 44 | 48 - 52 | 48 - 52 | 40 - 44 | 40 - 44 |
| Kupplung m. Riemensch. | 45 - 50 | 45 - 50 | 45 - 50 | 45 - 50 | 45 - 50 | 45 - 50 | 45 - 50 |
| Hinterrad/Zentralmutter | 90 -100 | 90 -100 | 90 - 00 | 90 -100 | 90 -100 | 90 -100 | 90 -100 |
| Schrauben Ölstand,-ablaß | 11- 13 | 11 - 13 | 11 - 13 | 11 - 13 | 11 - 13 | 11- 13 | 11 - 13 |
| **Vorderradaufhängung** | | | | | | | |
| Federbein-Befest. oben | 20 - 30 | 20 - 30 | 20 - 30 | 20 - 30 | 20 - 30 | 20 - 30 | 20 - 30 |
| Federbein-Befest. unten | 20 - 27 | 20 - 27 | 20 - 27 | 20 - 27 | 20 - 27 | 20 - 27 | 20 - 27 |
| Rad: Zentralmutter | 75 - 90 | 75 - 90 | 75 - 90 | 75 - 90 | 75 - 90 | 75 - 90 | 75 - 90 |
| Radschrauben an Nabe | --- | --- | 20 - 25 | 20 - 27 | 20 - 27 | 20 - 27 | 20 - 25 |
| Felgenmuttern | --- | --- | 16 - 26 | 16 - 26 | 16 - 26 | --- | 16 - 26 |
| Bremsscheibe an Nabe | --- | --- | 5 - 6,5 | 9,3-11,3 | 9,3-11,3 | 9,3-11,3 | 5 - 6,5 |
| **Hinterradaufhängung** | | | | | | | |
| Federbein am Motor | 38 - 52 | 38 - 52 | 38 - 52 | 33 - 41 | 33 - 41 | 33 - 41 | 38 - 52 |
| Federbein am Rahmen | 20 - 25 | 20 - 25 | 20 - 25 | 20 - 25 | 20 - 25 | 20 - 25 | 20 - 25 |
| Motorgehäuse an Schwinge | 38 - 52 | 38 - 52 | 38 - 52 | 33 - 41 | 33 - 41 | 33 - 41 | 38 - 52 |
| Schwinge an Rahmen | 38 - 52 | 38 - 52 | 38 - 52 | 33 - 41 | 33 - 41 | 33 - 41 | 38 - 52 |
| Ständer am Rahmen | 15 - 20 | 15 - 20 | 15 - 20 | 15 - 20 | 15 - 20 | 15 - 20 | 15 - 20 |
| **Lenkung** | | | | | | | |
| Lenkerbefestigung | 45 - 50 | 45 - 50 | 45 - 50 | 45 - 50 | 45 - 50 | 45 - 50 | 45 - 50 |
| Nutmutter oberes Steuerlager | 50 - 60 | 50 - 60 | 50 - 60 | 50 - 60 | 50 - 60 | 50 - 60 | 50 - 60 |
| Konter-Nutmutter Steuerlager | 30 - 40 | 30 - 40 | 30 - 40 | 30 - 40 | 30 - 40 | 50 - 60 | 30 - 40 |

Nach Erreichen des Drehmoments Nutmutter wieder um 80 - 90° zurückdrehen

| **Modell** | **Sfera 50/1** | **Sfera 80** | **Sfera 50/2** | **SKR 125** | **SKR 150** | **Quartz** | **Sfera 125** |
|---|---|---|---|---|---|---|---|
| **Hydraulik-Vorderradbremse** | | | | | | | |
| Bremsschlauch an Zange | --- | --- | 15 - 25 | 15 - 25 | 15 - 25 | 15 - 25 | 15 - 25 |
| Bremszylinder a/Lenker/Rahm. | --- | --- | 7 - 10 | 8 - 10 | 8 - 10 | 8 - 10 | 7 - 10 |
| Bremsschlauch an H.Br.Zyl. | --- | --- | 8 - 12 | 8 - 12 | 8 - 12 | 8 - 12 | 8- 12 |
| Entlüftungsschraube | --- | --- | 10 - 12 | 10 - 12 | 10 - 12 | 10 - 12 | 10 - 12 |
| Bremszange an Träger | --- | --- | 20 - 25 | 20 - 25 | 20 - 25 | 20 - 25 | 20 - 25 |

# KOLBEN- UND ZYLINDERMASSE ZWEITAKT-MODELLE

| **Modell** | **Sfera 50/1** | **Sfera 80** | **Quartz** |
|---|---|---|---|
| **Einbauspiel in mm** | | | |
| Zylinder - Kolben | 0,045 - 0,055 | 0,025 - 0,035 | 0,035 - 0,045 |
| Distanz zw. Kolbenringenden | 0,1 - 0,25 | 0,1 - 0,25 | 0,1 - 0,25 |
| **Maße und Übermaße Zylinder (innen), Kolben und Kolbenringe (außen) - Durchmesser in mm** | | | |
| Zylinder Standard | 40,00 +/- 0,01 | 46,50 + 0,025/ - 0,005 | 40,00 +/- 0,002 |
| Zylinder 1. Übermaß | 40,20 +/- 0,01 | 46,70 + 0,025/ - 0,005 | 40,20 +/- 0,01 |
| Zylinder 2. Übermaß | 40,40 +/- 0,01 | 46,90 + 0,025/ - 0,005 | 40,40 +/- 0,01 |
| Kolben Standard | 39,95 +/- 0,01 | 46,47 + 0,025/ - 0,005 | 39,95 +/- 0,01 |
| Kolben 1. Übermaß | 40,15 +/- 0,01 | 46,67 + 0,025/ - 0,005 | 40,15 +/- 0,01 |
| Kolben 2. Übermaß | 40,35 +/- 0,01 | 46,87 + 0,025/ - 0,005 | 40,35 +/- 0,01 |
| Kolbenringe Standard | 40,00 | 46,50 | 40,00 |
| Kolbenringe 1. Übermaß | 40,20 | 46,70 | 40,20 |
| Kolbenringe 2. Übermaß | 40,40 | 46,90 | 40,40 |
| **Passungen Pleuelkopf - Kolbenbolzen in mm (Kennzeichnung)** | | | |
| Durchmesser Pleuelkopf | 17 + 0,011 ( I ) | 17 + 0,011 ( I ) | 17 + 0,011 ( I ) |
| | 17 + 0,007 ( I ) | 17 + 0,007 ( I ) | 17 + 0,007 ( I ) |
| | 17 + 0,007 ( II ) | 17 + 0,007 ( II ) | 17 + 0,007 ( II ) |
| | 17 + 0,003 ( II ) | 17 + 0,003 ( II ) | 17 + 0,003 ( II ) |
| | 17 + 0,003 ( III ) | 17 + 0,003 ( III ) | 17 + 0,003 ( III ) |
| | 17 + 0,001 ( III ) | 17 + 0,001 ( III ) | 17 + 0,001 ( III ) |
| Durchmesser Kolbenbolzen | 12 + 0,005/ - 0,001 | 12 + 0,005/ - 0,001 | 12 + 0,005/ - 0,001 |

| **Modell** | **SKR 125** | **SKR 150** | **Sfera 50/2** |
|---|---|---|---|
| **Einbauspiel in mm** | | | |
| Zylinder - Kolben | 0,040 - 0,050 | 0,040 - 0,050 | 0,045 - 0,055 |
| Distanz zw. Kolbenringenden | 0,2 - 0,35 | 0,2 - 0,35 | 0,1 - 0,25 |
| **Maße und Übermaße Zylinder (innen), Kolben und Kolbenringe (außen) - Durchmesser in mm** | | | |
| Zylinder Standard | 55,00 +0,030/-0,005 | 60,60 +0,030/-0,005 | 40,00 +/- 0,01 |
| Zylinder 1. Übermaß | 55,20 +0,030/-0,005 | 60,80 +0,030/-0,005 | 40,20 +/- 0,01 |
| Zylinder 2. Übermaß | 55,40 +0,030/-0,005 | 61,00 +0,030/-0,005 | 40,40 +/- 0,01 |
| Kolben Standard | 54,962 +0.025/-0,01 | 60,56 +0.025/-0,01 | 39,95 +/- 0,01 |
| Kolben 1. Übermaß | 55,162 +0.025/-0,01 | 60,76 +0.025/-0,01 | 40,15 +/- 0,01 |
| Kolben 2. Übermaß | 55,362 +0.025/-0,01 | 60,96 +0.025/-0,01 | 40,35 +/- 0,01 |
| Kolbenringe Standard | 55,00 | 60,60 | 40,00 |
| Kolbenringe 1. Übermaß | 55,20 | 60,80 | 40,20 |
| Kolbenringe 2. Übermaß | 55,40 | 61,00 | 40,40 |

**Passungen Pleuelkopf - Kolbenbolzen in mm SKR 125 und SKR 150 (Kennzeichnung)**

| | |
|---|---|
| Durchmesser Pleuelkopf | 20 + 0,013 / + 0,009 ( I ) |
| | 20 + 0,010 / + 0,005 ( II ) |
| | 20 + 0,006 / - 0,001 ( III ) |
| | 20 + 0,002 / - 0,003 ( IV ) |
| Durchmesser Kolbenbolzen | 16 + 0,006 / - 0,001 |

# KOLBEN- UND ZYLINDERMASSE SFERA 125 VIERTAKT

**+ zusätzliche Drehmoment-Werte für Sfera 125**

| **Modell** | **Sfera 125** |
|---|---|
| **Einbauspiel in mm** | |
| Zylinder - Kolben | 0.0505 - 0,0606 |
| Stoß Kompressionsring | 0,140 - 0,315 |
| Stoß Mittelring | 0,090 - 0,260 |
| Stoß Ölabstreifring | 0,140 - 0,315 |
| Ringe in Nuten, alle | 0,08 |

**Maße, Übermaße Zylinder, Kolben in mm**

| | |
|---|---|
| *Kennzeichnung A:* | |
| Zylinder Standard | 56,990 + 0,005/ -0 |
| Zylinder 1. Übermaß | 57,190 + 0,005/ -0 |
| Zylinder 2. Übermaß | 57,390 + 0,005/ -0 |
| Zylinder 3. Übermaß | 57,590 + 0,005/ -0 |
| Kolben Standard | 56,937 +/- 0,0025 |
| Kolben 1. Übermaß | 57,137 +/- 0,0025 |
| Kolben 2. Übermaß | 57,337 +/- 0,0025 |
| Kolben 3. Übermaß | 57,537 +/- 0,0025 |
| *Kennzeichnung B:* | |
| Zylinder Standard | 56,995 + 0,005/ -0 |
| Zylinder 1. Übermaß | 57,195 + 0,005/ -0 |
| Zylinder 2. Übermaß | 57,395 + 0,005/ -0 |
| Zylinder 3. Übermaß | 57,595 + 0,005/ -0 |
| Kolben Standard | 56,942 +/- 0,0025 |
| Kolben 1. Übermaß | 57,142 +/- 0,0025 |
| Kolben 2. Übermaß | 57,342 +/- 0,0025 |
| Kolben 3. Übermaß | 57,542 +/- 0,0025 |
| *Kennzeichnung C (= normale Ausführung):* | |
| Zylinder Standard | 57,000 + 0,015/ -0,010 |
| Zylinder 1. Übermaß | 57,200 + 0,015/ -0,010 |
| Zylinder 2. Übermaß | 57,400 + 0,015/ -0,010 |
| Zylinder 3. Übermaß | 57,600 + 0,015/ -0,010 |
| Kolben Standard | 56,947 +/- 0,0125 |
| Kolben 1. Übermaß | 57,147 +/- 0,0125 |
| Kolben 2. Übermaß | 57,347 +/- 0,0125 |
| Kolben 3. Übermaß | 57,547 +/- 0,0125 |
| *Kennzeichnung D:* | |
| Zylinder Standard | 57,005 + 0,005/ -0 |
| Zylinder 1. Übermaß | 57,205 + 0,005/ -0 |
| Zylinder 2. Übermaß | 57,405 + 0,005/ -0 |
| Zylinder 3. Übermaß | 57,605 + 0,005/ -0 |
| Kolben Standard | 56,952 +/- 0,0025 |
| Kolben 1. Übermaß | 57,152 +/- 0,0025 |
| Kolben 2. Übermaß | 57,352 +/- 0,0025 |
| Kolben 3. Übermaß | 57,552 +/- 0,0025 |
| *Kennzeichnung E:* | |
| Zylinder Standard | 57,010 + 0,005/ -0 |
| Zylinder 1. Übermaß | 57,210 + 0,005/ -0 |
| Zylinder 2. Übermaß | 57,410 + 0,005/ -0 |
| Zylinder 3. Übermaß | 57,610 + 0,005/ -0 |
| Kolben Standard | 56,957 +/- 0,0025 |
| Kolben 1. Übermaß | 57,157 +/- 0,0025 |
| Kolben 2. Übermaß | 57,357 +/- 0,0025 |
| Kolben 3. Übermaß | 57,557 +/- 0,0025 |

---

| **Modell** | **Sfera 125** |
|---|---|
| **Passungen Pleuelkopf -** | **Kolbenbolzen in mm (Kennzeichnung)** |
| Durchmesser Pleuelkopf | 14 + 0,0120 / + 0,0085 ( I ) |
| | 14 + 0,0085 / + 0,0050 ( II ) |
| Durchmesser Kolbenbolzen | 14 + 0,002 |

**Dicke der Zylinderfußdichtung, Messung Kolben auf OT**

| ermittelter Wert | Dicke Dichtung | Nr. Dichtung |
|---|---|---|
| unter 0,1 bis 0,1 mm | 0,7 +/- 0,05 mm | 478290 |
| 0,1 bis 0,3 mm | 0,6 +/- 0,05 mm | 478289 |
| 0,3 bis 0,5 mm | 0,4 +/- 0,05 mm | 476360 |

**Ventilspiel**

| | |
|---|---|
| Einlaßventil | 0,12 - 0,15 mm |
| Auslaßventil | 0,12 - 0,15 mm |

---

| **zusätzliche Drehmoment-Werte für Sfera 125** | **Nm** |
|---|---|
| Zylinderkopfdeckel/Schrauben | 11 - 13 |
| Zylinderkopf/Muttern | 28 - 30 |
| Zylinderbasis/Schrauben | 12 - 14 |
| Zahnkranz-Nockenwelle/Bolz. | 11 - 13 |
| Schwinghebelachse | 5 - 6 |
| Kettenspanner/Bolzen | 12 - 14 |
| Zahnkranz Ölpumpe/Bolzen | 9 - 11 |
| Ölkühlerträger | 7 - 9 |
| Ölleitungen am Zylinder | 13 - 15 |
| Motoröl/Ablaß-/+Einfüllschr. | 25 - 28 |
| Ölfilter/Bolzen | 12 - 14 |
| Ölfilter/Deckel, Ölwanne | 11 - 13 |

# SCHALTPLAN SFERA 50 - SERIE 1 - TROMMELBREMSEN

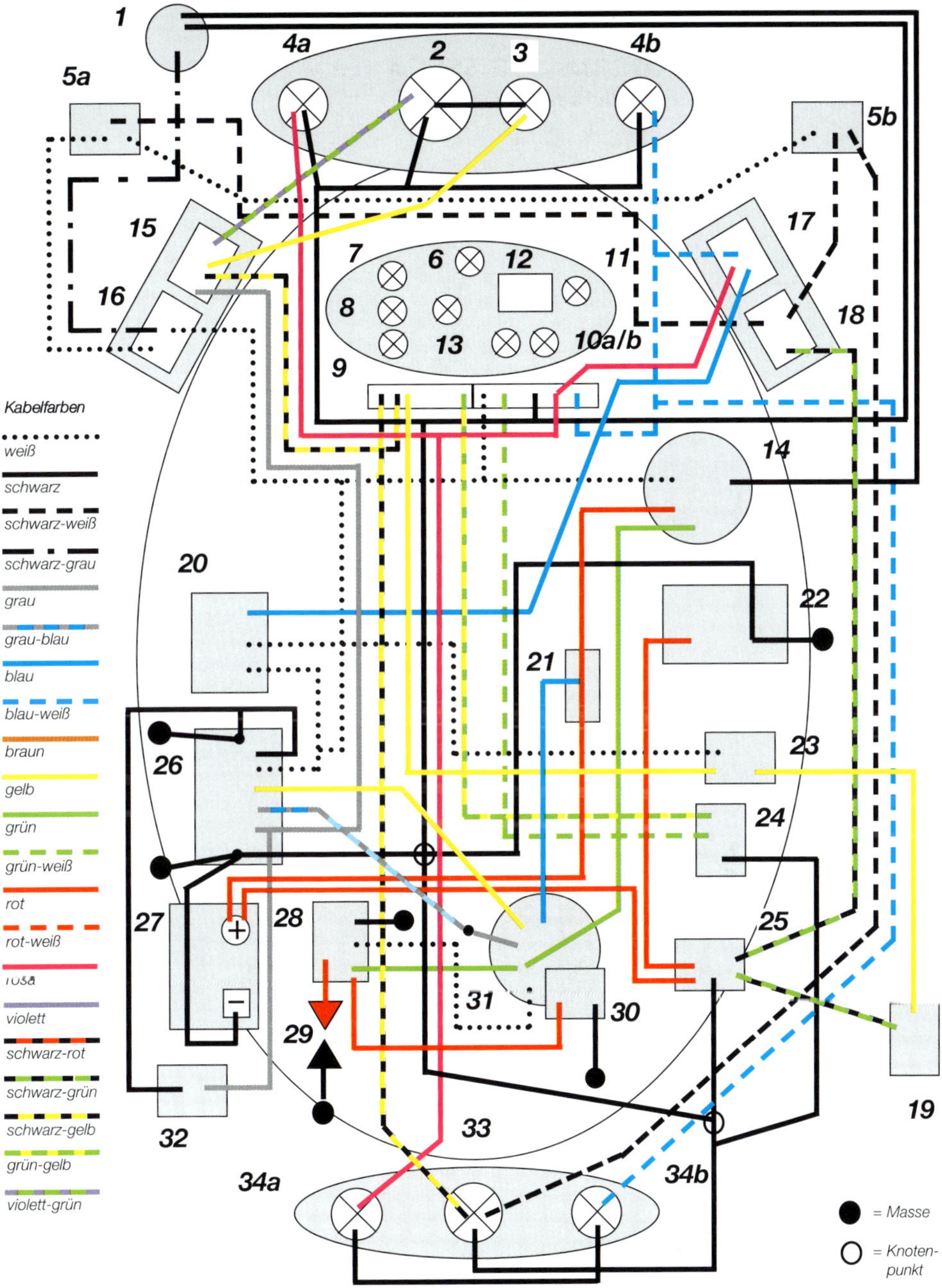


***Elektrik-Baugruppen:*** *1 = Hupe, 2 = Scheinwerfer mit Abblend-/Fernlicht, 3 = Standlicht, 4a/4b = Blinker vorn links/rechts, 5a/5b = Bremslichtschalter Hinterrad-/Vorderradbremse, 6 = Cockpitbeleuchtung, 7 = Ölstandskontrolle, 8 = Fernlichtkontrolle, 9 = Benzinreservekontrolle, 10a/10b = Blinkerkontrolle links/rechts, 11 = Benzinuhrbeleuchtung, 12 = Benzinuhr, 13 = Tachometerbeleuchtung, 14 = Zündschloß, 15 = Lichtschalter, 16 = Hupenknopf, 17 = Blinkerschalter, 18 = Starterknopf, 19 = Diode, 20 = Blinkgeber, 21 = Sicherung 7,5 A, 22 = Elektrostarter, 23 = Geber für Ölstand, 24 = Geber für Benzinuhr, 25 = Anlasserrelais, 26 = Spannungsregler, 27 = Batterie, 28 = elektronische Zündbox, 29 = Zündkerze, 30 = Pickup Lichtmaschine, 31 = Schwungradmagnetzünder/Lichtmaschine, 32 = automatischer Choke, 33 = Schluß-/Stopplicht, 34a/34b = Blinker hinten links/rechts*

# SCHALTPLAN SFERA 80 - SERIE 1 - TROMMELBREMSEN

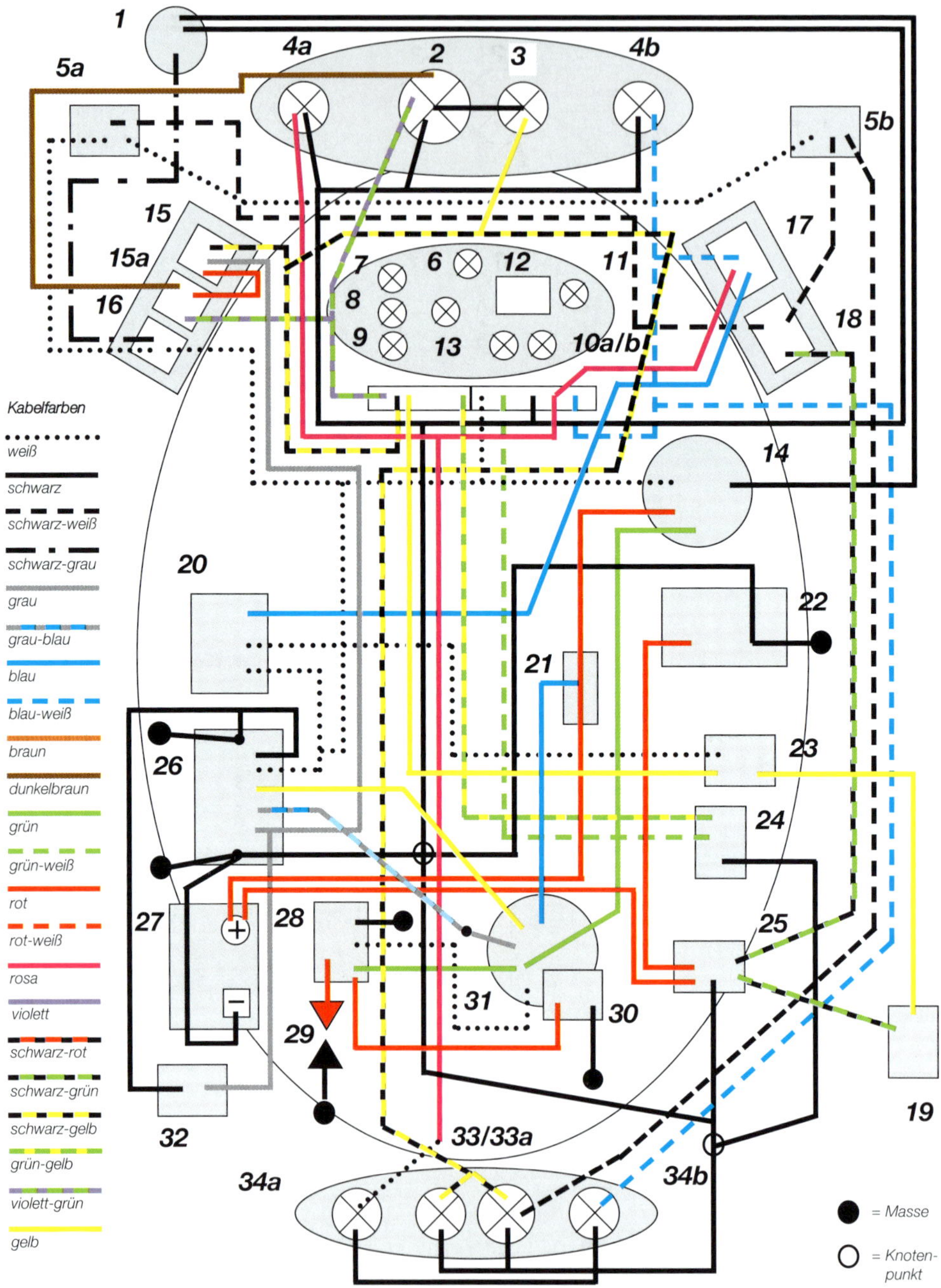


*Elektrik-Baugruppen:* 1 = Hupe, 2 = Scheinwerfer mit Abblend-/Fernlicht, 3 = Standlicht, 4a/4b = Blinker vorn links/rechts, 5a/5b = Bremslichtschalter Hinterrad-/Vorderradbremse, 6 = Cockpitbeleuchtung, 7 = Ölstandskontrolle, 8 = Fernlichtkontrolle, 9 = Benzinreservekontrolle, 10a/10b = Blinkerkontrolle links/rechts, 11 = Benzinuhrbeleuchtung, 12 = Benzinuhr, 13 = Tachometerbeleuchtung, 14 = Zündschloß, 15 = Lichtschalter, 15a = Schalter für Fern- und Abblendlicht, 16 = Hupenknopf, 17 = Blinkerschalter, 18 = Starterknopf, 19 = Diode, 20 = Blinkgeber, 21 = Sicherung 7,5 A, 22 = Elektrostarter, 23 = Geber für Ölstand, 24 = Geber für Benzinuhr, 25 = Anlasserrelais, 26 = Spannungsregler, 27 = Batterie, 28 = elektronische Zündbox, 29 = Zündkerze, 30 = Pickup Lichtmaschine, 31 = Schwungradmagnetzünder/Lichtmaschine, 32 = automatischer Choke, 33/33a = Schluß-/Stopplicht, 34a/34b = Blinker hinten links/rechts

# SCHALTPLAN SFERA 125 VIERTAKT

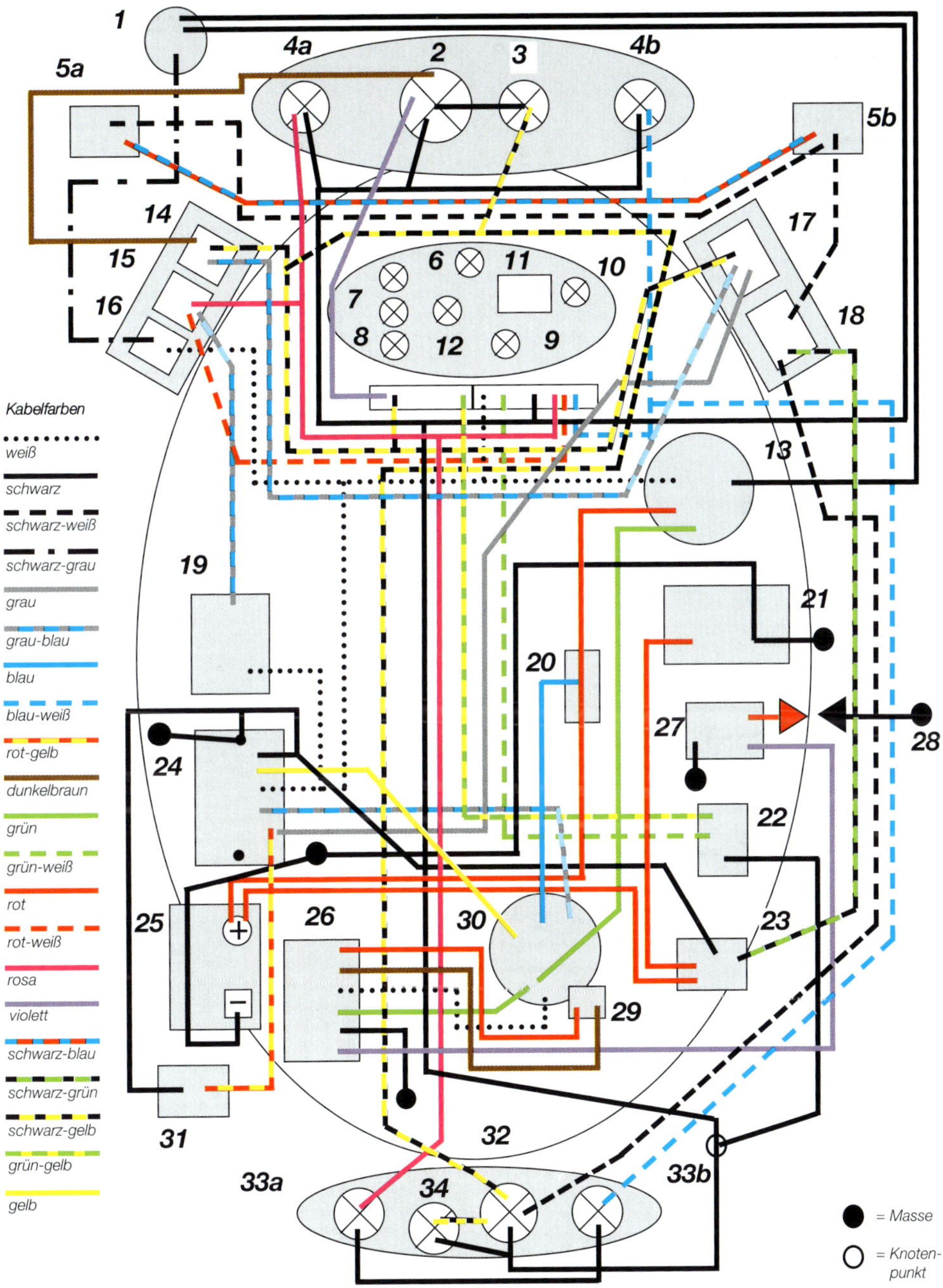


***Elektrik-Baugruppen:*** *1 = Hupe, 2 = Scheinwerfer mit Abblend-/Fernlicht, 3 = Standlicht, 4a/4b = Blinker vorn links/rechts, 5a = Bremslichtschalter Hinterradbremse + Startersperre, 5b = Bremslichtschalter Vorderradbremse + Startersperre, 6 = Cockpitbeleucht., 7 = Fernlichtkontrolle, 8 = Benzinreservekontrolle, 9 = Blinkerkontrolle links/rechts, 10 = Benzinuhrbeleuchtung, 11 = Benzinuhr, 12 = Tachometerbeleuchtung, 13 = Zündschloß, 14 = Lichtschalter, 15 = Blinkerschalter, 16 = Hupenknopf, 17 = Lichtschalter, 18 = Starterknopf, 19 = Blinkgeber, 20 = Sicherung 7,5 A, 21 = Elektrostarter, 22 = Geber für Benzinuhr, 23 = Anlasserrelais, 24 = Spannungsregler, 25 = Batterie, 26 = elektronische Zündbox, 27 = Zündspule, 28 = Zündkerze, 29 = Pickup Lichtmaschine, 30 = Schwungradmagnetzünder/Lichtmaschine, 31 = automatischer Choke, 32 = Schluß-/Stopplicht, 33a/33b = Blinker hinten links/rechts, 34 = Kennzeichen-Beleuchtung*

## SCHALTPLAN QUARTZ

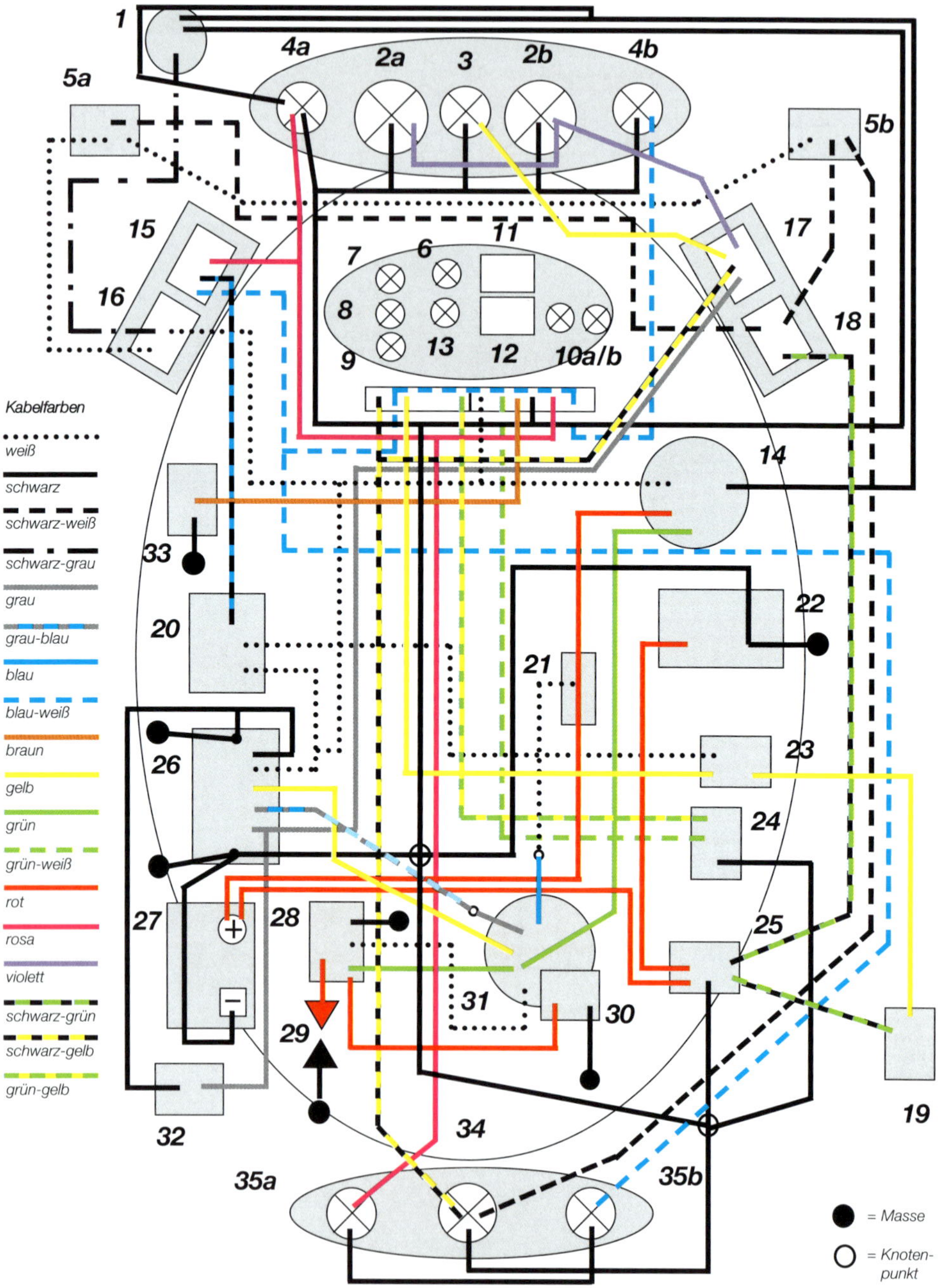


*Elektrik-Baugruppen:* 1 = Hupe, 2 = Scheinwerfer mit Abblend-/Fernlicht, 3 = Standlicht, 4a/4b = Blinker vorn links/rechts, 5a/5b = Bremslichtschalter Hinterrad-/Vorderradbremse mit Startersperre, 6 = Cockpitbeleuchtung, 7 = Ölstandskontrolle, 8 = Fernlichtkontrolle, 9 = Benzinreservekontrolle, 10a/10b = Blinkerkontrolle links/rechts, 11 = Benzinuhr, 12 = Kühlmittelthermometer, 13 = Tachometerbeleuchtung, 14 = Zündschloß, 15 = Blinkerschalter, 16 = Hupenknopf, 17 = Lichtschalter, 18 = Starterknopf, 19 = Diode, 20 = Blinkgeber, 21 = Sicherung 7,5 A, 22 = Elektrostarter, 23 = Geber für Ölstand, 24 = Geber für Benzinuhr, 25 = Anlasserrelais, 26 = Spannungsregler, 27 = Batterie, 28 = elektronische Zündbox, 29 = Zündkerze, 30 = Pickup Lichtmaschine, 31 = Schwungradmagnetzünder/Lichtmaschine, 32 = automatischer Choke, 33 = Fühler Kühlmitteltemperatur, 34 = Schluß-/Stopplicht, 35a/35b = Blinker hinten links/rechts

# SCHALTPLAN SKR 125 / 150

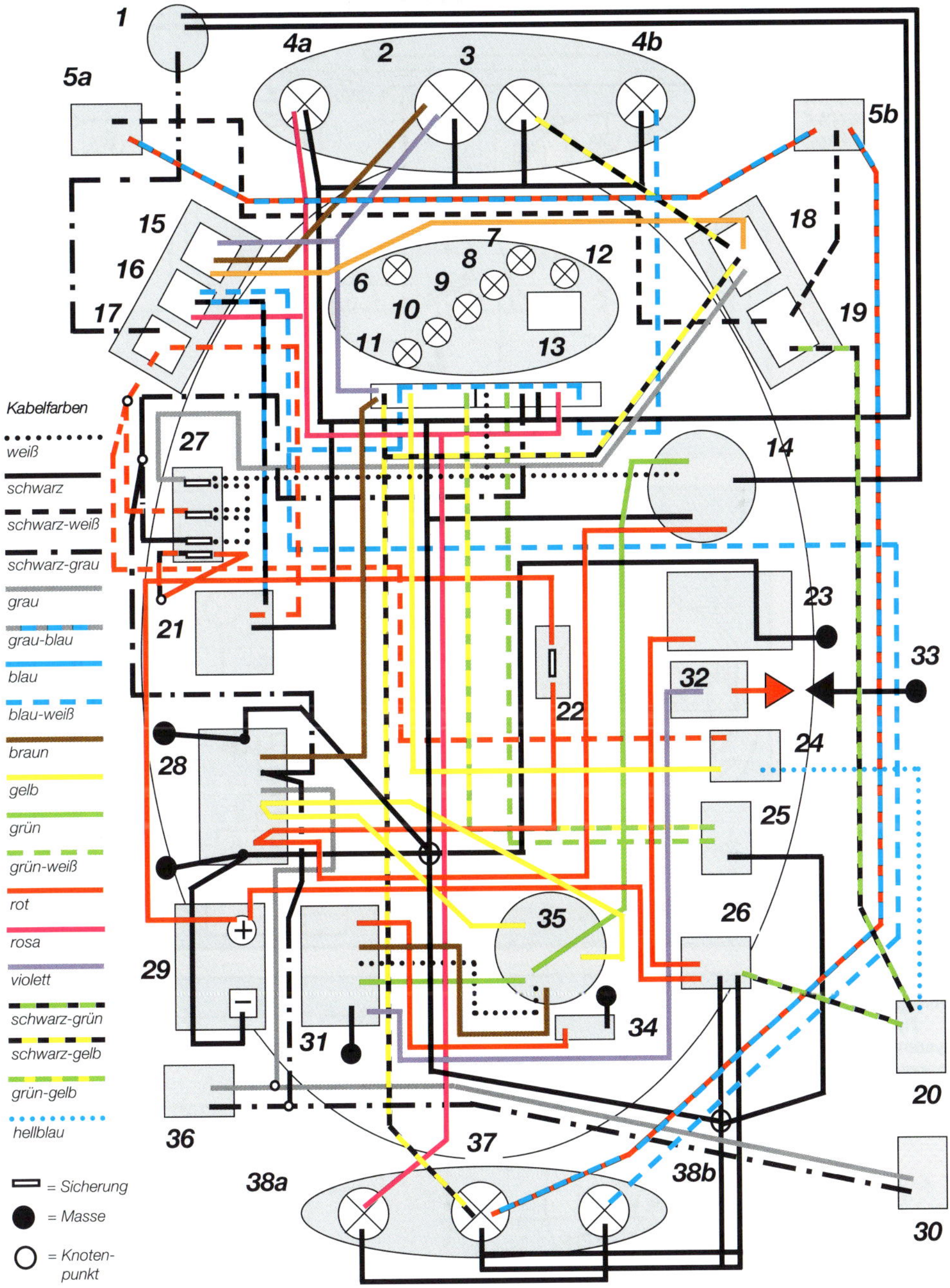


**Elektrik-Baugruppen:** 1 = Hupe, 2 = Scheinwerfer mit Abblend-/Fernlicht, 3 = Standlicht, 4a/4b = Blinker vorn links/rechts, 5a/5b = Bremslichtschalter Hinterrad-/Vorderradbremse + Startersperre, 6 = Cockpitbeleuchtung, 7 = Lichtkontrolle, 8 = Fernlichtkontrolle, 9 = Ladekontrolle, 10 = Ölstandskontrolle, 11 = Blinkerkontrolle, 12 = Benzinreserveleuchte, 13 = Benzinuhr, 14 = Zündschloß, 15 = Lichtschalter, 16 = Blinkerschalter, 17 = Hupenknopf, 18 = Lichtumschalter, 19 = Starterknopf, 20 = Diode, 21 = Blinkgeber, 22 = Sicherung 7,5 A, 23 = Elektrostarter, 24 = Geber für Ölstand, 25 = Geber für Benzinuhr, 26 = Anlasserrelais, 27 = Sicherungsleiste, 28 = Spannungsregler, 29 = Batterie, 30 = Vergaserheizung, 31 = elektronische Zündbox, 32 = Zündspule, 33 = Zündkerze, 34 = Pickup Lichtmaschine, 35 = Schwungradmagnetzünder/Lichtmaschine, 36 = automatischer Choke, 37 = Schluß-/Stopplicht, 38a/38b = Blinker hinten links/rechts

**SKR 125 + 150 - Zündanlage:**
*1= Lichtmaschine, 2 = Pickup, 3 = Zündschloß, 4 = Zündkerze, 5 = Zündspule, 6 = Elektronik-Zündbox; alle 6 Zeichnungen: STX; Quelle:Piaggio*

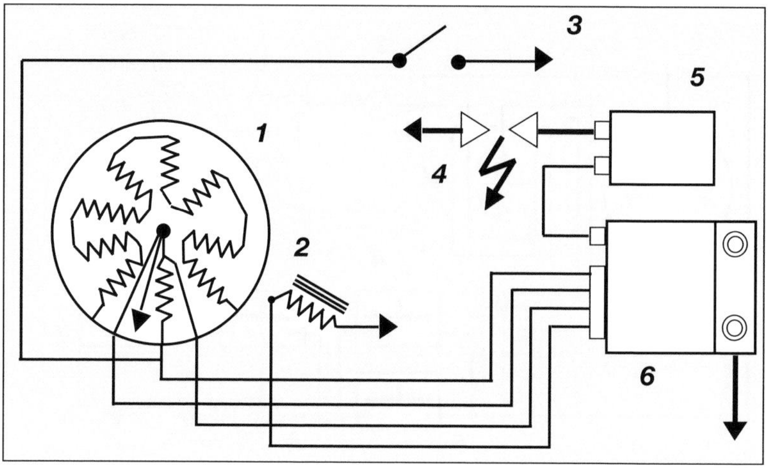


**SKR 125 + 150 - Beleuchtung und automatischer Choke:**
*1 = Lichtmaschine, 2 = Pickup, 3 = Sicherung 10 A, 4 = Zündschloß, 5 = Lichtschalter, 6 = Lichtumschalter, 7 = Spannungsregler, 8 = Scheinwerfer (2 Lampen), 9 = Lichtkontrolle, 10,11 = Cockpitbeleuchtung 12 = Lichtkontrolle, 13 = Rücklicht, 14 = Standlicht*

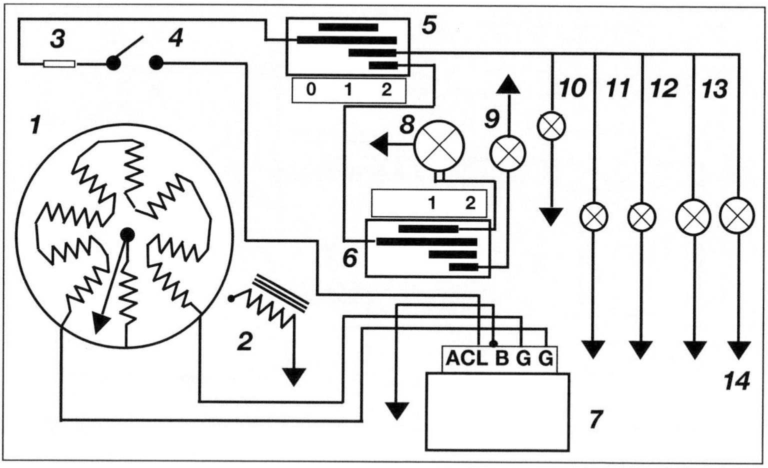


**SKR 125 + 150 - Batterieladesystem und elektrisches Starten:**
*1 = Lichtmaschine, 2 = Pickup, 3 = Zündschloß, 4 = Sicherung 7,5 A, 5 = Batterie, 6 = Sicherung 4 A, 7 = Ladekontrolle, 8 = Spannungsregler, 9 = Anlasserrelais 10= Elektrostarter*

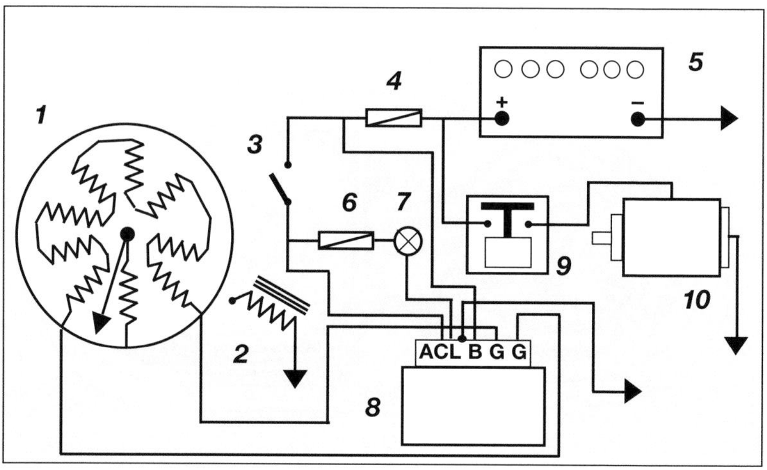

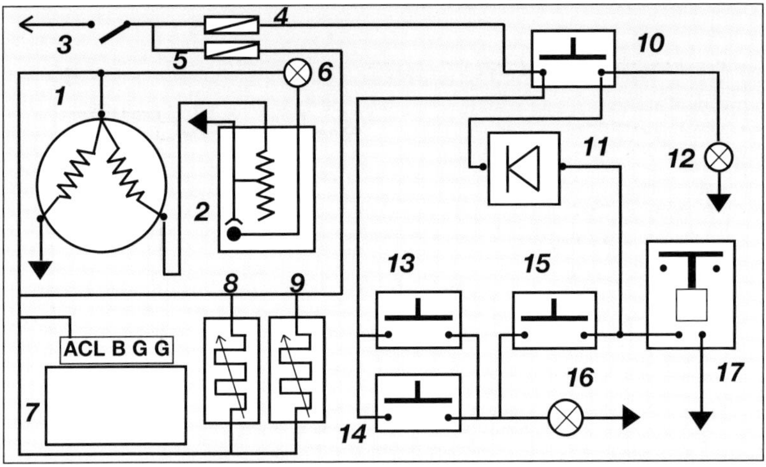


**SKR 125 + 150 - Instrumente, Kontrollampen:** 1 = Benzinuhr, 2 = Benzinstandgeber, 3 = Zündschloß, 4 = Sicherung 7,5 A, 5 = Sicherung 4 A, 6 = Benzinres.kontr., 7 = Regler, 8 = Vergaserheizung, 9 = autom. Choke, 10 = Ölstandgeber, 11 = Diode, 12 = Ölstandskontrolle, 13+14 = Bremslichtschalter, 15 = Anlasserknopf, 16 = Anlasserrelais, 17 = Bremslicht

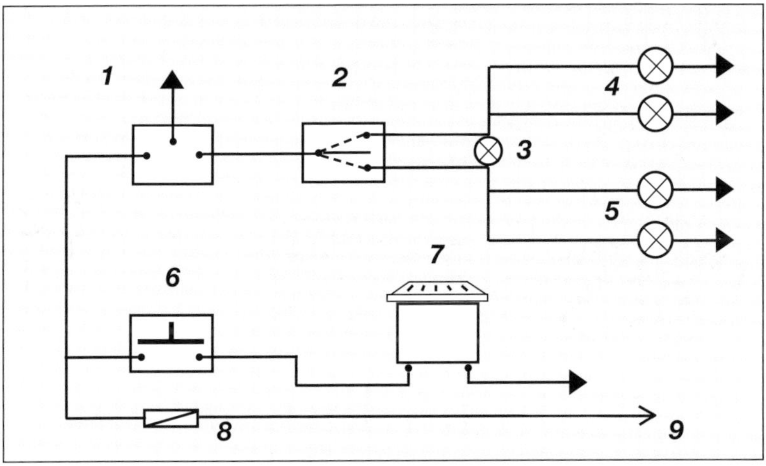

**SKR 125 + 150 - Blinkanlage und Hupe:** 1 = Blinkgeber, 2 = Blinkerschalter, 3 = Blinkkontrollampe, 4 = vordere Blinker, 5 = hintere Blinker, 6 = Hupenknopf, 7 = Hupe, 8 = Sicherung 7,5 A, 9 = zum Pluspol der Batterie

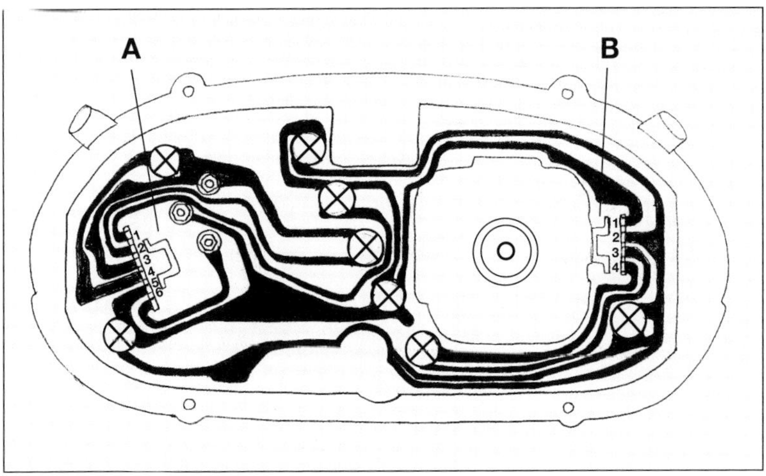

**SKR - Cockpit:** Anschluß A: 1 = Fernlichtkontrolle, 2 = Ladekontrolle, 3 = Zuleitung +, 4 = Benzinreservekontrolle, 5 = Masse - , 6 = Benzinuhr; Anschluß B: 1 = Ölstandkontrolle, 2 = Lichtkontrolle, 3 und 4 = Blinkerkontrolle

# FEHLERSUCHE UND MÄNGELBEHEBUNG BEI ROLLERN DER SFERA-BAUREIHE – ZWEITAKT + VIERTAKT

## MOTOR: STARTPROBLEME

**Häufigste Ursache: Benzinmangel,** daher zuerst prüfen, ob genügend **Benzin im Tank** ist; bei ausreichender Treibstoffmenge **Durchlauf prüfen:** dazu Seitendeckel oder Montageklappe abnehmen, Kickstarter oder Anlasser bei geschlossenem Gasgriff betätigen und kontrollieren, ob Benzin durch die Zulaufleitung strömt.

**Düsen oder Benzinhahn verstopft:** ausbauen, reinigen und mit Druckluft trocknen.

**Unterdruckventil am Benzinhahn defekt:** ausbauen, unter Umständen austauschen.

**Luftfilter verschmutzt:** reinigen oder komplett wechseln.

**Automatischer Choke defekt:** elektrische Zuleitungen, Durchfluß und mechanische Leichtgängigkeit prüfen. Bei Kabelbruch Verbindung durch Löten wiederherstellen.

**Ansaugkanal aus Gummi porös:** auswechseln oder mit Sikaflex abdichten.

**Motor „abgesoffen“;** Anzeichen: es riecht aus dem Auspuff nach Benzin; Vollgas geben und Anlasser oder Kickstarter betätigen; notfalls Zündkerze ausbauen, trocknen, reinigen, Elektrodenabstand prüfen und korrigieren; notfalls Kerze ersetzen; vor dem Wiedereinbau den Motor mit Anlasser oder Kickstarter einige Male durchdrehen, um das Benzin-Luft-Gemisch aus dem Zylinder zu drücken; **Achtung:** war der Tank ganz leer, den Gasgriff nach dem Auffüllen in Leerlaufstellung lassen, um beim Anlassen hohen Unterdruck am Hahn zu erzeugen.

**Schwimmernadelventil verklemmt;** Anzeichen: Benzin läuft kräftig aus Überlaufschlauch unten am Vergaser; Schwimmerkammer öffnen und Teile durchprüfen.

**Schwimmer defekt:** Schwimmerkammer öffnen, Schwimmer ersetzen.

**Anlasser dreht nicht oder nur schwach:** Batterie entladen; ersetzen oder nachladen; Batteriekabel und Anlasseranschlüsse auf festen Sitz und Korrosion überprüfen.

**Zündanlage, Zündkerze defekt:** Zuleitungen zum Zündschloß und Zündanlage bis hin zu Kerzenstecker und Zündkabel kontrollieren; Startkondensator prüfen (Sfera 125); Kerzenstecker vom Zündkabel drehen, Kabel bei Korrosion um etwa 5 mm kürzen, Stecker aufdrehen; Kerze prüfen (Wärmewert, Elektrodenabstand), ersetzen.

**Kickstarter springt nicht zurück:** Deckel ausbauen und Feder fetten.

**Batterieprobleme:** Batterie leer, defekt (Plattenschluß, zu niedriger Säurestand), lockere o. korrodierte Kabelanschlüsse. Ist Batterie nur entladen, Kickstarter benutzen; Aufladung beim Fahren.

## MOTOR, ANTRIEB: SCHLECHTE LEISTUNG

**Düsen oder Benzinhahn verstopft oder verschmutzt:** ausbauen, reinigen und mit Druckluft ausblasen.

**Auspuff undicht oder verstopft:** prüfen, ob Anschlüsse dicht sind; bei Verkrustung Austausch des Schalldämpfers (Zweitakter).

**Luftfilter verschmutzt oder defekt:** reinigen bzw. ersetzen.

**Choke bleibt hängen:** Leichtgängigkeit und Funktion prüfen bzw. wiederherstellen.

**Vergaser falsch eingestellt:** Gemischzusammensetzung und Leerlauf einstellen oder in Werkstatt einstellen lassen; Abgas prüfen.

**Zündkerze abgebrannt, defekt oder falscher Wärmewert:** durch neue ersetzen.

**starke Verkrustung von Brennraum und Zylinderkanälen:** Zylinderkopf und Zylinder ausbauen und entkrusten; Kolbenboden sorgfältig reinigen (Zweitakter).

**Zylinder, Kolben, Kolbenringe abgenutzt oder beschädigt:** Zylinder ausschleifen lassen, Kolben erneuern (Maße s. Anhang).

**Kupplung rutscht:** Backen der Fliehkraftkupplung prüfen und notfalls austauschen.

**Riemenscheiben gleiten schlecht:** Teile ausbauen, prüfen, beschädigte Elemente ersetzen, Variatorrollen fetten.

**Keilriemen abgenutzt:** ausbauen, erneuern.

**Verdichtung zu niedrig beim Viertaktmotor:** Ventile falsch eingestellt oder überhitzt; Ventilsitze/Ventile verformt oder abgebrannt; prüfen, einstellen, erneuern.

## MOTOR: ABSTERBEN IM LEERLAUF

**Vergaser falsch eingestellt:** Leerlauf und Gemischeinstellung prüfen, korrigieren.

**Leerlaufdüse verschmutzt:** ausbauen, reinigen und mit Druckluft durchblasen.

**Choke schließt sich nicht:** Freigängigkeit prüfen/wiederherstellen.

**Schwimmernadel, Schwimmer hängen:** ausbauen, prüfen, Freigängigkeit herstellen.

**Ansaugtrakt undicht:** Abdichtung zwischen Vergaser und Ansaugrohr (alle) sowie zwischen Ansaugrohr und Membran prüfen (Zweitakter); Membranventil prüfen; ersetzen, wenn es nicht

oder nur ungenügend schließt (Zweitakter). Ansaugkanal aus Gummi porös: auswechseln oder mit Sikaflex abdichten.
**Kupplungsschaden:** Feder gebrochen; ersetzen.
**Leerlauf falsch eingestellt:** prüfen, korrigieren
**Zündanlage, Zündkerze defekt:** prüfen, instandsetzen.

### *MOTOR: ABSTERBEN BEI VOLLGAS*
**Hauptdüse verschmutzt, Gemisch zu mager:** Düse ausbauen und mit Druckluft durchblasen.
**Vergaser verschmutzt:** ausbauen, zerlegen, mit geeignetem Lösungsmittel reinigen und mit Druckluft durchblasen.
**Wasser im Vergaser:** Ursache suchen, notfalls gesamtes Kraftstoffsystem entleeren und trocknen; hat der Motor bereits Wasser angesaugt, Triebwerk komplett zerlegen, reinigen, prüfen;
**Achtung:** Motorschaden droht!
**Zündkerze defekt:** prüfen, reinigen, einstellen oder ersetzen.
**Ölzufuhr und Gemischzusammensetzung nicht in Ordnung (Zweitakter):** sofort Ölstand im Vorratstank prüfen – **Achtung:** Motorschaden droht bei Ölmangel! Schlauchleitungen prüfen und kontrollieren, ob Ölpumpe blasenfrei arbeitet (Zweitakter).
**Eisbildung am Vergaser:** PTC-Vorwärm-Vorrichtung am Vergaser defekt – auswechseln (SKR).

### *MOTOR: AUSSETZER BEIM BESCHLEUNIGEN ODER AM BERG*
**Luftfilter verschmutzt:** ausbauen und reinigen oder ersetzen.
**Zündkerze defekt:** prüfen, reinigen, einstellen oder ersetzen; Wärmewert und Elektrodenabstand müssen unbedingt stimmen (s.a. technische Daten).
**Ölzufuhr und Gemischzusammensetzung prüfen (Zweitakter)** – siehe oben.
**Starke Verkrustung von Kanälen, Brennraum und Kolben (Zweitakter):** ausbauen, reinigen.

### *MOTOR: VERBRAUCH ZU HOCH*
**Vergaser verstellt:** Gemisch und Leerlauf einstellen, Spiel der Seilzüge prüfen.
**Luftfilter und/oder Vergaser verstopft oder verschmutzt:** reinigen, Luftfilter ersetzen.
**Choke defekt:** prüfen, gängig machen, notfalls austauschen.
**Hoher Verschleiß an Kolben und Zylinder:** Motor überholen.

### *MOTOR: ÜBERHITZUNG (FLÜSSIGKÜHLUNG)*
**Kühlmittel-Mangel:** Mittel auffüllen.
**Falsch entlüftet:** erneut entlüften.
**Thermostat öffnet nicht:** Thermostat ausbauen, prüfen, ersetzen.
**Flüssigkeitsverlust aus Kühler, Schläuchen oder anderen Teilen der Anlage:** Leckage orten, Verbindungen nachziehen oder Teile ersetzen.
**Flüssigkeitsverlust aus Ablaufloch Kurbelgehäuse:** Kühlmittel-Dichtring an der kupplungsseitigen Kurbelgehäusehälfte defekt; ausbauen, ersetzen.
**Metallische Geräusche aus Richtung der Wasserpumpenwelle:** Kugellager defekt; Welle komplett mit Lagern ausbauen und ersetzen.

### *MOTOR: ÜBERHITZUNG (LUFTKÜHLUNG)*
**Ölstand zu niedrig:** auffüllen.
**Ölfilter verschmutzt:** auswechseln.
**Ölpumpe defekt, Öldruck zu niedrig:** zu grosses Spiel, Antrieb defekt, Bypass-Ventil bleibt geöffnet; Teile ausbauen, prüfen, ersetzen.

### *MOTOR: ÖLFAHNE, HOHER ÖLVERBRAUCH (VIERTAKT-MODELLE)*
**Zylinder, Kolben, Kolbenringe verschlissen oder beschädigt:** Zylinder ausschleifen lassen, Kolben auswechseln (Maße s. Anhang).
**Kolbenringe falsch eingebaut:** korrekt ausrichten, Versatz beachten.
**Ölverlust an Leitungen oder Dichtungen:** Ölkühleranschlüsse, Öleinfüll- und Ablaßschrauben prüfen, Ölfilterdeckel prüfen.
**Ölschutz am Ventil, Ventilführungen, Ventilteller abgenutzt:** ausbauen, prüfen, ersetzen.

### *MOTOR, GETRIEBE: METALLISCHE GERÄUSCHE, KLAPPERN*
**Kolben und Zylinder ausgeschlagen,** Kolbenbolzenlager und/oder Pleuellager verschlissen, Kurbelwellenlager verschlissen oder defekt (u.U. infolge Ölmangels); **Getriebezahnräder beschädigt**, Lager Vorgelege oder Antriebswelle defekt, kein oder zu wenig Öl im Getriebe.
**Defekte im Bereich Variator und/oder Kupplung:** Teile ausbauen, prüfen, ersetzen oder überholen wie im Buch beschrieben.

### *VERGASER: GEMISCH ZU MAGER*
**Düsen verstopft:** sorgfältig reinigen, ausblasen.
**Schwimmernadelventil, Schwimmer defekt:** prüfen, ersetzen.
**Tankentlüftung oder Versorgungsleitungen verstopft:** prüfen, instandsetzen.
**Filter am Unterdruckhahn verstopft:** reinigen.
**Ansaugstutzen rissig:** auswechseln.

### VERGASER: GEMISCH ZU FETT

**Schwimmerkammer läuft über, Nadelventil defekt:** ausbauen, prüfen, ersetzen.
**Luftfbohrungen verstopft:** Vergaser ausbauen, auswaschen, mit Druckluft ausblasen.
**Automatik-Choke schaltet nicht ab:** Freigängigkeit des kleinen Kolbens prüfen, ggfs. Choke komplett austauschen.
**Luftfilter verschmutzt:** reinigen, trocknen, mit Fahrradöl leicht tränken.

### ANTRIEB: KUPPLUNG RUPFT ODER RUTSCHT DURCH

**Schwungmassen klemmen:** Freigängigkeit der Elemente prüfen.
**Keilriemen rutscht durch:** Prüfen, ob Fliehkraftelemente sich unter Daumendruck bewegen und leicht zurückspringen; Schwungmassen/Riemenscheiben von Fett und Öl verschmutzt; notfalls Getriebe neu abdichten, Wellendichtringe erneuern; Keilriemen gelängt oder abgenutzt.
**Kupplungsbeläge beschädigt:** Kupplung ausbauen, zerlegen, Beläge prüfen bzw. ersetzen.
**Kupplungsglocke innen beschädigt:** Es dürfen keine Riefen vorhanden sein; Ursache: völlig abgenutzte Beläge.
**Kontrolldrehzahlen:** Eingriffsdrehzahl 3500 bis 4000/min$^{-1}$ (Sfera Zweitakt), 3000 bis 3300/min$^{-1}$ (SKR), 3750 bis 4250/min$^{-1}$ (Quartz); Vollgasdrehzahl bei gebremstem Hinterrad (3 bis 6 sec.) 5000 bis 6000/min$^{-1}$ (Sfera Zweitakt, SKR), 6000 bis 6500/min$^{-1}$ (Quartz); Achtung: Motor nie ohne Kupplungsglocke laufen lassen!

### HYDRAULIK-SCHEIBENBREMSEN: SCHLECHTE WIRKUNG

**Bremsbeläge abgenutzt:** prüfen/ersetzen.
**Bremsanlage undicht oder defekt:** Luft im System, zu wenig oder überalterte Bremsflüssigkeit, undichte Bremsleitungen oder Bremszylinder, abgenutzte oder korrodierte Bremskolben und/oder Bremszylinder.
**Brems-Blockieren nach Loslassen des Hebels, Überhitzung der Bremsen:** Hauptbremszylinder (HBZ) und/oder Bremszange defekt – ausbauen und ersetzen; Ausgleichslöcher des Hauptbremszylinders verstopft – reinigen; Gummiteile aufgebläht oder verklebt – alle Gummiteile und Bremsflüssigkeit ersetzen, Anlage entlüften.
**Federnde Wirkung:** Flüssigkeitsverlust oder Druckstange HBZ gebrochen – Anlage prüfen und instandsetzen.
**Zu langer Bremshebelweg:** Luft im System, Bremsflüssigkeit unter Minimum im Behälter, Dichtungen im HBZ defekt – Anlage prüfen, instandsetzen, entlüften.

### TROMMELBREMSEN: SCHLECHTE WIRKUNG

**Bowdenzüge falsch eingestellt oder schwergängig:** Spiel an Bremshebeln, Radbremsen überprüfen und korrigieren; schwergängige Bowdenzüge ölen oder ersetzen.
**Bremsbeläge abgenutzt:** prüfen/ersetzen.
**Bremsbeläge am Hinterrad verölt:** ersetzen, Undichtigkeit im Antrieb suchen und beseitigen.
**Bremstrommeln abgenutzt:** bei unzulässigem Verschleiß oder starker Riefenbildung Trommeln austauschen. Ausdrehen nur bedingt möglich.
**Bremshebel stellt nicht zurück:** Rüchholfeder beschädigt – ersetzen; Lagerung Bremsnocken trocken – abschmieren.

### LENKUNG: SCHWERGÄNGIG

**Lager zu stramm eingestellt:** Anzugsmoment der oberen Nutmutter prüfen und korrigieren.
**Kugellager verschlissen oder mangels Schmierung korrodiert:** Rillen und Rollspuren schränken die Freigängigkeit ein, angegriffene Lager daher komplett ersetzen.

### LENKUNG: ZUVIEL SPIEL

**Lager nicht richtig angezogen:** Mit richtigem Anzugsmoment anziehen.

### VORDERRADAUFHÄNGUNG: DEUTLICHE POLTERGERÄUSCHE

**Steuerrohr-Lager zu großes Spiel:** durch Anziehen der oberen Nutmutter korrigieren.
**Federbein/Stoßdämpfer defekt, ausgeschlagen:** Federbein komplett auswechseln.
**Vorderrad und/oder Bremsträger und/oder Bremsscheibe nicht korrekt befestigt:** Mutter Radachse lose, Bremsträger nicht korrekt eingesetzt, Bremsscheibe nicht richtig befestigt; prüfen, anziehen, korrigieren. **Achtung:** Unfallgefahr!
**Radlager defekt:** prüfen, u.U. austauschen.

### HINTERRADAUFHÄNGUNG: POLTERN

**Anlenkung Triebsatzschwinge defekt, lose, ausgeschlagen:** prüfen und ersetzen.
**Stoßdämpfer defekt:** Federbein tauschen.
**Radlager in Schwinge defekt:** prüfen, u.U. ausbauen und ersetzen.
**Hinterrad lose:** Mutter prüfen, anziehen.

# TPH/TYPHOON 50/80/125 AB 1993: DEMONTAGE UND MONTAGE KAROSSERIETEILE, BELEUCHTUNG

Als konsequent für Jugendliche konzipierter Spaßroller kam Anfang der 90er Jahre der **TPH** (später auch **„Typhoon“**) auf den Markt. Mit schlanker Verkleidung, Upside-Down-Telegabel, Scheibenbremse vorn und Trapezscheinwerfer macht er bis heute sportlich ausgelegten Konkurrenzmodellen wie dem MBK Booster kräftig Konkurrenz; 2004 war er noch fabrikneu zu haben.

## Bewährte Sfera-Technik

Unter der schicken Schale (die allerdings kaum Wetterschutz bietet) verbirgt sich - abgesehen von der Vorderradführung und einigen Details der Peripherie - die solide Technik der Sfera-Zweitakt-Modelle. Motor, Antrieb, Rahmen und Hinterradaufhängung sind praktisch identisch, so daß wir hier auf die entsprechenden Kapitel im vorderen Teil des Buchs verweisen können. Die aus Kunststoff bestehende Karosserie wurde zwar nach den gleichen Grundsätzen konstruiert, weist aber doch einige Abweichungen auf - Details auf den folgenden Seiten. Zeitweise war der TPH auch als 80er (6,1 PS bei 7250/min, 80 km/h) und 125er Modell (13,6 PS bei 7250/min wie SKR 125, über 100 km/h) zu haben. Für die konventionelle Antriebstechnik der hubraumstärkeren Modelle gelten ebenfalls die entsprechenden Hinweise aus den Sfera- und SKR-Kapiteln.
Ein von uns 1993 getesteter TPH 50 erreichte mit seinem gebläse-

354

355

*Abb. 354, 355 Der TPH 50 ist seit Anfang der 90er Jahre nahezu unverändert im Programm und gehört nach wie vor zu den bestverkauften Piaggio-Rollern. Die Bilder zeigen das inzwischen auch „TYPHOON“ genannte Modell von 2004 mit Abgasrückführung und ungeregeltem Katalysator.*

356

357

358

359

*Abb. 356-359 Das auf dieser Seite gezeigte Fahrzeug ist der TPH 50, den wir 1993 ausgiebig getestet haben. Der noch nicht mit einem Katalysator ausgerüstete Motor leistete 4,2 PS und ermöglichte eine Höchstgeschwindigkeit von über 50 km/h. Das Fahrverhalten war ordentlich, die Federung jedoch geriet schnell an ihre Grenzen.*

gekühlten, 4,2 PS (3,1 kW) bei 7000/min starken Einzylinder-Zweitaktmotor eine Höchstgeschwindigkeit von 52 km/h (wobei der Tachometer 10 km/h mehr anzeigte…). „Beschleunigungs- und Durchzugsvermögen lassen trotz der Keilriemenautomatik nichts zu wünschen übrig“, stellten wir fest. „Die Variomatik arbeitet gut - auch bei kaltem Motor. Startprobleme gab es selbst bei Minustemperaturen nicht. Stets genügte ein einziger Druck auf den Anlasserknopf bei gleichzeitig gezogener Hinterradbremse; das von der klassischen Vespa her gewohnte Pedal wird anfangs etwas vermißt.“

Das Fahrverhalten des TPH war und ist tadellos: „Trotz der dicken Ballonreifen mit Allwetterprofil (120/90-10) wirkt der TPH 50 weniger kippelig als der SKR 125. Der Geradeauslauf ist sicher, das Kurvenverhalten neutral. Die vordere Scheibenbremse verzögert ausgezeichnet und läßt sich optimal dosieren.“ Als weniger überzeugend erweist sich die Telegabel: Sie schlägt bei harter Beanspruchung schnell durch. Eindeutig zu hoch ist - wie bei allen klassischen Vergaser-Zweitaktern - der Verbrauch: Unser Test-Roller verbrannte je nach Beanspruchung zwischen 3,6 und 4,5 Liter Super bleifrei auf 100 km plus 0,1 Liter Öl aus dem separaten Öltank. 4195 DM kostete der TPH 50 Ende 1993. 2004 war er mit 1899 Euro sogar billiger als damals, wobei die jüngsten Modelle - gemäß den verschärften Abgasvorschriften - über eine Abgasrückführung und einen ungeregelten Katalysator zur Reduzierung der Schadstoffe verfügen.

Auf geringere Stückzahlen brachte es das Mitte der 90er Jahre vorgestellte Parallelmodell **Storm**, das bis auf die größeren 13-Zoll-Räder mit dem TPH identisch war und daher nach den gleichen Grundsätzen wie das Grundmodell gewartet und repariert werden kann. Die von Sfera und SKR abweichenden Arbeiten an Karosserie, Fahrwerk, Beleuchtung und Bremsen zeigen wir auf den folgenden Seiten - stellvertretend für alle Typen der TPH- und Storm-Baureihe - am Beispiel eines TPH „Typhoon“ 50 von 2004. In weiten Zügen lassen sich die Hinweise auch auf die ab Seite 191 gezeigten Modelle Zip und NRG anwenden. Mehr dazu an entsprechender Stelle.

**Rückspiegel - Aus-/Einbau:** Mit Steckschlüssel SW 13 von unten Haltemutter lösen; nach Bedarf die oberhalb angebrachte Sicherungsmutter mit schmalem Gabelschlüssel SW 17 gegenhalten. Zum Einbau Sicherungsmutter SW 17 vorfixieren, Spiegelgestänge von oben einführen, Spiegel ausrichten und Haltemutter SW 13 von unten festziehen.

360

*Abb. 360*
*Der bis Ende der 90er Jahre verkaufte Storm verfügte über 13-Zoll-Räder, war ansonsten aber weitgehend mit dem TPH identisch. Die TPH-Wartungstips gelten also auch für dieses Modell.*

*Abb. 361*
*Antriebseinheit und 10-Zoll-Hinterrad des TPH 50 von 2004. Man beachte das geänderte Belüftungssystem mit dem abnehmbaren Deckel vorn.*

*Abb 362*
*Ausbau des Rückspiegels beim TPH. Die Muttern sind schlecht zugänglich, vor allem die obere Kontermutter.*

361

**Blinker vorn - Ausbau:** Kreuzschlitzschraube lösen, Streuscheibe abnehmen, Glühlampe bei Bedarf auswechseln (12V/10W), Reflektor vorziehen. Zum Ausbau des Reflektors und bei beabsichtigter Demontage der Lenkerverkleidung die Kabelschuhe abziehen; Blinker links: schwarz oben, rosa unten; Blinker rechts: weiß/blau oben, schwarz unten. Einbau in umgekehrter Reihenfolge; Schraube vorsichtig anziehen, Streuscheibe kann brechen.

362

*Abb. 363*
*Die obere Lenkerverkleidung ist geklipst; sie wird vorsichtig abgehebelt.*

*Abb. 364*
*Zum Ausbau der hinteren Lenkerverkleidung 2 Schrauben lösen.*

363

364

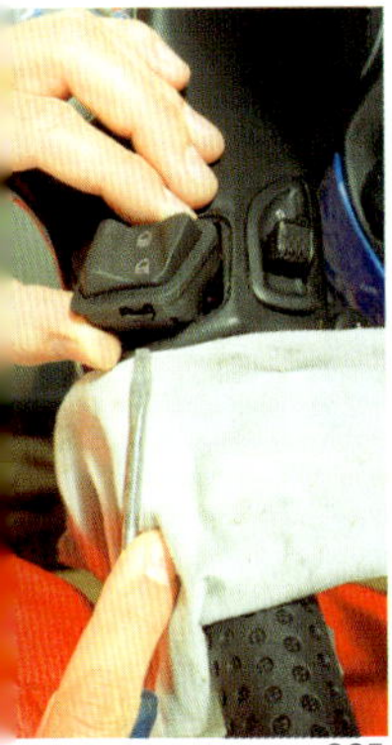
365

*Abb. 365*
*Die Schalter werden mit einem Schraubendreher ausgehebelt; dabei Lappen unterlegen, um Kratzer zu vermeiden.*

*Abb. 366*
*Lösen einer Kreuzschlitzschraube an der hinteren Verkleidung bei bereits ausgebauten Schaltern.*

*Abb. 367*
*Die drei Schrauben zur Befestigung der hinteren Verkleidung sind erst nach Abbau des vorderen Elements zugänglich.*

*Abb. 368*
*Die Instrumenteneinheit wird genauso ausgebaut wie auf S. 19 (Sfera) gezeigt.*

366

367

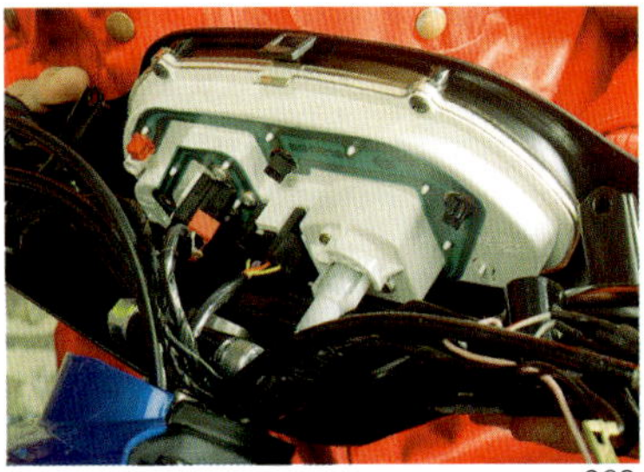
368

**Obere bzw. vordere Lenkerverkleidung - Ausbau:** Die Blinker können sitzen bleiben. Rechts und links unten je eine Kreuzschlitzschraube ausdrehen. **Achtung:** Die Lenkerverkleidung ist zusätzlich oben rechts und links von oben mit Zapfen in das untere Segment geklipst. Mit Schraubendreher vorsichtig zwischen die Elemente gehen und obere Verkleidung aushebeln. Darauf achten, daß das Teil nicht runterfällt, wenn es ausgeklipst ist. Blinker-Kabel abziehen wie oben beschrieben. Einbau in umgekehrter Reihenfolge.

**Rückwärtige Lenkerverkleidung - Ausbau:** Das Element wird von drei Kreuzschlitzschrauben fixiert, die von der Vorderseite des Fahrzeugs aus erreichbar sind: je eine rechts und links, eine in der Mitte etwas zurückversetzt. **Achtung:** Die mittlere Schraube kann in das Lenkrohr fallen, sie muß mit Geschick entfernt werden. Zum Ausbau der Instrumente alle Stecker abziehen und Tachowelle lösen; Einzelheiten dazu s. Seiten 19, 20. Einbau in umgekehrter Folge; Lenkrohr am besten abdecken, damit keine Schraube hineinfallen kann.

**Scheinwerfer mit Glühlampe - Ausbau:** Der Trapezscheinwerfer wird von zwei kräftigen Kreuzschlitzschrauben gehalten, die von der Innenseite der Verkleidung her erreichbar sind. Schrauben ausdrehen, Scheinwerfer vorziehen, Kabelstecker abziehen, bei Bedarf Glühlampen auswechseln (2 x Fern-/Abblendlicht 12V/15 W, 1 x Standlicht 12V/4W). Einbau in umgekehrter Reihenfolge.

**Demontage, Montage Karosserieelemente - Vorbemerkung:** Die einzelnen Segmente werden von drei unterschiedlichen Schraubenarten gehalten: Kreuzschlitz-Blechschrauben mit Grobgewinde, die in Plastik greifen, Kreuzschlitz-Maschinenschrauben mit durchgehendem Gewinde, die in Metallklammern greifen, Kreuzschlitz-Maschinenschrauben mit glattem Distanzstück und kürzerem Gewinde, die ebenfalls in Metallklammern greifen. Beim Ausdrehen unbedingt vermerken, an welcher Stelle welche Schraube gesessen hat, sonst gibt es beim Zusammenbau Probleme. **Achtung:** Manche Teile sind zusätzlich geklipst; die Klipse greifen nicht sonderlich präzise und können bei Gewaltanwendung brechen.

**Verkleidung rückwärtiges Teil (schwarz) - Aus- und Einbau:** Wenn die vordere Verkleidung ausgebaut werden muß, empfiehlt sich zunächst die Demontage des inneren Verkleidungsteils, da es sonst zu Problemen kommen kann (Verklemmung). Dazu von hinten sechs Kreuzschlitzschrauben ausdrehen; die beiden unteren haben Distanzstücke; diese sechs Schrauben halten gleichzeitig das Vorderteil. Zusätzlich eine zentrale Kreuzschlitzschraube lösen. Jetzt Element so weit nach hinten ziehen, daß die Halterung des **Bremsflüssigkeitsbehälters** abgeschraubt werden kann. Zum Freisetzen des Behälters Deckel abnehmen, dabei Behälter senkrecht halten. Anschließend Deckel wieder aufsetzen und Behälter mit einem Draht am Lenkrohr provisorisch befestigen. Bei Schwierigkeiten zunächst auch das Verkleidungs-Vorderteil ausbauen. Zum vollständigen Abnehmen der rückwärtigen Verkleidung die beiden Klipse am unteren Rand aushebeln und Element mit einem kräftigen Ruck abziehen.

*Abb. 369, 370 Der Scheinwerfer ist mit zwei kräftigen Kreuschlitzschrauben am Innenschild befestigt; Schrauben ausdrehen, Scheinwerfer vorziehen und bei Bedarf Kabelverbindung trennen.*

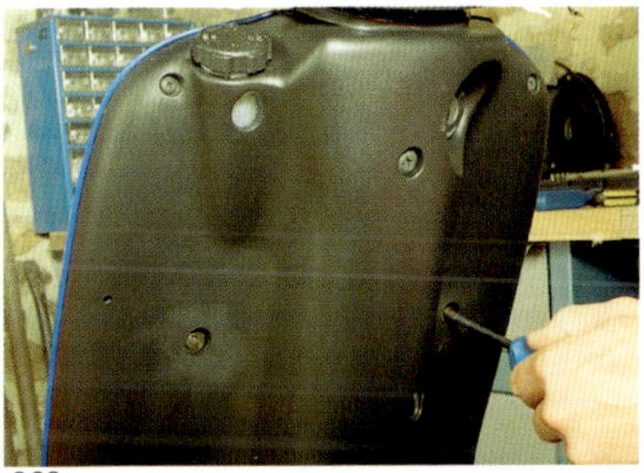

369

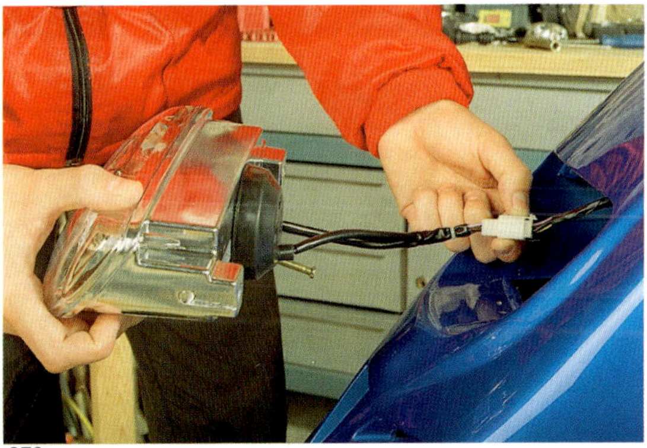

370

371

*Abb. 371 Innenschild und vorderes Karosserieelement sind mit sechs Schrauben verbunden. Zum vollständigen Ausbau der Teile müssen weitere Schrauben gelöst werden - siehe Bilder folgende Seite.*

**Verkleidung Vorderteil - Aus-/Einbau:** Zunächst Scheinwerfer ausbauen wie gezeigt. Am besten zuerst rückwärtige Verkleidung demontieren wie oben beschrieben. So oder so von hinten die genannten sechs Kreuzschlitzschrauben ausdrehen; ferner von vorne zwei kleinere, von unten und innen zwei größere Kreuzschlitzschrauben lösen. Dann Teil unten vorziehen, gegebenenfalls von der Innenverklei-

372

*Abb. 372 Das vordere Karosserieelement ist unten mit vier weiteren Schrauben befestigt.*

**Bremsseilzug einstellen:** Nach Abnahme der Frontverkleidung ist die Bremsanlage zugänglich. Die Vorderradbremse wirkt über eine seilzugbetätigte Mechanik auf den Hauptbremszylinder. Das Spiel von Seilzug und damit Handhebel kann eingestellt werden, indem die untere Kontermutter mit einem Gabelschlüssel SW 13 gelöst und die

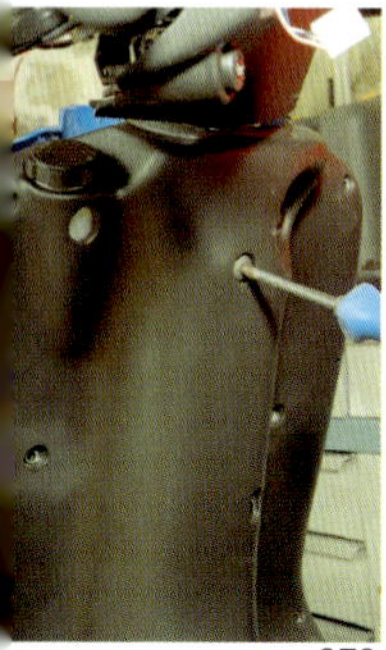

373

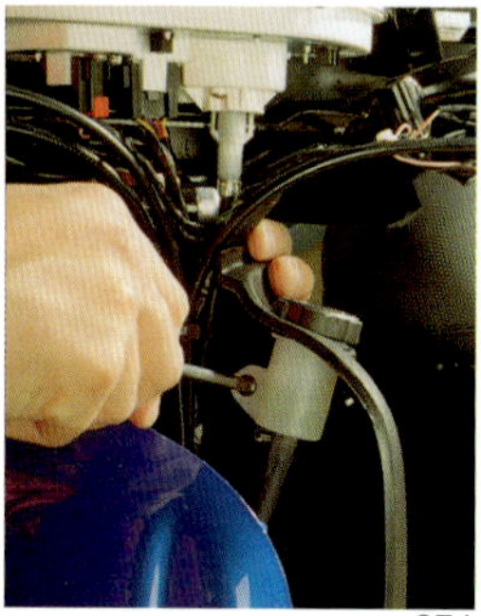

374

375

*Abb. 373 Eine zusätzliche Zentralschraube fixiert das Innenschild am Rahmen.*

*Abb. 374 Zum Abheben des Innenschilds muß der Bremsflüssigkeitsbehälter abgeschraubt werden.*

*Abb. 375 Frontverkleidung komplett abgebaut. Alle im Frontbereich untergebrachten Leitungen und Systeme sind nun gut zugänglich. Achtung: Beim Zusammenbau Bremsschlauch nicht einklemmen!*

Einstellschraube mit einem Schlüssel SW 12 ein- oder ausgedreht wird. Das Spiel am Ende des Handhebels sollte nicht größer als 15 mm sein. Kontermutter nach erfolgter Einstellung handfest anziehen. Weitere Tips und Hinweise zur Demontage von Bremselementen s. Seiten 95 ff und 98 ff.

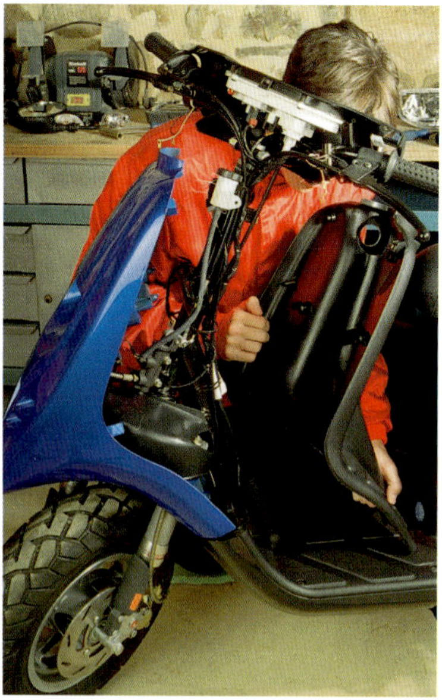

376

*Abb. 376 Nach Lösen aller Schrauben und Klipse kann das Innenschild abgenommen werden.*

dung abdrücken, dann ganz abnehmen und so ablegen, daß der Lack nicht verkratzen kann. Beim **Einbau** darauf achten, daß die Ränder des lackierten Elements die Kanten der schwarzen Innenverkleidung komplett überdecken.

**Zentrales Verkleidungselement, Sitzbank - Ausbau:** Sitzbank abbauen (zwei Kreuzschlitzschrauben) oder aufklappen. Dann von oben zwei Kreuzschlitzschrauben lösen; zusätzlich vom Helmfach aus eine weitere Kreuzschlitzschraube ausdrehen. Element hochziehen oder mit der flachen Hand hochschlagen und nach oben wegnehmen. Jetzt ist zum Beispiel die Zündkerze zugänglich. Siehe dazu die entsprechenden Abschnitte im Sfera-/SKR-Bereich.

**Trittplatte, Unterflurverkleidung - Aus-/Einbau:** Beide Elemente sind zusammen mit vier Kreuzschlitzschrauben am Rahmen, weiteren Schrauben hinten und vier

Plastikklipsen befestigt. Es empfiehlt sich, zuvor das zentrale Abdeckelement auszubauen wie oben beschrieben. (Die beiden vorderen Kreuzschlitzschrauben halten gleichzeitig das Verkleidungs-Vorderteil im unteren Bereich.) Zum Ausbau des Unterbodens zusätzlich hinten rechts und links je eine Kreuzschlitzschraube lösen (sie halten gehalten. Das schwarze Kabel sitzt oben an der Hupe, das schwarzweiße seitlich rechts. Die untere Kotflügelplatte ist mit zwei Kreuzschlitzschrauben fixiert. **Achtung:** beide Kotflügelelemente tragen Gummihülsen, die den Bremsschlauch führen. Der Schlauchhalter wird mit einem Steckschlüssel SW 11 gelöst.

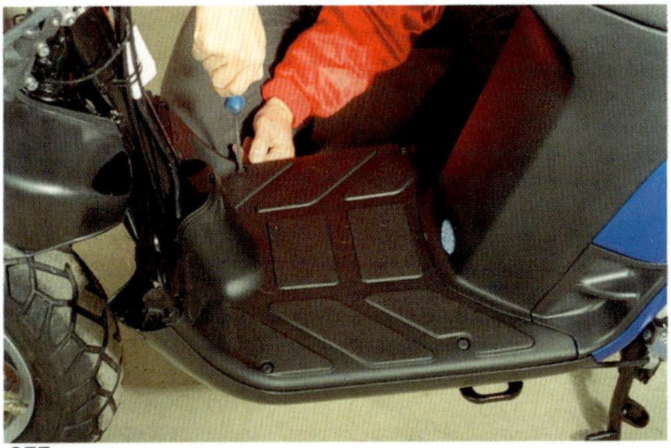

377

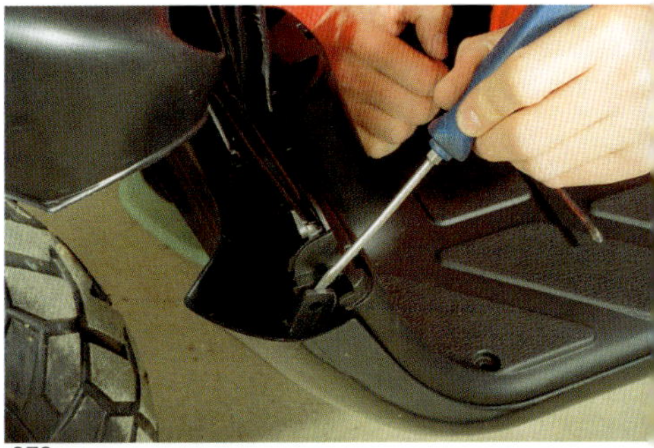

378

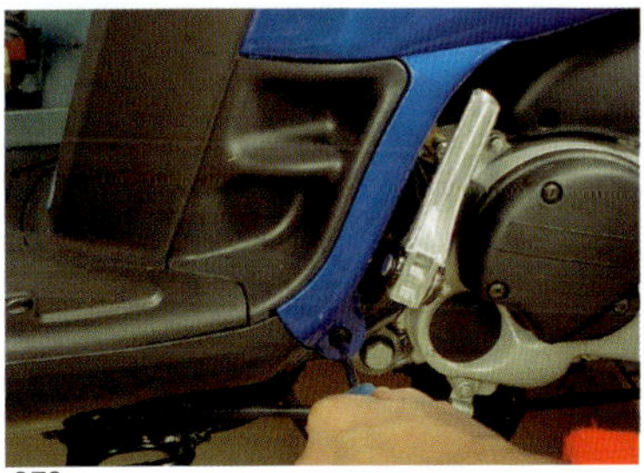

379

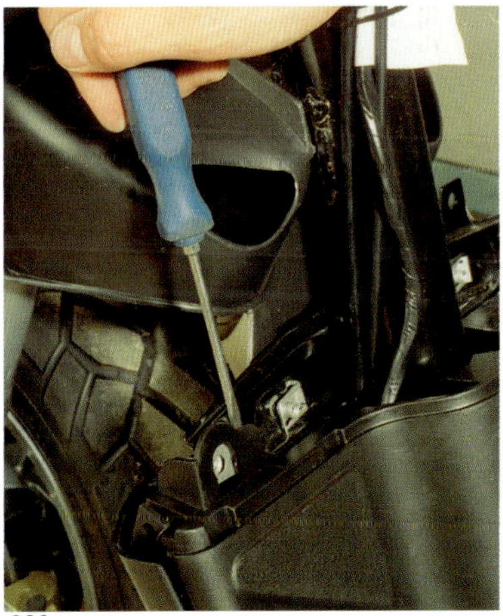

380

*Abb. 377, 378*
*Die Trittplatte ist mit vier Schrauben sowie diversen Klipsen an Rahmen und übrigen Elementen befestigt.*

*Abb. 379*
*Je eine Schraube rechts und links hält gleichzeitig den Unterboden und die jeweilige Seitenverkleidung.*

*Abb. 380*
*Die Klipse im Bereich Unterboden lassen sich nur schwer lösen. Ebenso fummelig ist der Einbau - Bruchgefahr!*

gleichzeitig die Seitenverkleidungen im unteren Bereich). Nach Lösen aller Schrauben zuerst die beiden Plastiknasen vorne rechts und links aushebeln, dann die beiden Klipse abdrücken, die den Unterboden am Innenkotflügel festhalten. Zuletzt Unterboden hinten leicht auseinanderdrücken und absenken. Die Trittplatten-Verbindungen sind nun ebenfalls sämtlich gelöst, Trittplatte vorne anheben und entfernen. Beim Einbau zunächst die Klipse fixieren - **Vorsicht:** Bruchgefahr.

**Kotflügel Oberteil, Unterteil, Hupe - Ausbau:** Oberer Kotflügel und Hupe werden von einer gemeinsamen Kreuzschlitzschraube

**Blinker hinten - Aus-/Einbau:** Zum Auswechseln der Glühlampen (12V/10W) genügt es, die Blinkergläser abzunehmen; sie werden von je einer Kreuzschlitzschraube gehalten; Beim Zusammenbau zuerst die Haltezungen einhängen. Die Blinker-Reflektoren sind erst nach Abbau der Seitenverkleidungen demontierbar (s. u.); sie werden von innen von je einer Kreuzschlitzschraube fixiert. Kabelfarben

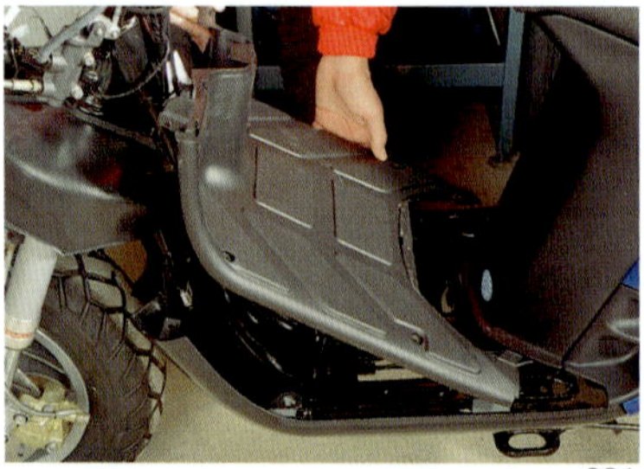
381

Abb. 381 Trittplatte und Unterboden kommen nach Lösen aller Verbindungen zusamen frei. Leichter geht's, wenn zuvor die Zentralabdeckung entfernt wurde.

384

Abb. 384 Abgebautes Helmfach und Sicherungshalter.

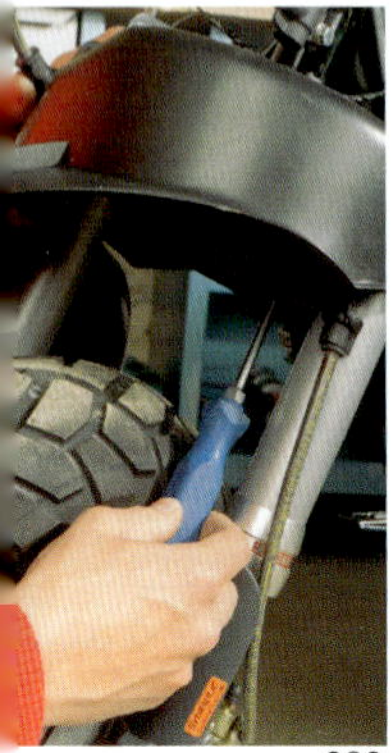
382

Abb. 382 Die Verschraubung des Innenkotflügels ist von unten erreichbar.

383

Abb. 383 Zum Ausbau der Batterie zuerst Minus-, dann Pluspol abklemmen.

385

Abb. 385 Blick auf die Verschraubung des Helmfachs.

387

Abb. 387 Hintere Verschraubung der Seitenteile, abgenommene Blenden.

386

Abb. 386 Die Seitenverkleidung ist oben mit einer Kreuzschlitzschraube befestigt.

Blinker hinten links: oben schwarz, unten rosa; Blinker hinten rechts: oben weiß, unten schwarz.

**Helmfach - Aus-/Einbau:** Bei der Demontage **Achtung:** Position der unterschiedlichen Schraubenarten vermerken. Zunächst werden die Deckel von Benzin- und Öltank abgezogen. Halterung der Zentralsicherung aushängen und Batterie ausbauen, dabei zuerst Minus-, dann Pluspol abklemmen (weitere Hinweise zur Batterie s. S. 144 ff.); Entlüftungsschlauch der Batterie abziehen. Nun die kleine lackierte Abdeckung am Heck aushebeln; darunter befinden sich zwei Kreuzschlitzschrauben. Drei weitere Kreuzschlitzschrauben im rückwärtigen und zwei zusätzliche im vorderen Bereich ausdrehen (ingesamt also sieben bis hierher). Schließlich noch die beiden Kreuzschlitzschrauben lösen, die das Helmfach oben mit den Seitenverkleidungen verbinden. Helmfach abheben; **Einbau** in umgekehrter Reihenfolge, dabei auf die richtige Zuordnung der Schrauben achten. **Batterie:** erst Plus-, dann Minuspol anklemmen; Entlüftungschlauch ansetzen.

388

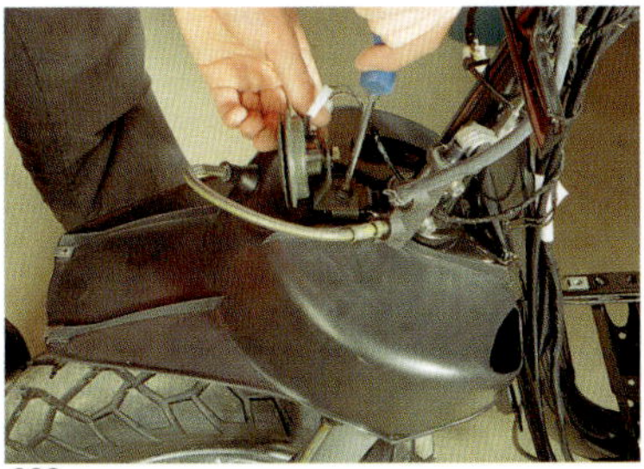

389

Abb. 388
Bremskraftübertragung bei Piaggio-Rollern mit vorderer Bremsscheibe; Der Seilzug kann mit zwei Gabelschlüsseln eingestellt werden.

390

**Seitenverkleidungen - Ausbau:** Die Blinker bleiben dran. Zuerst die beiden Schrauben lösen, die das Helmfach vorn/oben mit den Verkleidungen verbinden (s. o.). Die beiden kleinen Plastikabdeckungen im Rücklichtbereich abnehmen und die vier darunter liegenden Kreuzschlitzschrauben lösen. Anschliessend von unten je eine Schraube vor dem Spritzschutz ausdrehen. Vorn unten sind die Seitenverkleidungen mit dem Unterboden am Rahmen befestigt. Blinkerkabel abnehmen (Farben s. o.), Verkleidungselemente nach vorn abheben.

**Rücklicht, Glühlampe, Spritzschutz - Ausbau:** Das Rücklichtglas ist mit zwei Kreuzschlitzschrauben befestigt; Schrauben lösen und Glas abnehmen. Bei Bedarf Glühlampe für Rück- und Bremslicht wechseln (12V/5-21W). Der rückwärtige Spritzschutz wird von drei Kreuzschlitzschrauben gehalten.

**Bremszange - Aus-/Einbau:** Das Vorderrad läßt sich mit etwas Geschick zwar auch ohne Entfernen der Bremszange ausbauen, doch der Einbau ist schwierig, da die am Rad befestigte Bremsscheibe sich dabei am Bremssattel verkeilt. Wir empfehlen daher den Ausbau der Bremszange vor der Raddemontage. Die Bremszange ist an der Gabel mit zwei Inbusschrauben SW 6 befestigt. Sie kann nach Lösen der Schrauben komplett mit den Belägen abgenommen werden. Die Bremszangenhälften sind ebenfalls

Abb. 389
Die Hupe ist auf dem Innenkotflügel fixiert.

Abb. 390
Ausgebautes TPH-Vorderrad mit Steckachse und Mutter.

391

392

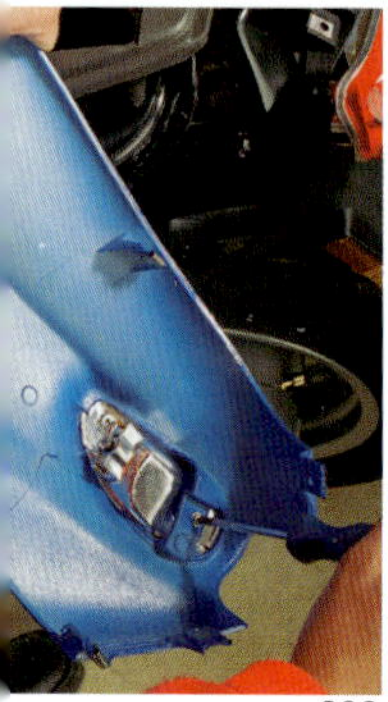

393

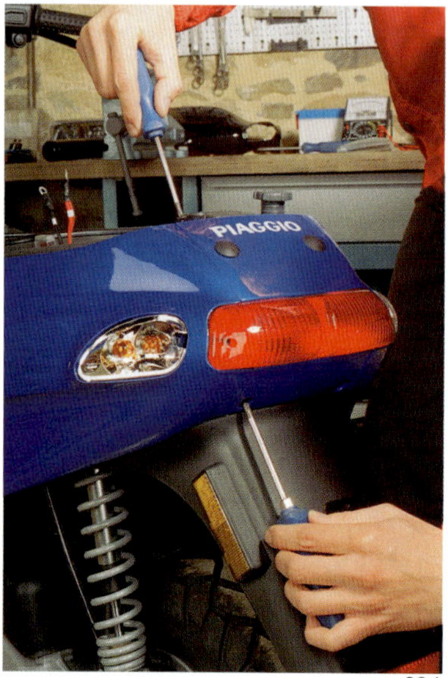


394

395

*Abb. 391*
*Die Blinkergläser sind vorn wie hinten mit je einer Schraube fixiert*

*Abb. 392*
*So werden die unteren Schrauben der Seitenverkleidungen gelöst.*

*Abb. 393*
*Bei abgenommener Seitenverkleidung läßt sich das Blinkergehäuse abschrauben.*

*Abb. 394*
*Die kleinen Heckblenden sind mit je zwei Schrauben befestigt.*

*Abb. 395*
*Rücklicht-Träger TPH 50 mit Lampe und Lampenglas in ausgebautem Zustand.*

mit zwei Inbusschrauben SW 6 verschraubt. Weitere Hinweise zum Thema Bremshydraulik und Scheibenbremsen ab Seite 95. Beim Wiedereinbau Schrauben zweistufig mit Drehmoment 35-40 Nm anziehen.

**Vorderrad, Bremsscheibe - Aus-/Einbau:** Das Vorderrad dreht sich in der Telegabel auf einer Steckachse. Zum Ausbau Fahrzeug aufbocken und im Unterbodenbereich mit einer Getränkekiste beispielsweise abstützen. **Bremszange** ausbauen wie oben beschrieben. Dann mit einer Stecknuß SW 18 (nicht 19!) die am rechten Gabelende sitzende Mutter lösen; dabei auf der linken Seite die **Steckachse** mit einem Ringschlüssel SW 19 (!) gegenhalten. Steckachse herausziehen, dabei auf den Dichtfilz achten, der den Tachoantrieb schützt. **Achtung:** Nicht die Bremse betätigen, solange das Rad ausgebaut ist; die Bremskolben könnten sich aus den Führungen drücken.
Die **Bremsscheibe** ist mit drei Inbusschrauben SW 5 an der Radnabe befestigt. Anzugsmoment: 9-11,5 Nm. **Achtung:** Vor dem Einsetzen die Schrauben mit Gewindesicherung Loctite 242 bestreichen. **Radeinbau:** Zuerst den Mitnehmer der Tachowelle in die Aussparung an der Radnabe hängen; Rad so einführen, daß die Führung mit der Aussparung am rechten Gabelschuh übereinstimmt. Dichtfilz aufsetzen. Rad genau positionieren und Steckachse von rechts einführen. Mutter mit Drehmoment 40-50 Nm anziehen.

**Bremsbeläge Scheibenbremse - Aus-/Einbau:** Zuerst Vorderrad ausbauen, da sonst nur schwer Zugang zu den Einzelteilen. Schale zur Aufnahme der Kleinteile bereitstellen. Den winzigen **Splint** aus der Ringnut des Sicherungsbolzens ziehen. **Bolzen** von rechts mit einem Dorn und leichten Hammerschlägen so weit wie möglich austreiben, dann ganz herausziehen. Auf die **Federklammer** achten, sie fällt heraus. **Beläge** herausnehmen. **Einbau:** Falls keine neuen Bremsbeläge verwendet werden, die Beläge nur dann wiederverwenden, wenn sie mindestens noch 1,5 mm dick sind (gemessen ohne Stahlträgerplatte). Beläge in den Schacht setzen und Federklammer so einsetzen, daß der eingestanzte Pfeil

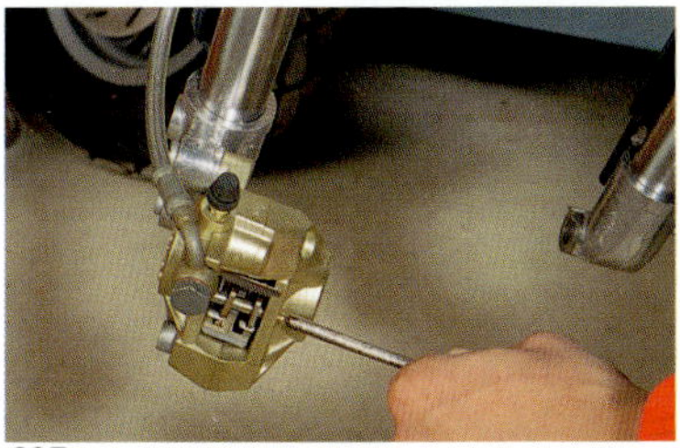

397

398

außen liegt und nach oben zeigt (s. Foto). Klammer festhalten, Bolzen durchstecken und mit Splint sichern. Funktion der Bremse durch Betätigen des Handhebels prüfen. Weitere Hinweise ab Seite 95.

**Hinterrad - Aus-/Einbau:** Wie bei den Sfera und SKR-Modellen die schwarze Plastikabdeckung abhebeln, Splint und Sicherungskappe entfernen, dann Mutter mit Steckschlüsel SW 24 und Verlängerung abschrauben (normales Rechtsgewinde); ein Helfer muß gleichzeitig per Bremse das Rad blockieren. Beim Einbau Mutter mit Drehmoment 100 Nm anziehen; Krone aufsetzen, neuen Splint verwenden (weitere Details s. a. Seiten 50/51).

**Telegabel - Aus-/Einbau:** Anders als die Schwingenmodelle Sfera, Quartz und SKR sind die Modelle TPH, Storm und NRG mit einfachen Teleskop-Federgabeln ausgerüstet, deren Brücke mit dem Lenkrohr verschweißt ist. Das Lenkrohr ist genauso gelagert wie das Lenkrohr der älteren Modelle und wird ebenso ausgebaut und gewartet. Vergleichen Sie dazu die Seiten 40 bis 47.

**Telegabel - Staubschutzmanschetten-Wechsel:** Die Gabel läßt sich in Eigeninitiative nur teilweise zerlegen, was allerdings auch in eingebautem Zustand funktioniert.

396

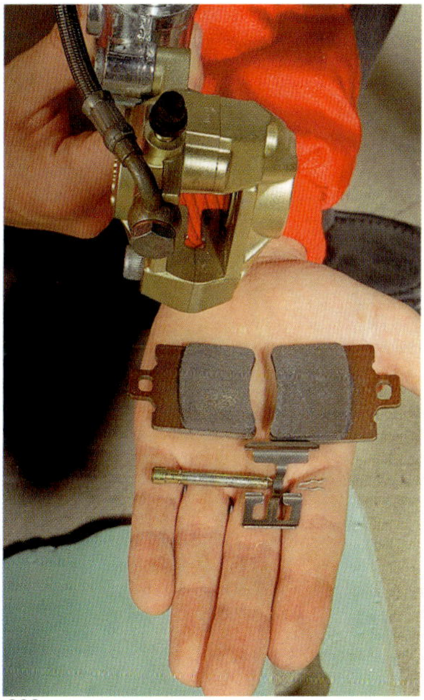

399

*Abb. 396*
*Vor dem Bremsbelagwechsel muß das Vorderrad ausgebaut werden (Stecknuß SW 18 für die links sitzende Mutter).*

*Abb. 397*
*Splint abziehen und Bolzen mit einem feinen Dorn austreiben.*

*Abb. 398*
*So sind Bremsbeläge, Feder und Bolzen im Bremssattel korrekt positioniert.*

*Abb. 399*
*Einzelteile der Piaggio-Scheibenbremsanlage: Beläge, Bolzen, Feder (in korrekter Einbaulage mit Pfeil nach oben zeigend), Splint.*

400

402

401

403

404

*Abb. 400*
*Bremszange, Tachowellenmitnehmer mit Dichtfilz.*

*Abb. 401*
*Gabel und vorderer Rahmenbereich des TPH 50 Modell 2004.*

*Abb. 402*
*Bei abgenommenem Antriebsgehäusedeckel zeigt sich, daß die TPH-Variomatk mit der des Sfera prinzipiell identisch ist.*

*Abb. 403, 404*
*Luftfiltereinsatz, Gehäusebelüftung, Hinterradbefestigung TPH.*

Die Teilzerlegung kann erforderlich sein, wenn die Staubschutzmanschetten ausgewechselt werden müssen. Dazu Rad und Bremszange ausbauen wie oben beschrieben. Dann die Holme mit der Steckachse oder einem anderen geeigneten Gegenstand gegen Verdrehen blockieren. Mit einem Inbusschlüssel SW 6 von unten die Sicherungsschraube aus dem Gabelschuh drehen. Der aus Leichtmetall bestehende Schuh ist aufgeklebt und läßt sich daher nur mit einiger Mühe lösen. Gabel festsetzen (in einem Schraubstock, wenn sie ausgebaut ist). **Achtung:** Den Gabelschuh mit einem Heißluftfön erhitzen, sonst wird das Leichtmetall beim Austreiben beschädigt. Dann den Schuh vorsichtig mit einem Gummihammer oder Hartholzkeil vom Tauchrohr treiben.

Die Staubschutzmanschette kann mit einem kleinen Schraubendreher ausgehebelt werden.

405

406

**Einbau:** Staubschutzmanschette so aufsetzen, daß sie rundum satt aufliegt. Achtung: Gabelschuh (innen) und Tauchrohre (außen) vor dem Zusammenbau sorgfältig reinigen, Klebereste mit Verdünnung entfernen. Keine scharfen Gegenstände zur Reinigung benutzen, es würden Riefen entstehen. Dann die Gabelschuh-Innenseite, die aufs Rohr geschoben wird, mit **Sicherungspaste Loctite 242E** bestreichen und Schuh aufsetzen. Inbusschraube handfest anziehen.

**Telegabel - Zerlegung, Zusammenbau:** Eine weitere Zerlegung ist nur mit einer Spezial-Sprengringzange möglich, die oft nicht einmal Piaggio-Werkstätten besitzen. Nach Entfernen des extrem schlecht zugänglichen Sprengrings können Büchsen und Federn herausgezogen werden. **Einbau:** Büchsen und Federn leicht mit Spezialfett „Tradalkomplex 2" bestreichen. Tauchrohre sorgfältig reinigen, Teile einbauen und mit Sprengring sichern.

**Motor, Antrieb, Hinterradführung:** Hier verweisen wir in allen Details auf die entsprechenden Sfera- und SKR-Kapitel, da die Triebsätze (abgesehen von unwichtigen Kleinigkeiten) identisch sind. Die schwarze Abdeckung vorn auf dem Antriebs-

*Abb. 405*
*Abgesehen von der Telegabel zeigen sich beim TPH (hier Modell 2004) keine wesentlichen Unterschiede zur Konstruktion der Piaggio-Roller mit Vorderradschwinge.*

*Abb. 406*
*Alle neueren Zweitaktmotoren von Piaggio sind mit Abgasrückführung und ungeregelten Katalysatoren ausgerüstet.*

407

*Abb. 407*
*Die Telegabel der neueren Modelle wird im Prinzip genauso ausgebaut wie Sfera-Lenkrohr und Schwinge (s. a. S. 40 ff).*

408

*Abb. 408*
*Zum Ausbau der Achaufnahmen werden die Inbusschrauben SW 6 ausgedreht. Dabei Achsaufnahmen gegenhalten.*

409

*Abb. 409*
*Für die Totalzerlegung der Telegabel sind die Sprengringe mit einer Spezialzange zu entfernen.*

410

*Abb. 410*
*Die Achsaufnahmen sind aufgeklebt; zuerst mit einem Fön erhitzen, dann mit dem Gummihammer herunterschlagen.*

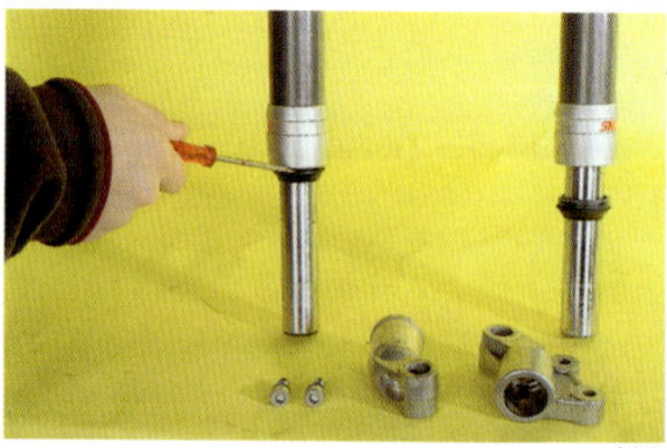

411

*Abb. 411*
*So werden die Schutzmanschetten ausgehebelt.*

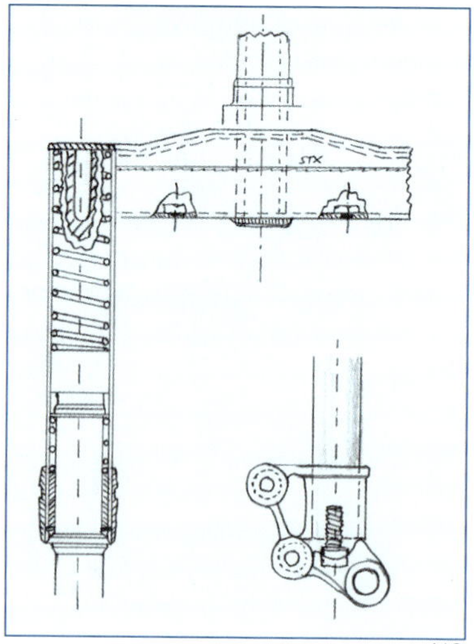

412

*Abb. 412*
*Querschnitt der Telegabel mit ihren innenliegenden Federn.*

deckel deckt eine Belüftungseinrichtung ab, die nur bei bestimmten Spezial-Versionen relevant ist. Der Luftfilter-Deckel ist mit sechs Schrauben befestigt. Nach Lösen derselben kann der Schaumstoffeinsatz herausgenommen, gereinigt, neu mit einem Gemisch aus 50 % Benzin und 50 % Spezialöl getränkt oder ausgewechselt werden. Der Gehäusedeckel ist mit 15 (Sfera: 13, s. Seite 65) Schrauben SW 8 befestigt; nach Ausdrehen der Schrauben läßt sich der Deckel - unter leichten Gummihammerschlägen - abnehmen.

**Ölstand Hinterradgetriebe prüfen, wechseln:** Fahrzeug auf ebenen Untergrund stellen. Öl-Einfüll-Peilstab ausdrehen, reinigen und wieder ganz einschrauben. Dann erneut ausdrehen und Ölstand ablesen; er muß die zweite Kerbe von unten erreichen; ein höherer Ölstand ist schädlich. Fehlendes Öl durch Getriebeöl SAE 80W/90 ergänzen. Zum **Ölwechsel** die ganz unten liegende Ablaßschraube mit einem Inbusschlüssel SW 6 ausdrehen und Öl in eine Wanne abfließen lassen; anschließend umweltgerecht entsorgen. Schraube wieder einsetzen und Öl auffüllen, bis der Stand bei eingedrehtem Meßstab an die zweite Kerbe von unten reicht.

# NRG 50, NRG 50 MC³ DT, NRG 50 MC³ PURE JET, ZIP: TECHNIK ALLGEMEIN, ERGÄNZENDE HINWEISE

Mitte der 90er Jahre kam der erste **NRG 50** als Sportmodell zusätzlich zu den klassischen Typen auf den Markt; er wurde angetrieben vom flüssigkeitsgekühlten Einzylinder-Zweitaktmotor des Quartz (technische Details, Reparatur und Wartung s. Seiten 103-110). Es folgte die Version **NRG 50 MC²**, die ebenfalls den Quartz-Motor besaß. Ende der 90er Jahre brachte Piaggio erstmals einen NRG mit luftgekühltem Vergaser-Triebwerk à la Sfera heraus, den **NRG Extreme**. Anschließend wurden beide Konzepte weiterentwickelt und den gestiegenen Anforderungen in puncto Umweltverträglichkeit angepaßt. Die neuen Modelle waren noch 2004 lieferbar - als **NRG MC³ DT** mit dem luftgekühlten, jetzt aber mit Abgasrückführung und ungeregeltem Katalysator ausgerüsteten Einzylinder-Zweitakt-Vergasermotor und als **NRG MC³ Pure Jet** mit flüssigkeitsgekühltem Zweitaktmotor und elektronisch gesteuerter Benzineinspritzung für geringeren Verbrauch und weniger Schadstoffe. Der ebenfalls mit Abgasrückführung und ungeregeltem Kat ausgerüstete Einspritzmotor erfüllte 2004 die Euro-2-Abgasnorm.

In der Mokick-Version leistet der luftgekühlte DT-Vergasermotor 4,4 PS (3,2 kW) bei 6500/min. Das Hinter-

413

414

*Abb. 413, 414 Die Fotos zeigen den NRG MC³ 50 DT von 2004. Der luftgekühlte Zweitaktmotor leistet 4,4 PS bei 6500/min und ist dank Abgasrückführung und ungeregeltem Katalysator schadstoffreduziert. Die flüssiggekühlte Version MC³ Pure Jet verfügt über Benzineinspritzung und dreht merklich höher. Der DT kostete im Oktober 2004 2099, der Pure Jet 2530 Euro.*

415

Abb. 415
Optisch gibt sich der NRG betont sportlich. Technisch aber ist er mit den „bürgerlichen“ Modellen Sfera und TPH fast identisch. Die Verkleidungsteile lassen sich nach dem gleichen Prinzip abnehmen wie beim TPH ausführlich gezeigt.

tisch. Trotz des betont sportlichen Looks sind beide NRG-Modelle voll alltagstauglich - sieht man von dem eingeschränkten Wetterschutz ab. Die extrem schmal geschnittene Verkleidung läßt Wind und Regenwasser fast unvermindert auf die Beine des Fahrers treffen.
Doppelsitzbank mit darunterliegendem, geräumigem Helmfach, Haltegriffe und Fußrasten für den Sozius, zwei Außenspiegel und eine Vierfach-Blinkanlage gehören wie bei den klassischen Piaggio-Rollern der Sfera-, SKR- und TPH-Baureihe zur Grundausrüstung.
Abgesehen von der elektronisch gesteuerten Benzineinspritzung des

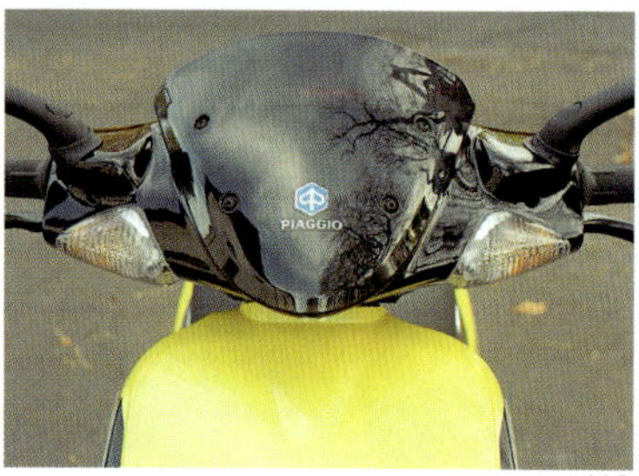

416

Abb. 416
Eine NRG-Besonderheit ist die vordere Lenkerverkleidung mit integrierten Blinkern und Windschild.

417

Abb. 417
Reich bestückt ist das NRG-Cockpit. Bei der Einspritz-Version ist zusätzlich ein Kühlmittel-Themometer vorhenden.

rad des 96 kg schweren NRG DT wird von einer Trommelbremse verzögert. Der Einspritzmotor des 101 kg schweren NRG Pure Jet entwickelt ebenfalls 4,4 PS, jedoch bei wesentlich höherer Drehzahl: 8000/min. Hier sorgt auch am Hinterrad eine Scheibenbremse für Verzögerung.

## Sportlicher Look, solide Technik

Gemeinsam ist beiden NRG-Modellen das aggressive Design und die großzügige 13-Zoll-Niederquerschnittsbereifung 130/60-13 auf Dreispeichen-Leichtmetallrädern. Treibstoff-Infrastruktur mit Benzintank, Ölpumpe und separatem Ölbehälter, Antrieb mit Keilriemen-Variomatik und Untersetzungsgetriebe am Hinterrad, Fahrwerk mit Telegabel und Rahmen mit Federbein an der Hinterhand sind iden-

418

Abb. 418
Die schwarze Kühlermaske des NRG ist unten mit einer Zentralschraube fixiert.

Modells Pure Jet bietet der NRG keine besonderen technischen Features, die von denen der bisher in diesem Buch beschriebenenen Rollermodelle abweichen würden. Der luftgekühlte Motor entspricht im Aufbau dem Sfera-Aggregat (Details ab Seite 57), das flüssigkeitsgekühlte Triebwerk ist inklusive Kühlanlage und hinter der Frontverkleidung installiertem Kühler weitgehend mit dem Quartz-Motor identisch (Details ab Seite 103). Auch was Fahrwerk, Bremsen und Elektrik betrifft, verweisen wir auf die entsprechenden Kapitel für die bereits beschriebenen Typen Sfera, Quartz, SKR und TPH.

**Frontverkleidung, Kühler, Kotflügel - Ausbau:** Zum vollständigen Ausbau der Frontverkleidung müssen erstens von vorn und von unten vier zusätzliche Kreuzschlitzschrauben ausgedreht werden, zweitens zwei Schrauben, die oben hinter der Kühlerverkleidung sitzen. Zuletzt Frontverkleidung an den unteren Kanten vorsichtig mit einem Schraubendreher aushebeln, um die Klipse zu lösen; **Vorsicht:** Bruchgefahr. Bei abnommenem Frontschild ist - beim Modell Pure Jet - der Kühler frei zugänglich. Er wird von zwei Kreuzschlitzschrauben gehalten. Kühlmittel ablassen und Schläuche abklemmen wie ab

*Abb. 419*
*Aufwendig gestaltet ist das NRG-Heck mit separater Bremsleuchte und zusätzlichen Seitenstrahlern. Alle Teile sind nach Lösen weniger Schrauben abnehmbar.*

*Abb. 420*
*Auch der NRG verfügt über ein voluminöses Helmfach, das genauso ausgebaut wird wie bei TPH beschrieben.*

*Abb. 421*
*Nur fürs Foto ohne Helm; das Bild entstand bei der Firma Schulz in Kommern, die freundlicherweise für dieses Buch den TPH und den NRG MC³ DT zur Verfügung stellte.*

*419*

*420*

Arbeiten an der **Einspritzanlage** können allerdings kaum in Eigenregie durchgeführt werden. Wir empfehlen, sich bei Störungen an eine Piaggio-Fachwerkstatt zu wenden. Nur sie verfügt über geeignete Meßgeräte und Reparatur-Werkzeuge.

**Verkleidungselemente - Ausbau:** Im Prinzip sind die einzelnen Karosserieelemente genauso miteinander verschraubt und verklipst wie bei Sfera und vor allem bei TPH. Wir beschränken uns daher auf einige zusätzliche Hinweise. Die geschlitzte **Kühlerverkleidung** ist mit einer unten zentral sitzenden Kreuzschlitzschraube befestigt. Das **Innenschutzschild** wird wie beim TPH von je drei Kreuzschlitzschrauben an den Seiten und einer oben zentral sitzenden Schraube gehalten. Gleichzeitig fixieren diese Schrauben die lackierte **Frontverkleidung**.

*421*

422

beim TPH beschrieben. Auch hier sind die rückwärtigen Schrauben unter kleinen Abdeckungen im Bereich der Rückleuchten versteckt.

**Ölkontrolle/-wechsel Hinterradgetriebe, Ausbau Hinterrad, Auspuff:** Das 13-Zoll-Hinterrad läßt sich nach Abhebeln der Kunststoff-Kappe genauso ausbauen wie bei Sfera und TPH beschrieben. Beim Wiedereinbau Mutter zweistufig mit Drehmoment 90-100 Nm anziehen. Bei bestimmten Ausführungen müssen zum Ölwechsel Hinterrad und Auspuff ausgebaut werden. Der Auspuff wird vorn von langen Inbusschrauben SW 6 und hinten von

423

424

425

*Abb. 422 NRG der ersten Generation von 1995 ohne Windschild und zweiten Spiegel.*

*Abb. 423-425 NRG MC³ DT 50 2004 Vollansicht und Details; während der Pure Jet auch hinten scheibengebremst ist, hat der DT hier nur nur eine Trommelbremse. Serie sind die Sport-Pneus 130/60-13.*

Seite 104 (Quartz) beschrieben. Der vordere Kotflügel ist rechts und links an der Gabel mit je einer Kreuzschlitzschraube befestigt.

**Trittplatte, Unterboden, Seitenteile, Helmfach - Ausbau:** Hier im Prinzip ebenso verfahren wie beim TPH. Vier Kreuzschlitzschrauben halten die Trittplatte, gleichzeitig den Unterboden. Dieser ist zusätzlich mit je zwei Klipsen seitlich befestigt. Zum Ausbau den Seilzugverteiler abschrauben. Zentrale Abdekkung, Helmfach und Seitenverkleidungen genauso ausbauen wie

selbstsichernden Muttern SW 10 gehalten (s. a. Kap. Sfera). Öleinfüll- und Ölablaßschraube ausdrehen und Öl in eine Wanne laufen lassen. Anschließend Ablaßschraube zusammen mit neuer Ringdichtung einsetzen und handfest anziehen. Dann durch die Einfüllöffnung 85 cm³ Getriebeöl 80W90 einfüllen.

Der Ölstand muß bis zur unteren Kante der Einfüllöffnung reichen. Einfüllschraube mit neuer Dichtung versehen und anziehen. Andere Ausführungen haben einen auf der linken Seite gut zugänglichen Peilstab und eine Ablaßschraube, die mit einem Inbusschlüssel SW 6 geöffnet wird. Hier so verfahren wie beim TPH beschrieben.

### Zip: Roller für den Solobetrieb

Der Zip erschien Anfang der 90er Jahre als preiswerte (= 400 DM billigere) und nur für den Solobetrieb gedachte Sparversion des Sfera. Abgesehen von einigen Karosseriedetails ist der Zip mit dem Zweitakt-Sfera der ersten Generation identisch und kann daher nach den gleichen Gesichtspunkten gewartet und repparariert werden wie in den Kapiteln auf den Seiten 16-87 und 139-57 gezeigt. Das Vorderrad wird von einer einfachen, ölgedämpften Gabel abgestützt und - ebenso wie das Hinterrad - mit einer Trommelbremse verzögert. Blinkanlage und Elektrostarter sind ebenso Standard wie Getrenntschmierung und

426

427

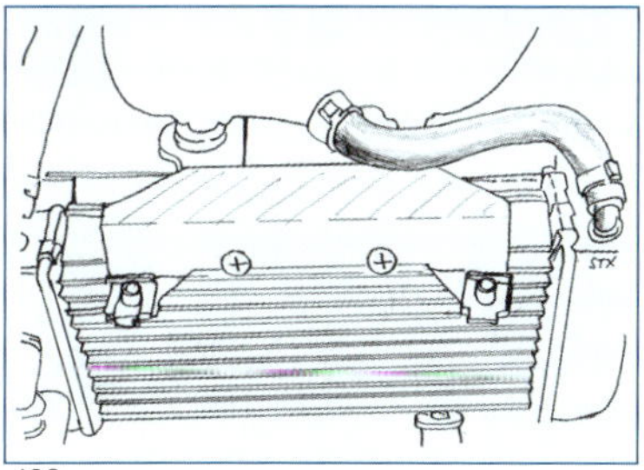

429

428

430

431

*Abb. 426*
*Bekannter Anblick: Antrieb eines älteren NRG.*

*Abb. 427, 431*
*Scheibenbremse des NRG 50 MC³ DT von 2004.*

*Abb. 428*
*Die Verschraubung des NRG-13-Zoll-Hinterrads.*

*Abb. 429*
*Kühlerbefestigung bei NRG-Modellen mit Flüssigkühlung.*

*Abb. 430*
*Luftfilter, Schaumstoffelement NRG Extreme 1998.*

432

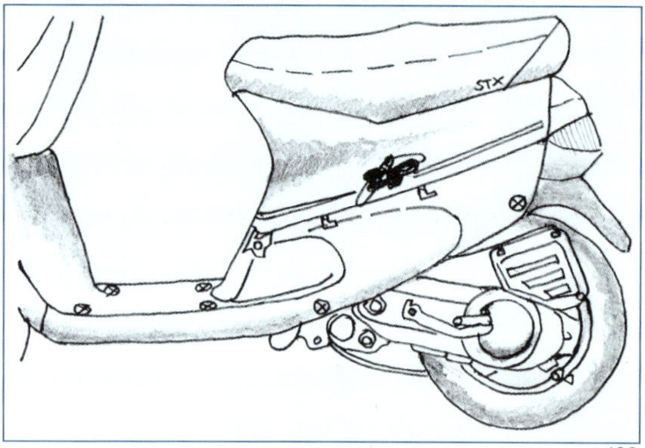


433

434

*Abb. 432, 434 Der Zip ist mit seinem verkürztem Radstand und der kleinen Sitzbank auf Solobetrieb ausgelegt. Die Technik stammt - abgesehen von der Telegabel - vom Modell Sfera.*

*Abb. 433 Verschraubung und Verklipsung der wesentlichen Zip-Karosserieverkleidungsteile.*

Keilriemen-Automatik. Wegen des geringen Leergewichts von 71 kg ist der Zip etwas sparsamer als die übrigen Modelle. Das Fahrzeug rollt auf 10-Zoll-LM-Rädern mit Schlauchlos-Reifen der Größe 90/90-10. Ab 1994 gab es den Zip auch als auf 25 km/h gedrosselten Mofa-Roller. Eine Weltneuheit war die im August 1994 vorgestellte Öko-Version „Zip & Zip" mit Hybridantrieb. Als weltweit erster in Großserie produzierter Scooter besaß der Zip & Zip zwei Motoren - einen herkömmlichen, luftgekühlten Einzylinder-Zweitaktmotor mit 2,9 PS (2,1 kW) bei 6750/min und einen zusätzlichen Elektroantrieb mit 650 Watt bei 7200/min. Während der Verbrennungsmotor 50 km/h und eine Reichweite von 140 km erlaubte, war der Elektromotor für 25 km/h und 20 km Reichweite gut. Beide Motoren wirkten über Zahnriemen auf das Hinterachsgetriebe. In Deutschland wurde der mit 83 kg nicht zu schwer geratene Hybrid-Roller für 5500 DM angeboten, doch die Nachfrage war sehr gering. Auf wartungstechnische Abweichungen gegenüber den Standard-Zweitaktern gehen wir nicht näher ein.

**Zip-Besonderheiten:** Der vordere Teil der Lenkerabdeckung ist mit einer zentralen Schraube befestigt. Die Seitenverkleidungen sind unterhalb des aus einem Segment bestehenden Oberteils fixiert. Zunächst die Klappe für die Zündkerzenprüfung abhebeln. Dann die vier Kreuzschlitzschrauben lösen, mit denen das Trittbrett befestigt ist; Trittbrett abheben. Dann ringsum alle Schrauben lösen, mit denen die

435

436

*Abb. 435*
*Zip 50 Standardmodell 1993 mit zweitem Außenspiegel und Chrom-Zubehör.*

*Abb. 436*
*1993 gab es als Sonderserie den Zip „Fast Rider" im Sport-Design.*

Verkleidungsteile am Rahmen festgehalten werden. Schließlich die Seitenteile aus den Führungsnasen aushängen, indem man sie um ca. 10 mm nach hinten schiebt. Das obere Teil, das die Sitzbank trägt, ist rückwärtig mit zwei Schrauben fixiert. Das lackierte Verkleidungs-Vorderteil ist von vorn mit drei Schrauben befestigt; die obere sitzt - wie bei Sfera - verdeckt hinter dem Piaggio-Emblem, das mit einem Schraubendreher ausgehebelt wird. Von hinten halten fünf Schrauben das Beinschild und gleichzeitig die Frontverkleidung. Die Federgabel enthält je Federbein 30 $cm^3$ Dämpferöl Essolube 20 W.

## HEXAGON: KLEINE MODELLGESCHICHTE 1994 BIS 2002; „SOFAROLLER" MIT ZWEI- UND VIERTAKTMOTOREN

**44 Jahre** nach dem Start der legendären Vespa mit Stahlblechkarosserie beschritt Piaggio 1990 völlig neue Wege und präsentierte den zukunftsweisenden Roller **Sfera** mit Stahlrohrrahmen, Kunststoffkarosserie, Triebsatzschwinge, **Zweitakt-Mittelmotor** (50 und 80 cm³ Hubraum), Fliehkraftkupplung und automatischem Keilriemenantrieb.

Weitere Neuheiten nach modernem Konzept waren der **SKR 125** ab 1993, der flüssiggekühlte **Quartz 50** ab 1992 und der **Sfera 125,** erstmals mit **Viertaktmotor** ab 1995. Damit hatte Piaggio alle Baukastenelemente zusammen, um noch einen Schritt weiter zu gehen und seinen ersten **Großroller** vorzustellen, den **Hexagon,** der **1994** auf der Bildfläche erschien und – mit Verspätung – eine Antwort auf den ab 1986 lieferbaren **Helix CN 250** von **Honda** war. Komfort und Platzangebot wurden beim Helix wie beim Hexagon großgeschrieben, **„Sofaroller"** war eine treffende Bezeichnung.

Während es sich beim Hexagon technischn um einen Quartz mit verlängertem Radstand handelte **(Flüssigkühlung** und **Scheibenbremse**

437

*Abb. 437: Der Hexagon war der erste Großroller von Piaggio und begeisterte mit seiner völlig neuartigen Linienführung, dem außergewöhnlichen Sitzkomfort und der hohen Allwettertauglichkeit. Im Bild ein Hexagon EX 150 mit flüssiggekühltem Zweitaktmotor von 1995.*

438

439

*Abb. 438: Windschutzscheibe und ein Cockpit mit Tachometer, Benzinuhr und Kühlmitteltemperaturanzeige waren serienmäßig.*

*Abb. 439: großer, abschließbarer und beleuchteter Kofferraum.*

440

vorne inklusive) war die Karosserie eine komplette Neuentwicklung. Die **aerodynamisch ausgefeilte Verschalung** bot in Verbindung mit der (starren) Windschutzscheibe sehr guten Schutz vor Wind und Wetter, der große Trittbrettbereich bot Platz auch für lange Beine und ermöglichte eine choppermäßig-relaxte Sitzposition. Voluminös, satt gepolstert und komfortabel war die **Doppelsitzbank,** die eine verstellbare Rükkenlehne für Sozius/Sozia besaß. Fußrasten für den zweiten Passagier fehlten ebenfalls nicht.

Für Vortrieb sorgten anfangs flüssiggekühlte **Einzylinder-Zweitaktmotoren** mit 125 und 150 $cm^3$ Hubraum (EX 125, 150 und LX 125). 1998 folgte das über 20 PS starke Modell LXT 180. Da der Zweitaktmotor wegen seiner schlechten Abgascharakteristik immer stärker in Verruf geriet, ließ Piaggio ihn 2000

441

*Abb. 440: 1995 haben wir den Honda Helix CN 250 und den Hexagon EX 150 miteinander verglichen. Typisch für beide Fahrzeuge war, daß man eine Sitzposition wie auf einem Chopper einnehmen konnte. Den Helix pilotiert hier der Autor.*

*Abb 441: Von vorn wirkt der Hexagon schmal und zierlich, auf jeden Fall aber perfekt aerodynamisch. Den Testroller stellte die Firma Schulz in Kommern zur Verfügung.*

| Hexagon Modellübersicht 1994-2002 | |
|---|---|
| **Modell** | **Leistung** |
| **Hexagon EX 150** | 11,5 (15,6) |
| **Hexagon EX 125** | 10,5 (14,3) |
| **Hexagon LX 125** | 10,2 (13,9) |
| **Hexagon LXT 180** | 15,0 (20,4) |
| **Hexagon LX4 125** | 7,6 (10,3) |
| **Hexagon 180 GTX** | 14,0 (19,0) |
| **Hexagon 250 GT** | 12,0 (16,4) |
| Scheibenbremse vorne, Trommelbrer | |
| **Super Hexagon 125 GTX** | 11,0 (15,0) |
| *ab 28.06.2002 mit 12-Zoll-Rädern hi* | |
| **Super Hexagon 180 GTX** | 14,0 (19,0) |
| *ab 28.06.2002 mit 12-Zoll-Rädern hi* | |
| **Super Hexagon 250 GTX** | 14,0 (19,4) |
| *Scheibenbremse vorne/hinten (wurde* | |
| ** Sv = Scheibenbremse vorne, Th =* | |

auslaufen. Als erstes **Viertaktmodell** kam 1998 der LX4 125 auf den Markt, der mit 10,3 PS aber nur mäßige Fahrleistungen bot.

Das änderte sich 2000 mit den neuen **Viertakt-Leader-Vierventil-Modellen** 180 GTX (19 PS) und Super Hexagon 125 GTX (15 PS). Schon 1997 hatte Piaggio den 250er Honda-Helix-Zweiventil-Motor zugekauft und damit ein neues Topmodell realisiert, den Hexagon 250 GT (16,4 PS). 2000 wurde daraus der Super Hexagon 250 GTX (19,4 PS), der auch hinten über eine Scheibenbremse verfügte und nebenbei über ein neues Cockpit mit Multifunktionsanzeige.

Weil die frühen Modelle mit ihren kleinen **10-Zoll-Rädern** bei langsamer Fahrt recht kippelig waren, montierte Piaggio ab 1998 nur noch **11-Zoll-Räder.** Ab 2000 und ab Modell 125 GTX rollte der Hexagon hinten sogar auf **12-Zoll-Rädern,** was sich sehr positiv auf Traktion und Fahrverhalten auswirkte, dies im Zusammenhang mit einer Teleskop-Federgabel, die bei den GTX-Typen die altmodische, gezogene Kurzschwinge ablösten. Eine zusätzliche Hilfsschwinge mit einem zweiten Federbein hinten sorgte bei den GTX-Typen für eine stabilere Hinterradführung.

442

*Abb. 442: Wie Skipper, Quartz und Sfera 125 war der Hexagon vorne mit einer leistungsfähigen und leicht zu wartenden Scheibenbremsanlage ausgerüstet. Anfangs wurden nur 10-Zoll-Räder verbaut.*

443

*Abb. 443: Auch der Hexagon besaß die mit dem Sfera eingeführte Triebsatzschwinge und die Keilriemenautomatik. Neben dem Elektroanlasser gab es einen Kickstarter.*

Die **hydraulisch betätigte Scheibenbremse** besaß bis 1998 einen 2-Kolben-Festsattel, bei einem Scheibendurchmesser von 175 mm. Ab Herbst 1998 sorgte eine 2-Kolben-Schwimmsattelbremse mit einem Scheibendurchmesser von 200 mm für Verzögerung. Hinten ging es klassisch mit Bowdenzug und **Trommelbremse** zu (110 mm Durchmesser bis 1998, danach 140 mm). Die Viertakt-Modelle GTX hatten auch hinten eine hydraulisch betätigte Scheibenbremse.

Die **Elektrik** basierte auf einer Kondensatorzündanlage *(CDI = Capacitor Discharge Ignition)* und einem Generator mit Regler, die bei laufendem Motor die Bleibatterie lud und alle Verbraucher (außer der Zündung) versorgte. Bis 1998 hatte der Hexagon einen Einzelscheinwerfer mit H4-Licht, danach einen Doppelscheinwerfer mit H7/H1-Lampen. Der Motor konnte mit einem Elektro- oder einem Kickstarter angelassen werden.

| S) | Bauzeit | Typ | Motorbauart | Kühlung | Räder | Bremsen* |
|---|---|---|---|---|---|---|
| | 1994-1998 | EXV | Zweitakt | flüssig | 10 Zoll | Sv/Th |
| | 1996-1998 | EXS | Zweitakt | flüssig | 10 Zoll | Sv/Th |
| | 1998-2000 | ZAPM05 | Zweitakt | flüssig | 11 Zoll | Sv/Th |
| | 1998-2000 | ZAPM06) | Zweitakt | flüssig | 11 Zoll | Sv/Th |
| | 1998-2000 | ZAPM15 | Viertakt | Luft | 11 Zoll | Sv/Th |
| | 2000-2001 | ZAPM20 | Viertakt Leader 4V | Luft | 11 Zoll | Sv/Th |
| | 1997-1999 | ZAPM1400x | Viertakt Honda 2V | flüssig | 11 Zoll | Sv/Th |
| nten | | | | | | |
| | 2000-2002 | ZAPM20 | Viertakt Leader 4V | Luft | 11/12 Zoll | Sv/Th |
| ıd Teleskopgabel, Zusatz „Super" in der Typenbezeichnung entfällt | | | | | | |
| | 2000-2002 | ZAPM20 | Viertakt Leader 4V | Luft | 11/12 Zoll | Sv/Th |
| ıd Teleskopgabel, Zusatz „Super" in der Typenbezeichnung entfällt | | | | | | |
| | 2000-2002 | ZAPM1400x | Viertakt Honda 2V | flüssig | 11/12/Zoll | Sv/Sh |

eutschland nicht über das offizielle Händlernetz verkauft, nur einige wenige Grauimporte).
ommelbremse hinten, Sh = Scheibenbremse hinten     Quellen: Wikipedia, Delius Klasing

## GEBRAUCHTER HEXAGON: AUCH NACH ÜBER 20 JAHREN NOCH WEITGEHEND GUT IN SCHUSS

444

Während sich der Hexagon ab 1994 als Neufahrzeug verkaufte *„wie geschnitten Brot"* (Zweiradmechainkermeister und langjähriger Piaggio-Händler Rainer Schulz aus Kommern) war er 20 Jahre später als **Gebrauchtroller** nur noch schwer absetzbar. Die ab den späten 1990er Jahren einsetzende Flut von Großrollern mit schickem Design und starken Motoren ließ die **Preise** für gebrauchte Hexagon fast ins Bodenlose fallen. Für gut erhaltene Viertakter der letzten Baujahre konnten durchschnittlich nur noch 1000 Euro erzielt werden. Und es hat sich ja

*Abb. 444: Für Dokumentationszwecke in der 6. Auflage dieses Buchs kauften wir 2018 diesen sehr gut erhaltenen Hexagon EX 125.*

445

cherlich den Preis, war aber auch Beweis für die **Robustheit** und **Langzeit-Zuverlässigkeit** dieses Modells, das durchaus als **Meilenstein der Piaggio-Geschichte** bezeichnet werden darf und inzwischen eigentlich schon in jede Rollersammlung gehört.

Auf der Straße ist man mit diesem Youngtimner immer noch flott unterwegs, **der 14,5 PS starke Zweitaktmotor** sorgt für fulminante Beschleunigung und eine Spitze von gut 100 km/h. Und weil der **Wetterschutz** vorbildlich ist, macht der

446

*Abb. 445: Unser über 20 Jahre alter Hexagon hat seine 80 000 Kilometer weitgehend schad- und absolut unfallfrei überstanden.*

*Abb 446: Im Frühjahr 2019 sind die Verkleidungsteile bis auf den Vorderkotflügel demontiert. Der Roller ist hier noch nicht gereinigt.*

auch der Geschmack geändert. Weil der Hexagon heutzutage eher skurril wirkt, wird er vielfach nur wegen seines Aussehens abgelehnt.

Für den auf diesen Seiten gezeigten **Hexagon EX 125** mit flüssiggekühltem Zweitaktmotor, Erstzulassung 10. Juni 1996, mußten wir Ende 2018 nur 400 Euro bezahlen, und dies, obwohl sich das Fahrzeug in optisch wie technisch gutem Zustand befand und sogar noch eine gültige TÜV-Plakette besaß. Die hohe Laufleistung unseres Rollers von **knapp 80.000 km** drückte si-

Hexagon sogar bei Wind und Regen Spaß. Die extreme **Handlichkeit** ist nützlich im Stadtverkehr, aber eher unpraktisch bei niedrigen Geschwindigkeiten z.B. im Stau. **Komfort** und **Nützlichkeit** (großer, abschließbarer Kofferraum!) sind nach wie vor beispielhaft.

Natürlich wollten wir wissen, wie sich die bunte, bis auf ein paar Kratzer noch sehr ansehnliche Schale abnehmen läßt und wie es darunter aussieht. Dies dokumentieren wir auf den folgenden Seiten.

## Gebraucht-Hexagon von 1996: ins Auge fallende Mängel

449

Unter der optisch noch ansehnlichen Plastikverkleidung unseres Hexagon 125 von 1996 sieht es nicht schön aus. Offenbar wurde die Technik seit langem nicht mehr gereinigt. Die **Tanks** und der **Unterboden** sind von Ölschlamm bedeckt, Motor und Antrieb sind so **verschmutzt,** daß man den Vergaser regelrecht suchen muß. Nach aufwendiger Reinigung mit Dampfstrahler und Entfetter zeigt sich, daß ein Kabel des Automatikchokes abgerissen, das andere beschädigt ist. Wir löten die Schadstellen. Die **Gummitülle** zwischen Vergaser und Zylinder ist **rissig,** sie wird mit Sikaflex abgedichtet. Typisch sind abgerissene oder **abgebrochene Halter** an den Seitenverkleidungen. Auch das Rücklicht ist beschädigt. An einigen Elementen wurde mit einem Schraubendreher herumgehebelt.
Wie bei allen klassischen Vespa- und Piaggio-Modellen läuft das **Kugellager** des oberen Lenkkopflagers frei. Folge: Das Fett ist ausgetreten und hat sich auf dem Lenkrohr niedergeschlagen. Bis zum Verrosten und Klemmen ist es dann nicht mehr weit. Und die Bremsflüssigkeit steht unter der Minimum-Marke. Viele **Schrauben** lassen sich später nur mit viel Fummelei wieder einsetzen.

447

450

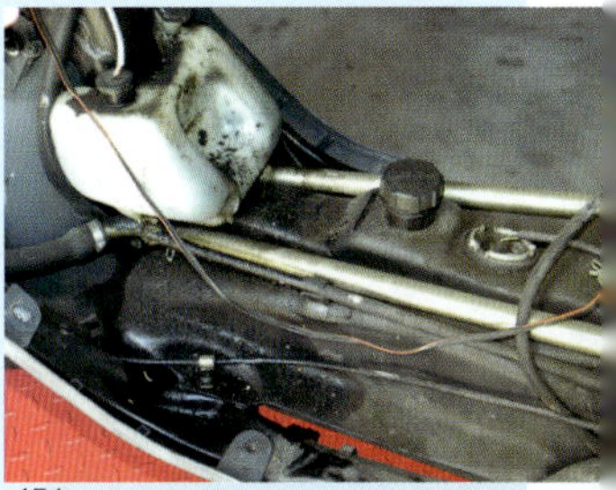

451

448

*Fahrbereit und mit TÜV, aber versteckte Mängel. 447: Tachostand nach 22 Jahren Einsatz: 79 662 km. 448: Membranzuführung ist rissig. 449: Antrieb, Rahmen, Kabel völlig verdreckt. 450: oberes Lenkkopflager trockengelaufen, Fettablagerungen darunter. 451: Öl- und Benzintank mit Ölschlamm bedeckt. 452: Kabel am elektrischen Choke gebrochen; hier werden sie gelötet. 453: Plastikhalterungen an Seitenverkleidungen abgerissen. 454: abgebrochene Seitenteilbefestigung.*

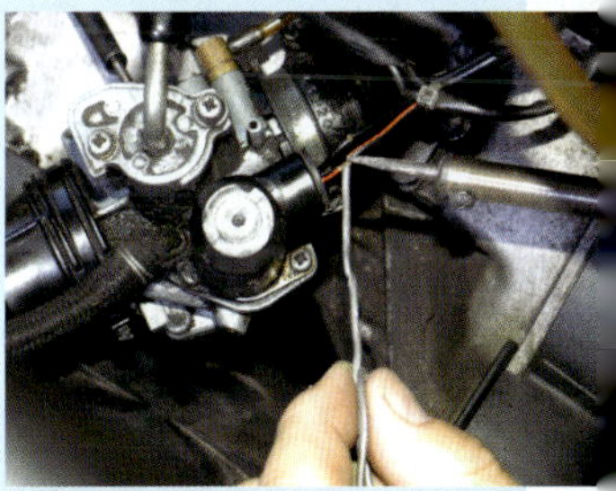

452

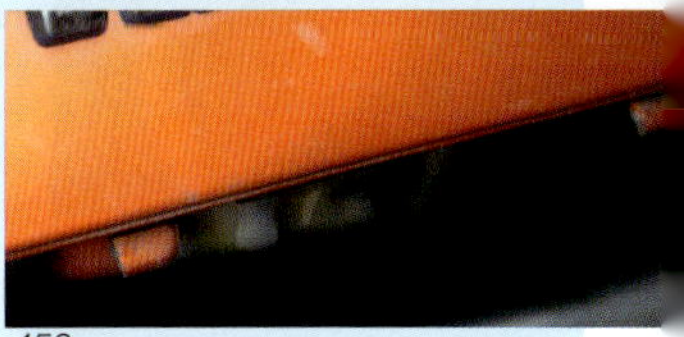

453

454

# HEXAGON: KAROSSERIE UND ANBAUELEMENTE ABBAUEN

*Abb. 455: Batterie abklemmen, zuerst den Minuspol. 456: Inbusschrauben SW 10 der Haltegriffe lösen. 457: unten die Inbusschrauben SW 6 ausdrehen. 458: Träger trennen. 459, 460: im Kofferraum Kappen abhebeln, Muttern SW 15 lösen. 461: Haltegriffe und Rückenlehne abgenommen. 462: Drei Schrauben halten die Blende.*

## Karosserie: Demontage

Daß der Hexagon von vorne bis hinten mit insgesamt einem **Dutzend Plastikelementen** verschalt ist, hat Vor- und Nachteile. Positiv sind die gute Aerodymamik und der ausgezeichnete Wetterschutz der im Windkanal optimierten Karosserie. Praktisch ist auch, daß bei einer Beschädigung nur einzelne Teile ausgewechselt werden müssen.

Wartung und Reparatur hingegen werden in bestimmten Bereichen erschwert (und in der Werkstatt erheblich teurer), weil es ziemlich aufwendig ist, die voluminösen **Seiten- und Bodenverkleidungen** abzunehmen und wieder anzubringen. Auch der Vorbau hat es in sich. Erschwert wird die Sache auch dadurch, daß viele **Schrauben verdeckt** sind und später wieder fummelig eingeführt werden müssen. Der Vorbesitzer unseres Hexagon 125 ist wohl schon ein paar Mal daran verzweifelt, wie unschöne Hebelspuren, abgebrochene Haken und Ecken sowie fehlende Schrauben bezeugen. Wir beschreiben die Arbeiten in der erforderlichen Abfolge, denn die Elemente sind teilweise **ineinander verschachtelt.**

## Haltegriffe, Lehne, Gepäckträger ausbauen

Die drei Elemente sind miteinander verschraubt. Sie müssen auch de-

455

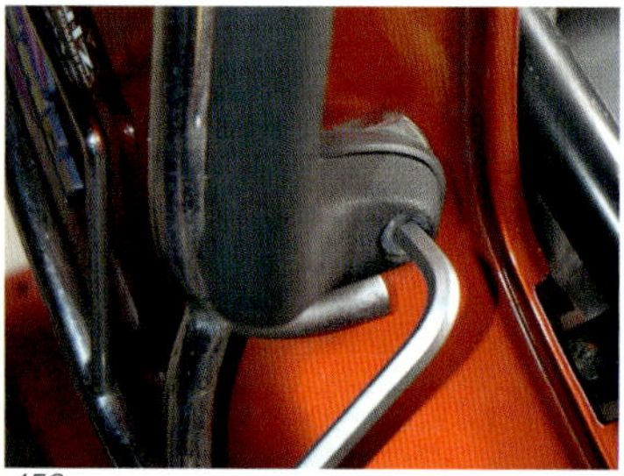

456

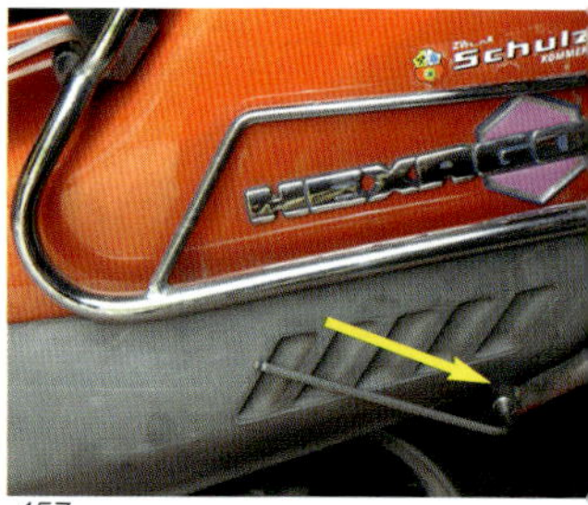

457

458

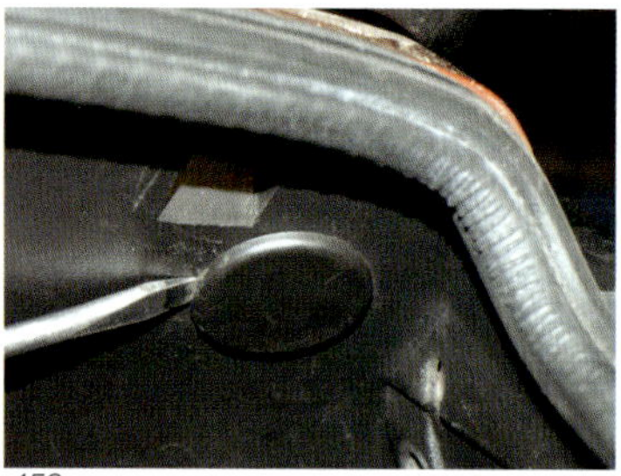

459

460

461

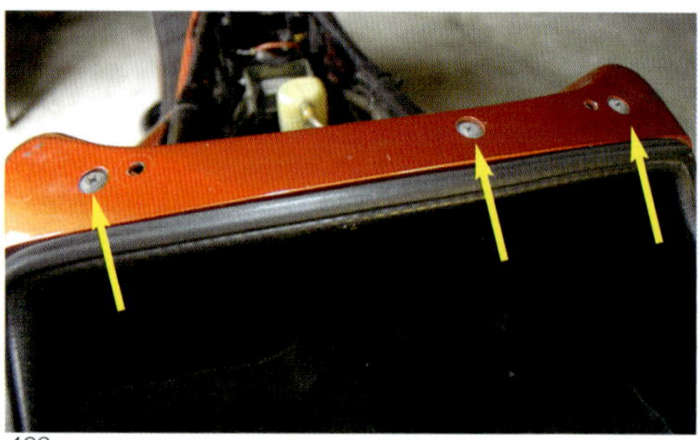

462

montiert werden, wenn der Kofferraum abgenommen werden soll. Zuerst wird die **Sitzbank** abgenommen. **Haltegriffe** und **Gepäckträger** sind oben rechts und links mit Inbusschrauben SW 10 befestigt. Die rückwärtige Verschraubung von Griffen und **Rückenlehne** ist nach Ahebeln der **Kunststoffkappen** im Kofferraum zugänglich; mit einem Steckschlüssel die beiden **Muttern SW 15** ausdrehen und Griffe sowie Rückenlehne abnehmen.

Zum Abnehmen des **Gepäckträgers** müssen zusätzlich die unten liegenden **Inbusbolzen SW 6** ausgedreht werden; sie halten auch die Enden der unteren **Seitenverkleidungen.** Der Träger kommt aber nur frei, wenn er zusätzlich getrennt wird, wozu die mittleren Inbusschrauben SW 8 und ihre Gegenmuttern SW 13 gelöst werden müssen. Wer das nicht tut, verkratzt das Topcase unweigerlich.

## Blende ausbauen

Die lackierte **Blende** vor dem Kofferraum wird von drei KS gehalten. Zu ihrem Ausbau müssen Sitzbank, Rückenlehne und Haltebügel demontiert sein. Sie muß z.B. auch entfernt werden, wenn man die **Glüh-**

***Abkürzung „KS“ im Text = Kreuzschlitzschraube***

463

*Abb. 463: Blick auf die Kofferraum-Vorderseite mit der Beleuchtung. Unten die abgenommene Blende.*

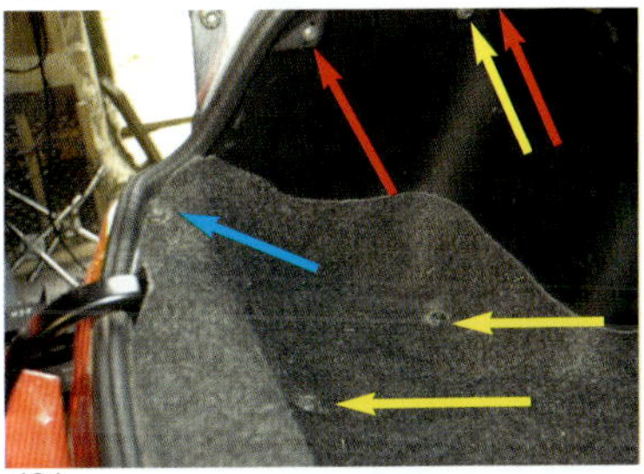
464

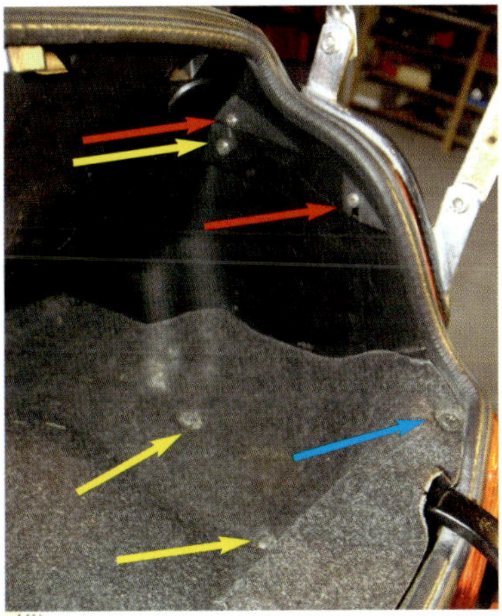
465

*Abb. 464, 465: Die gelben Pfeile weisen auf die Schrauben M 8 der Kofferraumbefestigung hin. Blaue Pfeilwe: Heckblendenbefestigung. Rote Pfeile: Blechschrauben für die Seitenteile.*

466

*Abb. 466: Zum Wechseln der Glühlampe der Kofferraumbeleuchtung müssen die Sitzbank und die Heckblende abgenommen werden.*

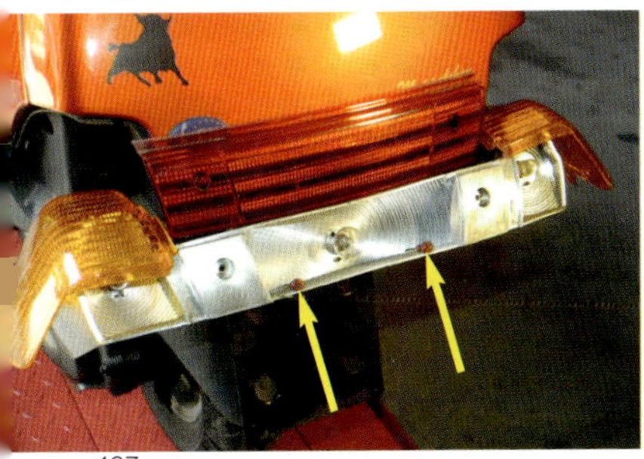
467

*Abb. 467: Verglasung von Heckleuchte und Blinkern sowie der gemeinsame Reflektor werden zusammen von zwei Spezialschrauben gehalten (sie liegen hier unten im Reflektor). Die Heckverglasung ist oben links gebrochen.*

**lampe** der Kofferraum-Beleuchtung auswechseln will. Der Lampenhalter wird aus seinem Sitz gedrückt und ausgefädelt. Bei einem Wiedereinbau der **lackierten Seitenteile** muß die Blende gelockert und hochgehoben werden, weil sonst die Verbindungselemente nicht passen.

### Heckelektrik abklemmen

Den Spritzschutz mit Kennzeichenhalterung kann man erst abnehmen, wenn die **Elektrik** abgeklemmt ist. Das ist einfach: Heckleuchte und Blinker werden zusammen von zwei rot eingefärbten KS-Spezialschrauben gehalten. Vorsicht beim Wiedereinbau: Bruchgefahr. Nach dem Ausdrehen werden die **Kabelstecker** von den Reflektorrückseiten abgezogen, vorher am besten eine Zeichnung anlegen und darauf die Kabelfarben markieren.

### Spritzschutz und Kofferraum ausbauen

Der Kofferraum ist auf jeder Seite und hinten mit KS-Maschinenschrauben befestigt, wobei die hinteren KS auch den **Spritzschutz** halten. Dieser ist zusätzlich von unten mit einer zentralen Schraube fixiert, und die findet man nicht auf Anhieb, weil sie in der Regel vom Straßenschmutz völlig zugesetzt ist. Der Kofferraum läßt sich nur bei demontiertem Spritzschutz abnehmen.

### Seitenverkleidungen grau und lackiert, Trittgummis, Fußrasten abnehmen

Die obere lackierte Verkleidung ist zusammen mit der unteren grauen Verkleidung auf jeder Seite mit zahlreichen Schrauben befestigt. Die **mittlere große KS unten** und die **kleine KS oben** ausdrehen; diese bei-

468

*Abb. 468: Der Kofferraum läßt sich nur aus- und einbauen, wenn die Heckblende mit dem Nummernschildträger abgeschraubt wird. Die untere Schraube ist schwer zugänglich und macht vor allem beim Wiedereinbau Schwierigkeiten. Die Technik des Rollers ist auf diesem Foto bereits gründlich gereinigt. Im Hintergrund der „Wald" der abgenommenen Plastikteile.*

469

den Schrauben verbinden die beiden lackierten Seitenverkleidungen. Dann die **mittige KS** an der Oberkante lösen. **Hinten** sitzt jeweils **eine weitere KS;** sie ist nur nach Ausbau von Heckleuchte und Blinkern erreichbar.

Um an die **unteren Schrauben** (fünf auf jeder Seite) heranzukommen, müssen zuerst die **Trittgummis** abgenommen werden, ein kurzes und ein langes Element auf jeder Seite. Die Gummis werden von **Noppen** gehalten, lassen sich zwar leicht abziehen, aber weniger einfach wieder befestigen; man muß mit der Klinge eines Schraubendrehers nachhelfen.

Zuerst bauen wir das untere **graue Element** ab; Vorausset-

*Abb. 469: Rückseite der ausgebauten Heckblende mit dem Loch für die Klammer der untere Befestigung.*

470

*Abb. 470: Die Kabel für die Heckbeleuchtung werden durch die Blende geführt. Blechschrauben halten die Kennzeichenleuchte.*

471

*Abb. 471: die abgenommenen Trittgummis.*

*Abb. 472-474: Die Schrauben der lackierten Seitenverkleidung; die hintere wird durch die Heckblende hinweg gedreht.*

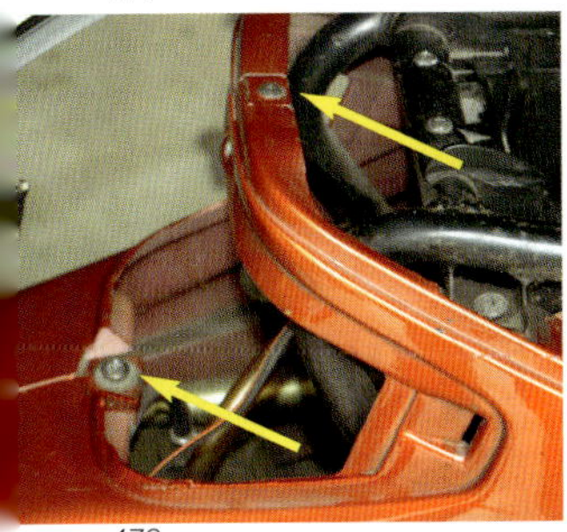

472

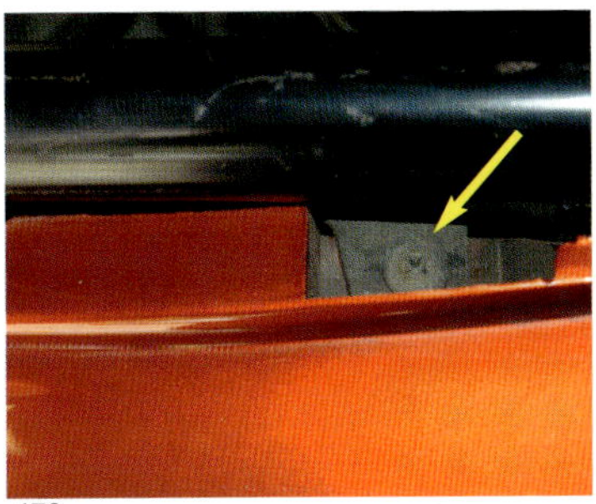

473

474

Abb. 475: Die graue Verkleidung wird zuerst abgebaut (drei KS, blaue Pfeile plus Bolzen hinten rechts). Gelbe Pfeile: drei KS der lackierten Verkleidung.
476: Vorne/unten sitzt noch eine KS.
477: Gelbe Pfeile = (abgebrochene) Haken, roter Pfeil: nach vorne schieben; blaue Pfeile: Befestigung vorn und hinten.

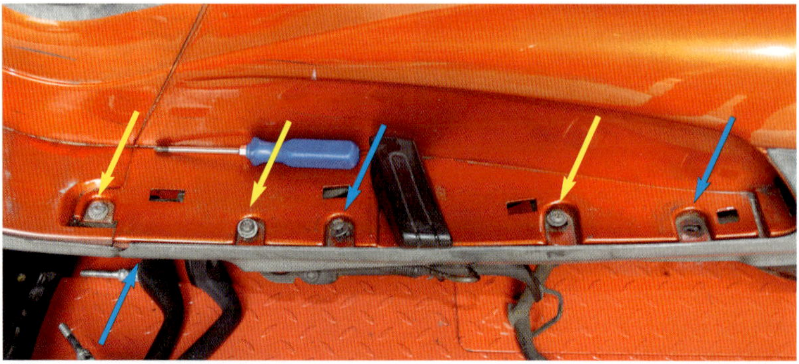

475

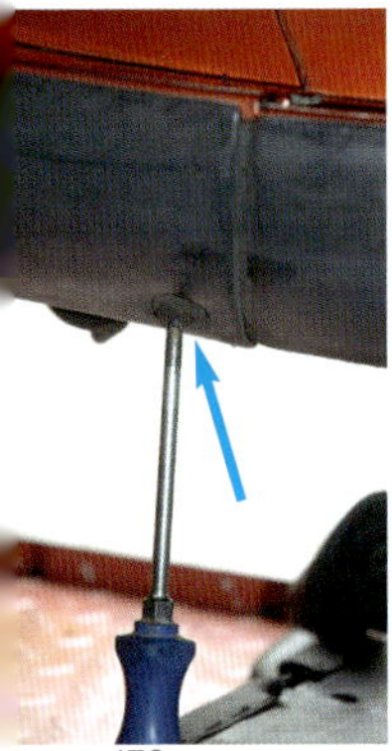

476

477

Abb. 478: Gummikappen abnehmen und Fußrasten abschrauben (je zweimal M6 SW 10).
479: vordere Befestigung des Tankschachts. 480: mittlere Schachtbefestigung. 481: Tankdeckel und Dichtung abnehmen; Pfeil: Schraubendreher als Hebel.

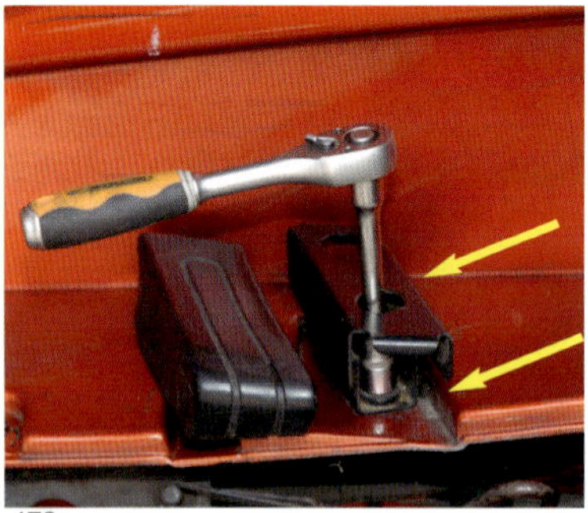

478

zung: Der Gepäckträgerbolzen SW 6 hinten ist bereits ausgedreht. Oben ist die graue Blende mit zwei, vorne unten mit einer weiteren KS befestigt. Dann **Achtung:** Das **graue Element** nach vorne schieben, damit es von den jeweils vier **Haken** frei kommt, die bei unserem Fahrzeug auf der linken Seite bereits alle abgerissen waren.

Zum Ausbau des **lackierten Seitenteils** müssen nun zusätzlich

479

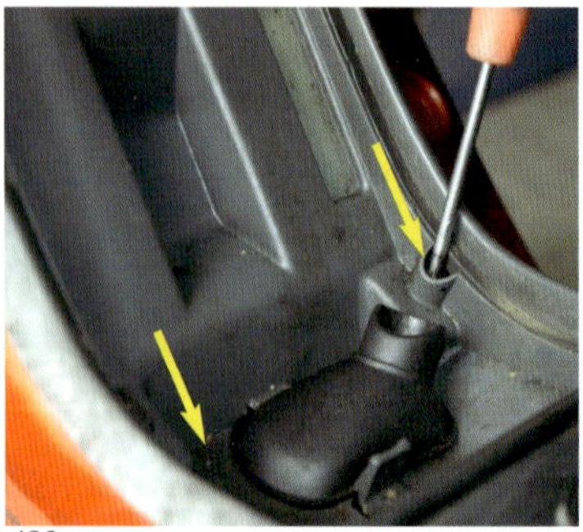

480

481

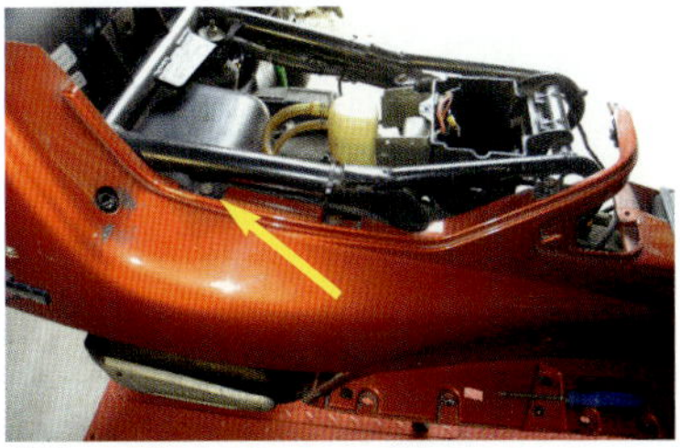
482

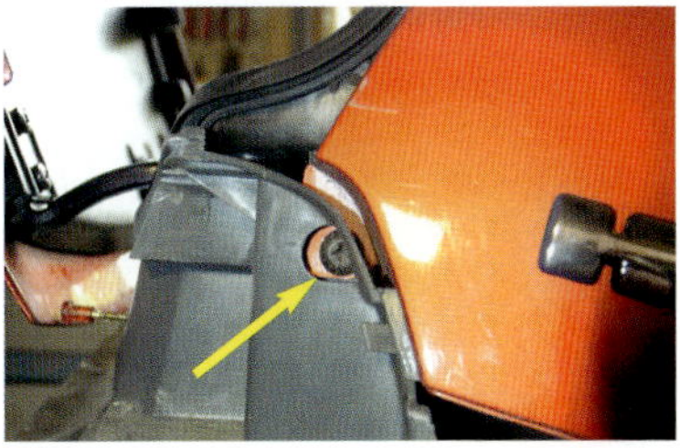
483

*Abb. 482, 483: mittlere und hintere Befestigung der rechten Seitenverkleidung.*

*Abb. 484: Trittgummis, graue und lackierte Seitenverkleidung sind jetzt auch auf der rechten Seite demontiert.*

*Abb. 485: Das Mittelteil ist rechts und links mit je drei KS befestigt. Die hinteren wurden bereits beim Ausbau der Seitenteile gelöst. Bleiben zwei KS auf jeder Seite.*

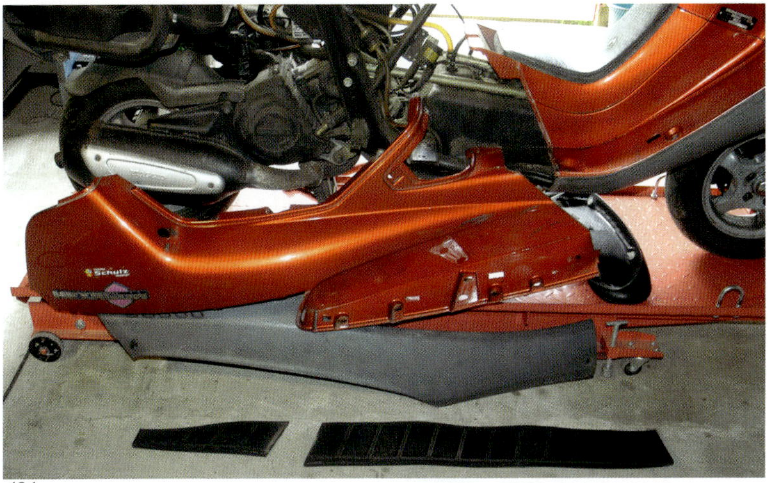
484

unten noch drei KS und die Fußrasten abgenommen werden. Dazu die **Gummis** abziehen und die jeweils zwei **Schrauben SW 10** mit einer Stecknuß samt Verlängerung ausdrehen. Erst danach lassen sich die lackierten Seitenelemente komplett abnehmen.

Beim **Wiedereinbau** der Seitenteile müssen die Blende vor dem Kofferraum und der Spritzschutz am Heck gelockert sein, weil sonst die **Positionierungslaschen** nicht eingeführt werden können.

**Mittelsegment ausbauen**

Klappe mit dem Schlüssel öffnen, **Deckel des Benzintanks** und die große **Gummidichtung** abnehmen; dazu mit einem kräftigen Schraubendreher von unten hebeln (vor dem Wiedereinbau mit Föhn erhitzen). Jetzt **im Schacht** die beiden kleinen KS vorne und die beiden mittleren KS ausdrehen; die hinter-

485

*Abb. 486: Die kleinen KS hinten befestigen den Tankschacht am Mittelteil.*

*Abb. 487: Das mittlere Teil wird zusammen mit dem Schacht abgenommen.*

*Abb. 488, 489: Die beiden Abdeckungen der Montageöffnungen für die Scheinwerferbefestigung sind mit je zwei KS fixiert.*

*Abb. 490: Nach Lösen einer KS kann der Sicherungshalter abgeklappt werden.*

*Abb. 491, 492: Die Scheinwerferverschraubung in den Schächten links und rechts.*

486

487

488

489

490

491

492

493

494

*Abb. 493: Entnehmen der Schraube mit dem Magneten. Abb. 494: Vorziehen der Beleuchtungseinheit. Abb. 495: Abnehmnen des Kabelsteckers. Abb. 496: Lösen der Spiegelschrauben mit Inbusschlüssel SW 8.*

495

496

497

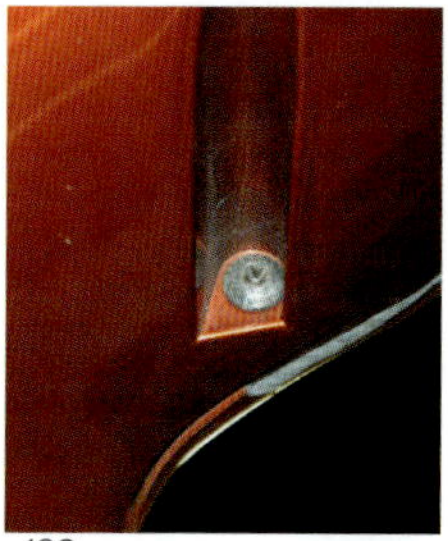

498

499

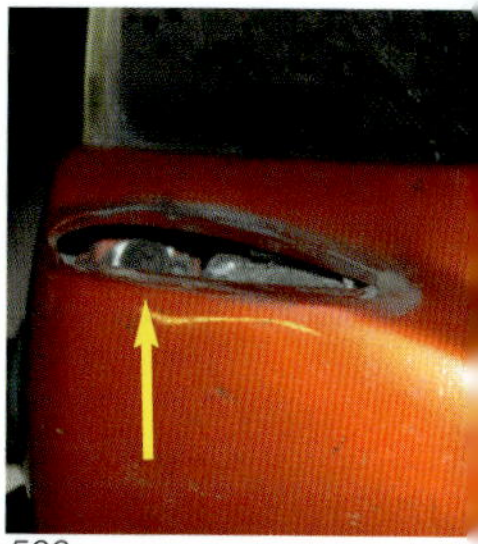

500

ten KS können drinbleiben, sie halten den Schacht am Segment fest.

An den **unteren Rändern** ist das Mittelteil mit je drei großen KS M8 befestigt, wobei wir die rückwärtigen bereits abgenommen haben. Nach Lösen der verbliebenen vier KS kommt das Mittelsegment frei. Nicht vergessen, den **Tankdeckel** wieder aufzusetzen, damit nichts hineinfällt.

### Scheinwerfer-/Blinker-Kombination ausbauen

Um an die Befestigung heranzukommen, müssen zuerst die beiden transparenten **Montagedeckel** abgebaut werden, sie sind mit je zwei KS befestigt. Dahinter werden zwei KS M8 sichtbar, die nun ausgedreht werden. Aus den tiefliegenden Höhlen bekommt man sie am besten mit einem **Magneten** heraus, der auch beim Einbau nützlich ist. **Scheinwerfereinheit** vorziehen und **Multistecker** abziehen. Defekte **Glühlampen** lassen sich nun auswechseln.

501

502

*Abb. 497, 498: die untere Verschraubung der vorderen Lenkerverkleidung.*

*Abb. 499, 500: die Schlitze für das Losen der beiden vorderen Verkleidungs-KS.*

*Abb. 501: Die Frontscheibe ist mit drei KS M8 befestigt.*

*Abb. 502: Die Pfeile zeigen auf die Befestigungs-KS der hinteren Verkleidung, die auch die Instrumente trägt.*

### Lenkerverkleidungen mit Instrumententräger, Windschild abnehmen

Die **vordere Lenkerverkleidung** ist hinten/unten und vorn mit je zwei kleinen KS befestigt; die vorderen

Abb. 503: Frontteil und Beinschild sind oben durch zwei KS M8 verbunden.

Abb. 504: Vier KS M8 fixieren das Frontelement im Scheinwerferschacht.

Abb. 505: Das Beinschild ist mit zwei KS am Rahmen befestigt; gelber Pfeil KS Nr. eins; blauer Pfeil: Schraube des Ausgleichsbehälters; sie muß zuerst raus.

Abb. 506: die Gewindeklammer für KS Nr. zwei.

Abb. 507, 508: die beiden KS der seitlichen Beinschildbefestigung.

sind durch Schlitze zugänglich. Die **hintere Verkleidung,** die auch als **Instrumententräger** dient, ist mit zwei weiteren KS fixiert. **Tachometer** und **Instrumente** können nach Lösen der **Tachowelle** und der **Kabelstecker** abgenommen werden wie wir es im Prinzip weiter vorn bei anderen Modellen bereits gezeigt haben. Auch die kleinen **Kontroll-Lampen** sind jetzt zugänglich. Drei KS mit großen Unterlegscheiben halten die **Windschutzscheibe.**

## Frontverkleidung und Beinschild ausbauen

Die beiden großen Elemente sind teilweise miteinander verbunden. Zum Trennen die vier großen KS ausdrehen, die **im Scheinwerferschacht** sitzen. Zusätzlich in der Mitte von unten eine KS lösen. Danach kann der **„Bug“** abgenommen werden.

Das **Beinschild** ist oben mit zwei und seitlich mit je einer kleinen KS festgeschraubt. An die linke obere kommt man nur nach Lösen der Schraube am **Ausgleichsbehälter** heran. Vor dem Abnehmen noch den **Kabelstecker** abziehen.

Der **Frontkotflügel** mit dem integrierten Unterbau kann nur abgenommen werden, wenn Lenker, Arma-

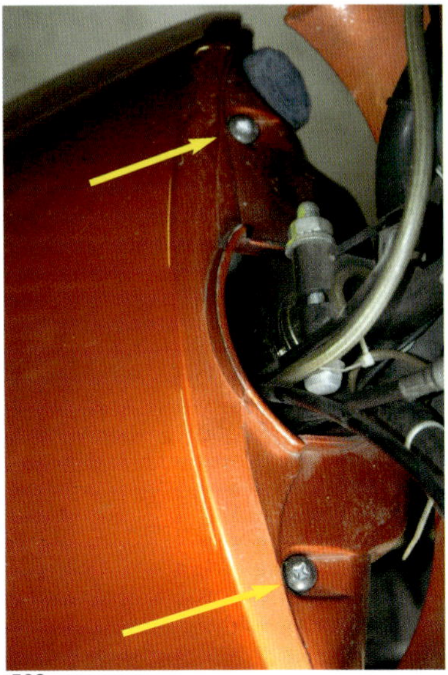

503

504

505

506

507

508

turen und Lenkrohr ausgebaut wurden – ein genauso komplizierter Vorgang wie bei der klassischen Vespa mit Blechkarosserie. Hier wäre ein mittig geteiltes Element ein echter Fortschritt gewesen.

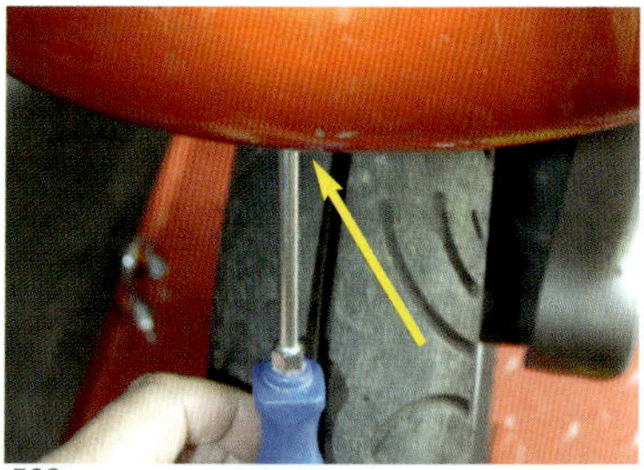

509

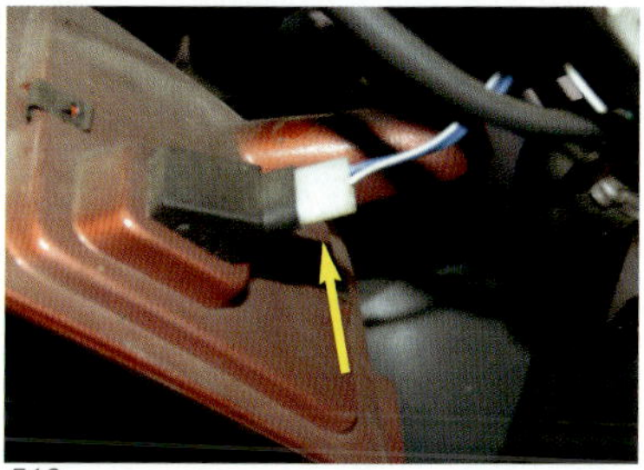

510

511

*Abb. 509: Zum Abbau des Frontelements muß unten in der Mitte eine weitere KS ausgedreht werden; sie fehlte bei unserem Roller.*

*Abb. 510: Vor dem Abnehmen des Beinschilds den Kabelstecker abziehen.*

*Abb. 511: Den Sicherungshalter (Pfeil) durchfädeln und Beinschild abnehmen.*

*Abb. 512: Die „Sammlung" der abmontierten Plastikteile und Anbauelemente ist beeindruckend. Für viele Arbeiten muß das alles abgebaut werden!*

512

## HEXAGON-KÜHLSYSTEM

Der Hexagon gehört zu den ersten Piaggio-Modellen mit **Flüssigkühlung.** Inzwischen sind alle modernen Roller des Herstellers mit diesem aufwendigen System ausgerüstet.

Bei unserem Gebrauchtroller mit fast 80.000 km Laufleistung haben wir nicht den geringsten Mangel festgestellt, was beachtlich ist. Alle Klemmen und Schellen dichteten perfekt ab, kein einziger Schlauch war porös. Treten hier Mängel auf, muß zu Kontrolle und Reparatur fast die ganze Karosserie abgebaut werden.

Die **Kühlflüssigkeit** wird von einer im Motor befindlichen **Pumpe** umgewälzt. Sie steigt über ein **Metallrohr** und einen **Schlauch** zum hinter der Frontmaske sitzenden **Kühler** auf und fließt von da über einen zweiten Schlauch und ein zweites Rohr zurück zum **Kühlmantel des Motors,** der ohne Kühlrippen auskommt. Zum System gehören der **Ausgleichsbehälter** hinter dem Frontschild und der **Thermoschalter,** der den **Kühlventilator** in Gang setzt, wenn die Flüssigkeitstemperatur 90 °C übersteigt. Ein **Thermo-**

*Abb. 513: Der transparente Ausgleichsbehälter ist mit einer einzigen KS befestigt.*

*Abb. 514: Der Kühler ist großzügig dimensioniert.*

*Abb. 515: Kühlmittelschlauch mit Schelle am Rohr.*

513

514

515

516

517

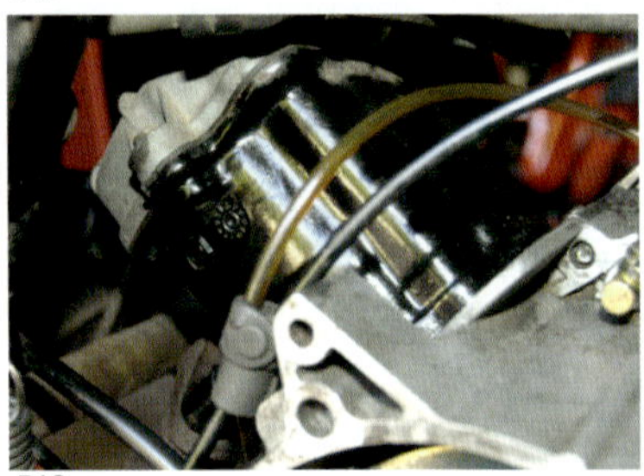

518

*Abb. 516: Rücklaufschlauch und Thermofühler (rot). 517: Thermofühler (rot und Kühlventilator. 518: der Zylinder.*

519

520

**fühler** oben auf dem Zylinderkopf meldet die jeweilige Temperatur an die **Anzeige** im Instrumentenblock. Ebenfalls auf dem Zylinderkopf sitzt der **Thermostat,** der den Kühlmittelfluß zum Kühler ab 80 °C freigibt. Auch in diesem Bereich haben wir keine Auffälliggkeiten festgestellt. Weitere Informationen zur Flüssigkühlung finden sich weiter vorn im Buch (Quartz).

*Abb. 519: zwei lange Rohre verbinden die Schläuche am Kühler und die Schlauchzuführungen am Motor.*

*Abb. 520: Blick auf den flüssiggekühlten Zylinderkopf; roter Pfeil: Thermostatgehäuse; gelber Pfeil: Thermofühler. In der Mitte die Zündkerze mit ihrem Stecker.*

*Abb. 521: unser gestrippter und gereinigter Hexagon von 1996 auf der Wartungsbühne. Im Hintergrund die zahlreichen demontierten Elemente.*

521

522

523

524

525

*Abb. 522: Öltank (oben links) und Benzintank mußten erst einmal gründlich gereinigt werden.*

*Abb. 523: Die beiden Schaumstoffplatten des Luftfilters wurden ausgewaschen.*

*Abb. 524: Schiebervergaser mit der verlängerten Leerlaufeinstellschraube (beim Luftfiltereinbau nach vorne schieben). 525: E-Choke und Ansaugelement.*

## BENZINVERSORGUNG

Auch zu Reinigungs- und Wartungsarbeiten von Elementen der **Benzinversorgung** muß der Hexagon „ausgezogen“ werden. Der **Zweitaktmotor** unseres Modells wird vom **Benzintank** und vom separaten **Öltank** (Getrenntschmierung) mit Treibstoffgemisch versorgt. Die von der Kurbelwelle angetriebene **Ölpumpe** dosiert die Ölmenge, die zum Vergaser fließt. Die Dosierung wird wie z.B. bei der Sfera über einen mit dem Gaszug gekoppelten **Bowdenzug** reguliert. Das **Benzin** wuird über eine **elektrische Pumpe, Ausgleichsbehälter** und **Sieb** dem klassischen, seilzugbetätigten **Schieber-Vergaser** zugeführt

Die angesaugte Luft wird von zwei **Schaumstoffplatten** gefiltert, die nach Abschrauben des Deckels zugänglich sind und ausgewaschen werden können. Das aus Gummi bestehende **Verbindungsrohr zur Membran** ist rissig und wird mit Sikaflex abgedichtet, da sonst Leistung und Verbrauch beeinträchtigt werden. Das **Standgas** kann über eine Schraube mit Verlängerung reguliert werden; korrekt ist ein Ausdrehen der Schraube ab Null um 1 3/8 Umdrehungen. Der Startvorgang wird durch einen **elektrisch betätigten Choke** erleichtert, der sich oben auf dem Vergaser befindet. Die beschädigten Kabel haben wir neu verlötet.

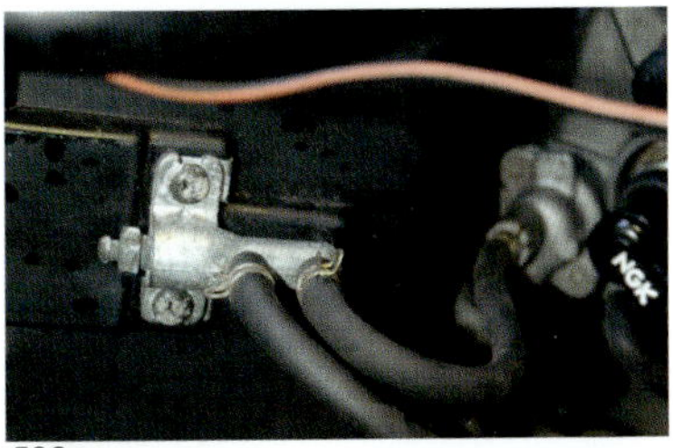

526

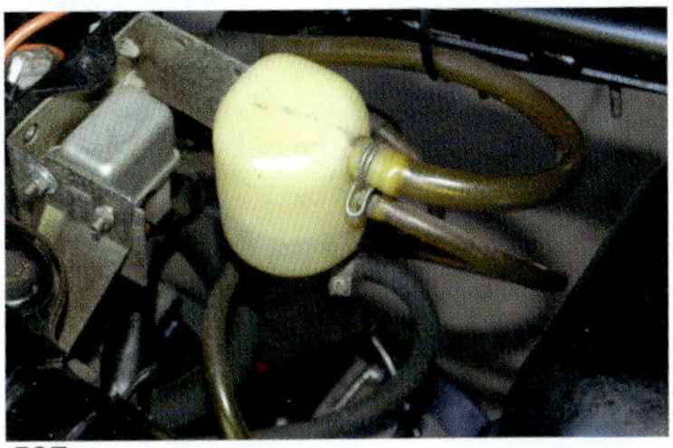

527

528

529

Bei unserem Roller waren zahlreiche Elemente des Systems **ölverschmutzt:** an den Tanks durch vergossenes Öl beim Nachfüllen, beim Vergaser durch undichte Zuführungen. Wir haben alles mit Motorreiniger und einem behutsam eingesetzten Dampfstrahler gesäubert, an einer Waschstation mit Ölabscheider.

## ELEKTRIK-KOMPONENTEN

Die Elektrik des Hexagon entspricht dem üblichen Standard. Ein elektrisch betätigter **Anlasser** erleichtert den Startvorgang, wobei er (bei eingeschalteter Zündung) nur dann arbeitet, wenn gleichzeitig ein **Bremshebel** gezogen wird. Dreht er dann trotzdem nicht, ist meist die **Batterie** entladen oder das Anlasserrelais ist defekt. Die Batterie sitzt gut zugänglich unter der Sitzbank und sollte bei längeren Standzeiten ausgebaut und regelmäßig geladen werden.

Die **Zündung** wird über eine **Elektronikbox** sowie eine elektronische **Zündgeberspule** gesteuert und ist wartungsfrei. Die **Bordelektrik** ist komplex und umfaßt unter anderem Blinkanlage, Scheinwerfer, Rücklicht, Kennzeichenbeleuchtung zahlreiche Kontrollampen nebst Sensoren und den entsprechenden Schaltern. Die **Benzinuhr** ist mit dem Benzinstandgeber verkabelt. Auch die Kontrolle der **Kühlmitteltemperatur** und der **Thermoschalter** des Ventilators arbeiten elektrisch. Zur Überprüfung von Steckern und Kabeln müssen stets Verkleidungsteile abgebaut werden.

532

533

530

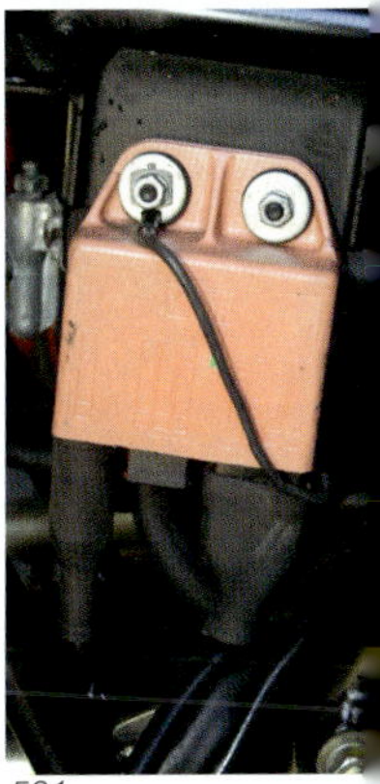

531

*Abb. 526: Verteiler. 527: Ausgleichsbehälter. 528: elektrische Benzinpumpe und Schläuche. 529: Benzinfilter und Hochspannungs-Zündspule.*

*Abb. 530: Die seilzugregulierte Ölpumpe wird von der Kurbelwelle angetrieben.*

*Abb. 531: Zündelektronik. 532: Hupe und Relais (abgeschraubt).*

*Abb. 533: Der elektrische Anlasser greift in die treibende Riemenscheibe ein.*

534

535

536

Abb. 534: Motor und Auspuff.

Abb. 535: Eine Abdeckung aus Alu schützt den Antrieb. Bereits abmontiert sind hier Geräuschdämmung, Plastikverkleidung Luftfiltergehäuse.

## MOTOR UND ANTRIEB

Wie bei allen Piaggio-Rollern sind Motor und Antrieb miteinander verblockt **(„Triebsatzschwinge").** Die Kurbelwelle überträgt die Kraft auf eine variable Riemenscheibe, die über einen Keilriemen mit der **Fliehkraftkupplung** und der angetriebenen Riemenscheibe in Verbindung steht. Von dort aus wird die Kraft auf die Zahnräder von Getriebe und Achsantrieb übertragen. Die rechts auf der Kurbelwelle sitzende **Lichtmaschine** versorgt Bordnetz und Zündung mit Strom.

Alles Wissenswerte zu Arbeiten an Motor und Antrieb haben wir ausführlich vorne im Buch beschrieben, vor allem bei den Zwei- und Viertakt-Modellen von Sfera sowie bei Quartz und Skipper.

537

538

539

Eine **Abdeckung** aus Leichtmetall schützt den Riemenantrieb (10 Schrauben M6 SW 7). Darüber sind mit eigenen Schrauben (5 x M6 SW 7) eine **Geräuschdämmung** und eine **Plastikverkleidung** befestigt. Der **Kickstarter** ist zwangspositioniert und mit einer Schraube M6 SW 7 befestigt.

Zum **Ausbau** zuerst graue Seitenverkleidung und **Luftfilterkasten** abnehmen (2 Schrauben M6 unten). Die Filterplatten sitzen hinter einem Deckel (6 Blechschrauben). **Wichtig:** Beim **Wiedereinbau** Luftfilterkasten und Alu-Abdeckung zusammen positionieren, sonst geht von unten der Gummiring nicht rein. Bei unserem Motor fehlten viele Schrauben, die wir aus unserem Bestand ersetzt haben.

540

541

## BREMSANLAGE

Keine Rätsel gibt auch die Bremsanlage auf, deren Aufbau und Funktion wir bereits vorn im Buch beschrieben haben. Wie beim Sfera 125 z.B. wird das Vorderrad von einer hydraulisch betätigten **Scheibenbremse,** das Hinterrad über eine seilzugbetätigte **Trommelbremse** verzögert, beides per Handhebel am Lenker. Interessant ist die **armierte Bremsleitung,** die vom Hauptbremszylinder zur Bremszange führt.

542

543

544

***Weitere Fotos auf Seite 218:***

*Abb. 536: Keilriemenantrieb und Fliehkraftkupplung des Hexagon unterscheiden sich nicht von den entsprechenden Elementen anderer Automatikroller.*

*Abb. 537: Beim Wiedereinbau Gummiring des Aluteils in den Luftfilterkasten stecken und beide Elemente zusammen positionieren. Abb. 538: Die gelben Pfeile weisen auf die Schrauben der Leichtmetall-Abdeckung.*

*Abb. 539: Die roten Pfeile zeigen die Verschraubung des Plastikdeckels.*

*Abb. 540: Das rückwärtige, einstellbare Federbein läßt sich nach Ausdrehen der Muttern und des Bolzens abnehmen (gelbe Pfeile). Roter Pfeil: der Spannungsregler.*

*Abb. 541: Die vordere Scheibenbremse wird hydraulisch betätigt; gelber Pfeil: armierte Bremsleitung. Roter Pfeil: die Tachowelle. Unser Roller besaß ein nagelneues Gewinde-Federbein Typ YSS PRO-X 240 mm.*

*542: Bremszange mit Entlüftungsventil. 543: Hauptbremszylinder mit Schauglas. 544: Das Fluid steht hier am Minimum.*

# TECHNISCHE DATEN, EINSTELLDATEN TPH, NRG, ZIP

| Modell | TPH 50 '93 | NRG 50 $MC^3$ DT | ZIP 50 |
|---|---|---|---|
| **Motor** | | | |
| *Bauart* | 1-Zyl.-Zweitakt, gebläseluftgek., m. Antrieb verbl. | | |
| *Hubraum $cm^3$* | 49,4 | 49,4 | 49,4 |
| *Bohr. x Hub mm* | 40,0 x 39,3 | 40,0 x 39,3 | 40,0 x 39,3 |
| *Verdichtungsverh.* | 10,9 : 1 | 10,9 : 1 | 10,9 : 1 |
| *Leistung PS(kW)* | 4,2(3,1) | 4,4(3,2) | 3,0(2,2) |
| *bei Drehz./$min^{-1}$* | 700 | 6500 | 6550 |
| *Maximales Drehmoment Nm bei Drehzahl/$min^{-1}$* | ca. 5,0/6000 | 4,7/6250 | ca. 5,5/5500 |
| *Einlaßsystem* | Membran zwischen Vergaser und Kurbelgehäuse | | |
| *Kurbelwelle* | kugelgelagert, alle Modelle ---------------------- | | |
| *Schmierung* | Getrenntschmierung, sep. Öltank, Ölpumpe | | |
| *Zündung* | kontaktlos elektronisch -------------------------- | | |
| *Zündkerze* | Champ. N2C | Champ. N2C | Champ. N2C |
| *Vergaser* | Dell'Orto PHVA 12 ------------------------------ | | |
| *Abgasanlage* | Abgasrückführung, ungeregelter Katalysator | | |
| *Starter* | Kick- und Elektrostarter | | |
| *E-Start.-Leist.* | 0,25 kW | 0,25 kW | 0,25 kW |
| *Lichtmaschine* | Schwungradmagnetzünder ------------------- | | |
| *Batterie* | 12V - 4Ah | 12V - 4Ah | 12V - 4Ah |
| **Kraftübertragung** | | | |
| *Primärtrieb* | Direktantrieb über Variator auf der Kurbelwelle | | |
| *Kupplung* | Fliehkraftkupplung auf Getriebeantriebswelle | | |
| *Getriebe* | Zahnradgetr. m. Antriebs- u. Abtriebswelle | | |
| *Übersetz. 1/* | 39,28-18,17 | 39,28-15,63 | 31,85-14,22 |
| *Sekundärtrieb* | Keilriemen auf Fliehkraftkupplung, Untersetzungsgetr., Abtriebswelle/Hinterachse | | |
| **Fahrwerk, Bremsen** | | | |
| *Rahmen* | Stahl-Zentralrohrrahmen mit Preßstahlträgern | | |
| *Aufbau* | Kunststoff-Karosserie mit Einzelelementen | | |
| *Vorderradführ.* | ölgedämpfte Telegabel, Upside-Down | | |
| *Hinterradführ.* | LM-Triebsatzschwinge, Anlenkung: Achse, Gummielemente; hydraul. gedämpftes Federbein | | |
| *Bremse vorn* | Scheibe | Scheibe | Trommel |
| *Durchm. mm* | 195 | 195 | 110 |
| *Bremsbetät. vo.* | hydr./Hand | hydr./Hand | Seilzug/Hand |
| *Bremse hinten* | Trommel | Trommel | Trommel |
| *Durchm. mm* | 110 | 110 | 110 |
| *Bremsbetät. hi.* | Seilzug/Hand | Seilzug/Hand | Seilzug/Hand |
| *Räder, Bauart* | LM 3,50 x 10 | LM 3,50 x 13 | LM 2,15 x 10 |
| *Reifen vorn* | 120/90 x 10 | 130/60 x 13 | 90/90 x 10 |
| *Reifen hinten* | 120/90 x 10 | 130/60 x 13 | 90/90 x 10 |
| **Fahrleistungen** | | | |
| *Vmax km/h* | 50 | 50 | 50 |
| *Treibstoff* | Super bleifrei ROZ 98 (E5) ------------------------ | | |
| *L/100 km durch.* | 4,2 | 4,0 | 3,8 |
| *Motoröl* | vollsynthetisch z.B. Castrol TTS-IS, SAE 15W/50 | | |
| *Reichweite km* | 130 | 160 | 140 |

| Modell | TPH 50 | NRG 50 $MC^3$ DT | ZIP 50 |
|---|---|---|---|
| **Maße und Gewichte** | | | |
| *Länge mm* | 1800 | 1830 | 1630 |
| *Breite o .Spigel mm* | 700 | 700 | 640 |
| *Höhe o. Spiegel mm* | 1085 | 1080 | 1050 |
| *Sitzhöhe mm* | 820 | 850 | ca. 780 |
| *Benzintank Liter* | 5,4 | 6,5 | 5,2 |
| *Öltank Liter* | 1,5 | 1,3 | 1,15 |
| *Radstand mm* | 1280 | 1260 | 1160 |
| *Leergewicht kg* | 86 | 96 | 71 |
| *Zuladung kg* | 184 | 184 | ca. 139 |
| *zuläss. Ges.gew. kg* | 270 | 280 | ca. 210 |
| **Vergaserdaten** | | | |
| *Typ* | Dell'Orto PHVA 12 ----------------------------- | | |
| *Einlaßquerschn.* | 12,0 mm | 12,0 mm | 12,0 mm |
| *Hauptdüse* | 70 / 100 | 70 / 100 | 70 / 100 |
| *Leerlaufdüse* | 38 / 100 | 38 / 100 | 38 / 100 |
| *Zerstäuber* | FQ 210 | FQ 210 | FQ 210 |
| *Startdüse* | 60 / 100 | 60 / 100 | 60 / 100 |
| *Gasschieber* | Dell'Orto 40 | Dell'Orto 40 | Dell'Orto 4 |
| *Düsennadel* | A12 | A12 | A12 |
| **Beleuchtung** | | | |
| *Fern-/Fahrlicht* | 2 x 15/35 W | 2 x 15/35 W | 15/35 W |
| *Standlicht* | 4 W | 4 W | 4 W |
| *Rück-/Bremsli.* | 5/21 W | 2 x 5/21 W | 5/21 W |
| *Blinker vo./hi.* | 10/10 W | 10/10 W | 10/10 W |
| *Kontrollampen* | 1,2 W | 1,2 W | 1,2 W |
| *Hauptsicherung* | 7,5 A | 7,5 A | 7,5 A |
| **Füllmengen, Reifenluftdruck** | | | |
| *Getriebeöl $cm^3$* | 85 | 85 | 85 |
| *Getr.öl Spezial* | 85W-90 | 85W-90 | 85W90 |
| *Motoröl* | Getrennschmierung mit vollsynthetischem Öl | | |
| *Bremsflüssigkeit* | DOT 4 | DOT 4 | --- |
| *Luftdruck vo. bar* | 1,2 | 1,2 | 1,2 |
| *Luftdruck hi. bar* | 1,7 | 1,7 | 1,7 |
| *Luftdr. hi. belad.* | 2,3 | 2,3 | --- |
| **Einstell- und Elektrik-Daten** | | | |
| *Leerlaufdrehzahl* | 1800-2000 | 1800-2000 | 1800-2000 |
| *Gaszugspiel* | 1,0 mm | 1,0 mm | 1,0 mm |
| *Bremsheb.spiel* | 4,0-5,0 mm | 4,0-5,0 mm | 4,0-5,0 mm |
| *Bremsbelag mi.* | 1,5 mm | 1,5 mm | 1,5 mm |
| *Elektrodenabst.* | 0,5-0,6 mm | 0,5-0,6 mm | 0,5-0,6 mm |
| *Vorzündung v. OT/$min^{-1}$* | 16°/4000 | 16°/4000 | 16°/4000 |

**Drehmomentwerte:** s. Sfera 50-Daten S. 160
**Kolben- und Zylinder-Maße:** s. Sfera 50-Daten S. 161
**Schaltpläne:** weitgehend identisch mit Sfera 50, Quartz

**NRG DT:** Modell 2004; **Modell NRG 50 $MC^3$ Pure Jet - Abweichungen:** Flüssigkühlung, Einspritzanlage, 4,7 PS bei 8000/min, Drehmoment 3,9 Nm bei 7500/min, Scheibenbremse hinten, 101/290 kg; **Storm 50:** wie TPH, aber mit 13-Zoll-Rädern

# SCHALTPLAN HEXAGON

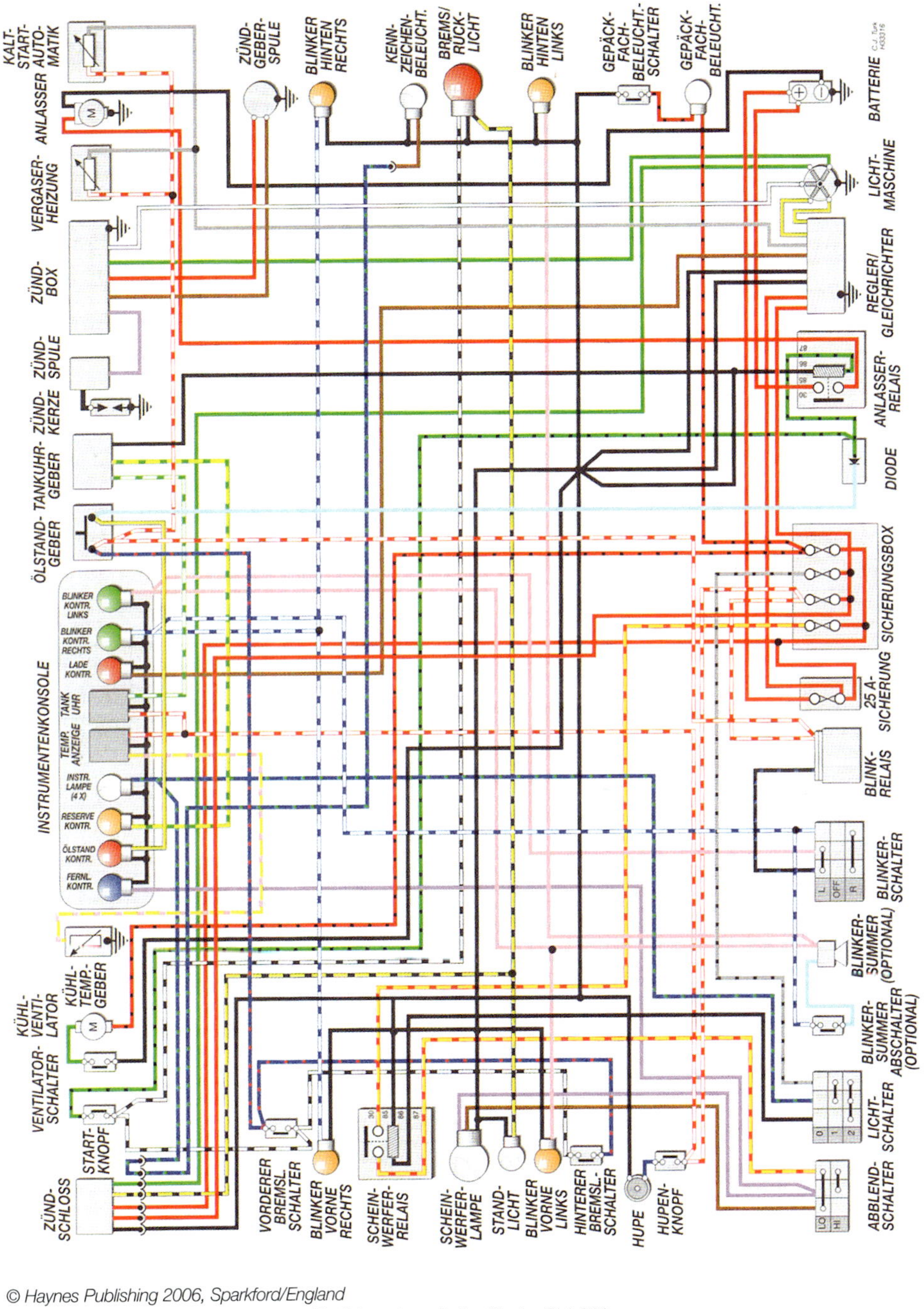

# STICHWORTVERZEICHNIS